材料の速度論

拡散，化学反応速度，相変態の基礎

山本　道晴　著

内田老鶴圃

本書の全部あるいは一部を断わりなく転載または複写(コピー)することは，著作権および出版権の侵害となる場合がありますのでご注意下さい．

まえがき

　熱力学と速度論は，材料を取り扱う技術者にとって基礎学問として特に重要であり，マサチューセッツ工科大学(MIT)においても，材料科学・工学の大学院生は必修の重要科目として学んでいる．熱力学は，反応がどちらの方向に進み，系がより安定な方向に行く指標を与えてくれるものである．一方，速度論は，熱処理の際の溶質原子やイオンの拡散現象や析出現象，界面での化学反応速度や材料の高温酸化等，系がどのくらいの速度で変化していくのかを取り扱う学問であり，両者が揃ってはじめて材料に種々の処理を行った際の変化の状況を把握することが可能となる．

　本書は，MIT大学院材料科学・工学研究科 John F. Elliott 教授の Donald R. Sadoway 博士が，Kinetics Processes for Materials（以下 "KPM"）の講義をされたときのノートを基に書かれ，大学および大学院で材料科学・工学を学んでいる学生のみならず，企業の製造現場の技術者や研究開発に携わっている研究者が，速度論の基礎知識を身につけることを目的としている．

　著者は，MIT大学院で修士の学生として学んでいたとき，その講義内容の素晴らしさに感動をおぼえずにはいられなかった．KPMの授業は，当大学院でも最もタフな授業のひとつであると共に，その内容が特に充実していることで評判であった．毎週の授業後に出る演習問題やクイズと呼ばれる筆記試験のために，時には夜遅くまで大学の図書館で文献を調査したり，上級生に尋ねたりして悪戦苦闘の日々が続いたが，こうした努力によって次第に重要な基礎知識を身に付けていったように思う．実際に，大学で基礎技術を習得するには講義を聞くだけでは不十分で，演習問題を自ら解かないと実践でそれを応用することは難しい．日本の大学でも微分方程式や工業数学を学ぶが，それが専門分野でどのように役立つのか，有機的に結びつくのかを理解することが難しいのが現状である．ところが，本講義では，例えば拡散に関することを学ぶ場合，誤差関数やラプラス変換などは演習時に例題を挙げながら学ぶために，微分方程式および数式の物理的意味を理解すると共に，それを専門分野で実際に応用することができる．

　本書の特長は，① 数式の導出をわかりやすくするように努めたこと，および ② 学んだ理論は例題を通して実際に応用することで理解を深められるようにしたことである．

　技術論文や出版物に記載されている数式の中には，途中の計算過程は省略される場合

が多い．ところが，文献の中に数式が出てきてその導出がわからないときに，なかなか前に進めなくなる場合がある．微分方程式や積分などは，特に企業の現場，研究所で仕事に従事している技術者あるいは研究者には取っ付きにくく，その式が出てきた時点で文献の内容が理解できなくなることがある．そこで本書では，数式の導出をできるだけわかりやすくするように努めた．その結果，本文をできるだけ簡潔にし，必要に応じて数学の公式等も載せて，数式のフォローに精力を注いだが，若干くどくなったきらいはある．

次に，いくつかの例題を載せたことであるが，内容を理解し応用できるようになるためには，実際に自分でペンを取って計算を実行し，苦しんではじめて知識が身につくものと考えている．最近は，コンピュータの著しい発達により，複雑な数式も簡単に計算できるばかりでなく，かなり高度な数値解析も実際に行うことが可能となった．したがって，理論的な概念のみを理解するのでなく，実際に例題を解いてみることをお奨めする．

さて，本書の内容について若干説明する．

まず第1章は，拡散に関することを取り扱った．数学モデルを作成するための考え方について述べた後，Fickの法則により拡散方程式を種々の条件下で解いていく．これらは，微分方程式を立てて解くいわゆる厳密解を求める方法について説明したものであり，一部の式は熱伝導などにも応用が可能である．さらに，移動境界の問題や拡散係数の濃度依存について述べた後，コンピュータの普及に伴って今後は解析の主流となる数値解析について，差分法についての考え方のみ簡単に紹介する．そして，拡散の原子論的な取り扱いと原子が移動することによる諸現象についても述べる．

第2章は，材料の反応速度について概説する．スラグの還元速度や溶鉄中の脱炭速度等について，実験データの解析を通して添加元素の影響を評価したりした後，Langmuirの蒸発速度式，吸着等温式について述べる．

第3章は，相変態の速度論について述べる．熱処理によって析出したり，材料が凝固する場合は，核生成-成長-粗大化の過程を経る．そこで，不均一核生成や古典的な核生成理論について説明した後，成長についてはJohnson-Mehlの式，Jacksonモデル，また粗大化についてはOstwald成長について説明し，核生成を必要としない相変態であるSpinodal分解について述べる．

第4章は，固体の高温酸化について，未核反応モデルと粒子の反応により反応物の形状が変化していく場合についての反応速度を計算する．

最後の章である第5章は，セラミックスや半導体であるイオン性固体について電気伝

導度と拡散の相関性等について説明する．

　各章の内容は，材料科学および工学関連の大学の学部程度の知識があれば理解できるように作成したつもりである．本書の例題を実際に解いて理解し，さらに実際の研究に応用してこそ材料科学および工学の重要な基礎学問である速度論をマスターする秘訣と考える．

　本書執筆にあたって，MIT 大学院 John F. Elliott 教授で，著者留学時の"Kinetics Processes for Materials（コース 3.21）"で講義されていた Donald R. Sadoway 博士は，著者の速度論に対する基礎的な理解を深めて，それを実際の技術に応用できるようにしてくださっただけでなく，本書出版に際して快く許可して頂いた．心から感謝する．また，著者の指導教官であった MIT 大学院 Toyota 名誉教授の Merton C. Flemings 博士，および著者が MIT の学生当時の指導教官であった塩原融博士の御助言と御指導がなければ，本書を書くことはとてもできなかった．

　さらに，本書出版にあたって，様々な有益な助言を頂き，励ましてくださった京都大学大学院工学研究科材料工学専攻教授の松原英一郎博士，出版の困難な作業を快く引き受けてくださった株式会社内田老鶴圃代表取締役社長の内田学氏に対して，ここに深甚より謝辞を申し上げたい．

　なお，本書において万一不備な点や誤りがあるとしたら，すべて著者の責任であることを付記しておく．

　2015 年 1 月

茅ヶ崎にて
山 本　道 晴

目　次

まえがき……………………………………………………………………………i

第 1 章　固体内の拡散……………………………………………………1

1.1　数学モデル作成の考え方および手順……………………………………1
1.2　Fick の法則………………………………………………………………3
1.3　薄膜拡散の解……………………………………………………………5
1.4　半無限固体の解…………………………………………………………8
1.5　有限厚さの場合の級数解………………………………………………13
1.6　誤差関数を用いた均質化等の解………………………………………21
1.7　円柱状，球状のものへの応用…………………………………………29
1.8　薄膜拡散解や級数解で適用できない場合……………………………31
1.9　移動境界問題……………………………………………………………50
1.10　相互拡散（Kirkendall 効果）…………………………………………57
1.11　拡散係数が濃度，温度等に依存する場合……………………………74
　　1.11.1　拡散の濃度依存性………………………………………………75
　　1.11.2　拡散係数の時間依存性…………………………………………77
1.12　数値解析による解法……………………………………………………84
　　1.12.1　作図による解析…………………………………………………84
　　1.12.2　差分法による解析………………………………………………85
1.13　拡散の原子論的取り扱い………………………………………………89
第 1 章 引用文献………………………………………………………………99

第 2 章　反応速度………………………………………………………101

2.1　速度式と反応次数……………………………………………………101
2.2　物理吸着，化学吸着…………………………………………………110

2.3　Langmuir の吸着等温式 ……………………………………………… 111
2.4　Langmuir の蒸発速度式 ……………………………………………… 112
2.5　Gibbs-Langmuir の等温式 …………………………………………… 126
第 2 章 引用文献 ……………………………………………………………… 128

第 3 章　相変態の速度論 ……………………………………………… **129**

3.1　核生成 …………………………………………………………………… 129
　3.1.1　均一核生成 ………………………………………………………… 130
　3.1.2　不均一核生成 ……………………………………………………… 131
　3.1.3　核生成理論 ………………………………………………………… 133
　　3.1.3.1　Volmer-Weber の理論 ………………………………………… 133
　　3.1.3.2　Becker-Döring の理論 ………………………………………… 135
3.2　成長過程 ………………………………………………………………… 142
　3.2.1　Gibbs-Thomson の式 ……………………………………………… 142
　3.2.2　熱活性化された通常の成長過程 ………………………………… 143
　3.2.3　等温での核生成を結合した式 …………………………………… 145
　　3.2.3.1　Johnson-Mehl の式 …………………………………………… 145
　　3.2.3.2　Avrami の修正式 ……………………………………………… 146
　3.2.4　結晶化の Jackson モデル ………………………………………… 148
3.3　粗大化 …………………………………………………………………… 163
3.4　スピノーダル分解 ……………………………………………………… 170
第 3 章 引用文献 ……………………………………………………………… 183

第 4 章　気固相反応 ……………………………………………………… **185**

4.1　未核反応モデル ………………………………………………………… 185
4.2　反応により球形粒子が収縮する場合 ………………………………… 191
第 4 章 引用文献 ……………………………………………………………… 202

第 5 章　非金属中での拡散 　203

- 5.1　格子欠陥 　203
  - 5.1.1　Frenkel 型欠陥 　203
  - 5.1.2　Schottky 型欠陥 　205
- 5.2　欠陥の結合 　207
- 5.3　非化学量論のイオン性固体 　208
  - 5.3.1　金属量が不足した酸化物 　208
  - 5.3.2　酸素量が不足した酸化物 　210
- 第 5 章 引用文献 　226

付　　録 　227
記号一覧 　237
参考図書 　240
索　　引 　241

1 固体内の拡散

　水面にインクを落したり，煙草をふかしたりすると，インクや煙草の煙は水中や室内のような系内が次第に均一濃度になるように分散していく．固体金属においては材料に長時間の加熱処理を施すと，溶質分子が均一に分散したり逆に凝集したりして原子がエネルギー的により安定な状態へと移行していく．このような原子や分子が移動する現象は"拡散"と呼ばれ，1855年にA. Fickにより初めて拡散に関する数学的な取り扱いがなされた．その後，拡散に関する研究は，1905年にブラウン運動に関するA. Einsteinの取り扱い等古くからなされてきたが，第二次世界大戦後に放射性同位体を用いた実験が可能となったことから特に戦後に盛んに研究が進められるようになってきた．

　拡散は，例えば凝固時に生成するデンドライト間のミクロ偏析やデンドライト組織の均質化処理，さらに金属に圧延等により加工した後に熱処理を施して時効析出させたり，めっき等の表面処理を材料に施した後に加熱処理をしたりするような材料の加工プロセスを考える上で重要な事項となるが，それらは主として固体表面の，あるいは固体内拡散に関することである．そこで，本章では気体-固体，液体-固体，固体-固体間および固体内の拡散を取り上げることにする．

　固体内の拡散を取り上げる場合，金属は格子を形成しており，原子レベルで拡散を考えることも重要であるため，多くの研究も行われているが，まずは固体を連続体と考えて固体の原子レベルの構造を無視して巨視的(macroscopic)な見方で取り扱うことにする．初めに拡散の数学的な取り扱いの基礎となるFickの法則について述べ，種々の条件下での拡散方程式の応用，さらには厳密解(analytical solution)よりも複雑な条件設定が可能であり，計算機の発達により特に70年代から取り扱われるようになってきた数値解析(numerical solution)の中の差分法についての考え方も概説する．そして，最後に原子レベルでの拡散の取り扱いについて述べることにする．

1.1　数学モデル作成の考え方および手順

　拡散に対する数学モデルを作成する前に，まず数学モデルに対する考え方とその作成手順について述べることにする．数学モデルは，物質収支や熱収支等の物理的，化学的な"法則"に基づいて立てられる．ここで"モデル"という言葉を用いるのは，例えば拡散による固体内のある温度における溶質原子の濃度分布を時間の関数として求める際

に，これらの関係は完全に正確な数値を表しているのではなく，そのモデルから導かれた予測値がほぼ実際の数値に近くなるだけであることを念頭に置いておく[1,2]．換言すると，数学モデルにより現象を完全に数式化して捉えることは困難であり，現象をより定量的に捉えるための一つのツールであるということを理解しておくことが必要である．したがって，拡散等の現象を理解するためには，ある仮定を設けてその現象を簡略化した状態に置き換えてモデル化することから始めるが，（1）解析しようとしている現象や試験結果がどのような仮定を立てればより正確に現象を捉えることができるのか，（2）どのような点を簡略化してそのモデルを立てたのかを常に考慮しておくことが重要である．

数学モデルを立てる目的は，操業や実験を行うときに試験の変動因子や試験条件が変化すれば，全体がどのように変化するのかを予測するために行う．プラント設備を用いた試験などでは，まず始めに実験を行ってその後にその試験結果の妥当性を評価するため数学モデルを作成して解析する場合を多く見かけるが，測定値が十分に説明できなかったり，そのモデルから適当な結論を見出せなかった場合は今まで行ったことが無意味になる場合がある．それを避けるためにはまず数学モデルを立てて試験結果を予測し，試験計画やその後の試験で得られたデータを解析する際にそのモデルを基にして行うことが好ましい．

さて，拡散における基礎となる法則は，Fickの第1および第2法則であるが，この基礎式に初期条件および境界条件を与えて厳密解を求める手順について説明する．厳密解を得るには，一般的に次の手順で行う．

① 仮定の設定

解析しようとしている現象に対して，どのような仮定を設定し，簡略化すればいいのかを決める．例えば，拡散による原子の移動を考えるとき，一次元で簡略化して考えるのか，三次元の複雑な式とするのか，また，温度，濃度，時間，速度等の各変数の設定等を決める．前述したようにどのような仮定を設定したのかを意識しながら，数学モデルを作成することが必要である．

② 微分方程式の設定

拡散係数(後述)の濃度，時間依存等を考慮する必要があるのかを検討して微分方程式を立てる．

③ 初期条件，境界条件の設定

材料の初期濃度分布や境界(例えば，表面や中心部)での時間に対する濃度変化等を考慮して設定する．

④ ②③の条件に合致する一般解を探索

微分方程式より，三角関数による無限級数，指数関数，誤差関数およびそれらの混合式，さらに Laplace 変換による一般解等をあてはめて，②③の条件に合うかどうかを確認する．

⑤ 解析解の妥当性を検討

どのような条件まで解析解は使えるのか，またどの程度の誤差を含んでいるのかを確認，評価する．

⑥ 試験結果と数学モデルで得た結果の比較

試験結果と数学モデルの結果を比較する．両者にずれが生じた場合，どのような仮定を置いたために発生したのか調査し，比較的良い一致が得られた場合は条件を変更したとき妥当性に問題ないか等を考察する．

以上の手順で一般的に行うが，この中で特に，①および⑤は通常は解説書等ではあまり触れられていないが重要な項目であるため，数学モデルを立てる際に常に意識して行うべきことである．

1.2 Fick の法則

伝導による熱移動の数式は，1833 年に J. P. J. Fourier により導かれたが，伝導による熱移動と同様に原子の自由運動である拡散現象についての最初の数学的な取り扱いは，A. Fick によってその約 20 年後（1855 年）に行われた[3]．

さて，平衡状態では均一な固溶体を形成する原子 A および B が，一つの相の中で不均一に分布している場合を考えよう．

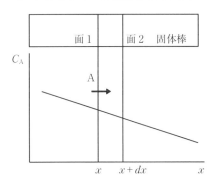
図 1.1 原子 A の x 軸方向の濃度分布

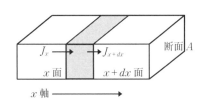
図 1.2 原子 A の x 軸方向のフラックス

図 1.1 に示すように，一本の固体棒中に x 軸に沿って原子 A の濃度勾配があるとすると，単位時間，単位面積当たり面 1 から面 2 に流れる原子 A の流れ(フラックス)J_A は原子 A の濃度を C_A として，

$$J_A = -D_A\left(\frac{\partial C_A}{\partial x}\right) \tag{1.1}$$

と書ける．すなわち，原子 A のフラックスは，拡散する方向(x 方向)と垂直な面(例えば面 1)の濃度勾配と比例する．ここで，D_A は原子 A の拡散係数(diffusion coefficient)と呼ばれ，次元は，(長さ)^2/(時間)となり，その単位は一般に(cm^2/sec)で表される．

式(1.1)を一次元の Fick の第 1 法則と呼び，濃度勾配が定常状態(時間によって変化しない)のときに成立する．

実際の拡散現象を取り扱う際は，各位置で濃度が時間によって変わる場合(非定常状態)が多い．例えば，図 1.2 の x と $x+dx$ 間(灰色部分)で，所定時間 dt に原子 A が蓄積される量を考えると，

$$J_x A - J_{x+dx} A = \left(\frac{\partial C}{\partial t}\right) A dx \tag{1.2}$$

と書ける．ここで，J_x は図 1.2 の x 面における原子 A のフラックス，A は x 面の断面積を表す．式(1.2)の J_{x+dx} をテイラー級数展開(「参考：テイラー級数展開」参照)すると，

$$J_{x+dx} = J_x + \frac{\partial J_x}{\partial x}dx + \frac{\partial^2 J_x}{\partial x^2}\frac{(dx)^2}{2} + \cdots + \frac{\partial^n J_x}{\partial x^n}\frac{(dx)^n}{n!}\cdots \tag{1.3}$$

と表される．ここで，二次以上の項を無視して式(1.3)および(1.1)を式(1.2)に代入すると，

$$J_x A - \left(J_x + \frac{\partial J_x}{\partial x}dx\right)A = -\frac{\partial J_x}{\partial x}dxA = \frac{\partial C}{\partial t}Adx$$

$$\therefore \frac{\partial C}{\partial t} = -\frac{\partial}{\partial x}(J_x) = \frac{\partial}{\partial x}\left(D\frac{\partial C}{\partial x}\right) \tag{1.4}$$

となる．式(1.4)を一次元の Fick の第 2 法則の微分方程式と呼び，適当な初期条件および境界条件のもとで一般解が求められる．式(1.4)は，拡散係数 D が濃度に依存する場合の式であるが，拡散係数 D が濃度等に依存せずに一定の場合($D \neq D(C)$)は，

$$\frac{\partial C}{\partial t} = D\frac{\partial^2 C}{\partial x^2} \tag{1.5}$$

となる．式(1.5)はモデルを簡単にするためよく用いられる．この微分方程式は x 軸方

> **参考:テイラー級数展開**
>
> ある区間において,$f(x)$ は n 階まで微分可能とすると,その区間において a は定点,x は任意の点とするとき,
>
> $$f(x) = f(a) + \frac{f'(a)}{1!}(x-a) + \cdots + \frac{f^{(n-1)}(a)}{(n-1)!}(x-a)^{n-1} + \frac{f^{(n)}(\xi)}{n!}(x-a)^n \tag{I}$$
>
> と書くことができる.ただし,
>
> $$\xi = a + \theta(x-a) \quad 0 < \theta < 1$$
>
> すなわち,ξ は a と x との中間のある値である.
>
> これをテイラーの公式と呼び,関数 $f(x)$ を式(I)の右辺を無限級数の形に書けば,テイラー級数あるいはテイラー級数展開と呼ぶ.

向のみの一次元であるが,さらにこの式を三次元に拡張すると,

$$\frac{\partial C}{\partial t} = D\left(\frac{\partial^2 C}{\partial x^2} + \frac{\partial^2 C}{\partial y^2} + \frac{\partial^2 C}{\partial z^2}\right) = D\nabla^2 C \tag{1.6}$$

と表すことができる.

拡散係数 D の大きさは,物質の状態によって大きく異なるが,次に各状態での拡散係数の大まかな数値を参考までに示す.

固体(融点近傍の fcc 金属)	10^{-8} cm^2/sec
半導体	10^{-12}
液体	$10^{-4} \sim 10^{-5}$
気体(ガス)	10^{-1}

これらの物質はその種類によっても異なり,実際は後述するように温度や濃度によっても依存するが,解析を簡単にするため拡散係数 D は濃度によらず一定である($D \neq D(C)$)と仮定する場合が多い.一次元の拡散方程式は,拡散係数 D を一定にすると式(1.5)のように表せるが,次にいくつかの条件下で微分方程式の一般解を求めることにする.

1.3 薄膜拡散の解(thin film solution)

材料に薄い異種元素あるいは溶質の濃化した部分があるときの時間経過の伴う濃度変化を式(1.4)あるいは(1.5)を用いて微分方程式を立て,実際にある仮定を定めて厳密解

を求めることにする.

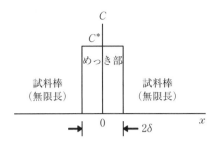

図1.3 加熱前のめっき部付近の濃度分布

今,溶質原子を含んでいない無限長の試料棒(純金属)の一端に薄膜(単位断面積当たりの総量 $S = C^* \times 2\delta$)の Sn めっきを施し,めっきした表面をさらに同様に純金属の試料棒で溶接し,一定の温度で所定時間加熱する場合を考える.**図1.3**のように濃度 C を縦軸に,距離 x を横軸に取り,めっき部の溶質の初期濃度を C^* とする.また,めっき厚を 2δ として,$x=0$ を中心に $\pm\delta$ とする.

① 仮定の設定

x 軸方向にのみ溶質原子は拡散し,その拡散係数は濃度に依存せずに一定であると仮定する.また,めっき部の初期濃度は C^* で均一とする.試料長さは,無限長 ($x = \pm\infty$) として,そこでの濃度は時間に依存しない.

② 微分方程式の設定

一次元の Fick の第2法則より微分方程式を立てると,

$$\frac{\partial C}{\partial t} = D\frac{\partial^2 C}{\partial x^2} \tag{1.7}$$

となる.

③ 初期条件および境界条件の設定

初期条件;$C(x, 0) = C^*$ $x \leq |\delta|$

境界条件;$C(\infty, t) = 0$

$C(-\infty, t) = 0$

$$\int_{-\infty}^{\infty} C dx = S \tag{1.8}$$

④ 一般解の探索

式(1.7)および初期条件,境界条件から一般解は指数関数を用いて,

$$\therefore C(x,t) = \frac{K}{\sqrt{t}} \exp\left(-\frac{x^2}{4Dt}\right) \qquad K ; 定数 \tag{1.9}$$

と書ける(式(1.9)が一般解として妥当であるかどうかは，実際に式(1.7)に代入して確認すればよい)ので，式(1.9)を初期条件および境界条件のもとで式(1.8)に代入して定数 K を求める．

$$\int_{-\infty}^{\infty} \frac{K}{\sqrt{t}} \exp\left(-\frac{x^2}{4Dt}\right) dx = S$$

$$K \times \sqrt{\frac{\pi 4Dt}{t}} = S \qquad \because \int_0^{\infty} \exp(-ax^2) dx = \frac{1}{2}\sqrt{\frac{\pi}{a}}$$

$K = \dfrac{S}{\sqrt{4\pi D}}$ であるから式(1.9)に代入して，

$$\therefore C(x,t) = \frac{S}{\sqrt{4\pi Dt}} \exp\left(-\frac{x^2}{4Dt}\right) \tag{1.10}$$

$x=0$ では，$C(0,t) = \dfrac{S}{\sqrt{4\pi Dt}}$ であるから，これを C_0 として式(1.10)に代入して，

$$\therefore C(x,t) = C_0 \exp\left(-\frac{x^2}{4Dt}\right) \tag{1.11}$$

あるいは，式(1.11)の両辺を対数を取って変換すると，

$$\therefore \ln \frac{C(x,t)}{C_0} = -\frac{1}{4Dt} x^2 \tag{1.12}$$

となる．式(1.12)の関係から所定の温度で所定時間加熱後，厚さ方向(x軸方向)に，例えばX線マイクロアナライザー(XMA，EPMA)等によって濃度分析($C(x,t)$)を行い，

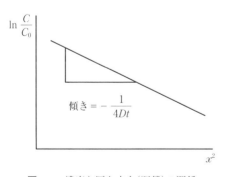

図1.4 濃度と厚さ方向(距離)の関係

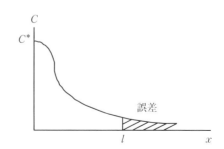

図1.5 試料表面からの濃度

C/C_0 の比の対数と距離の 2 乗をグラフにプロットすると,**図 1.4** のようなグラフが求まり,その傾きから拡散係数が求められる.

⑤ 解析解の妥当性の検討

このときの仮定は,試料棒の長さを無限としたが,実際の試料棒は有限である.したがって,有限長さとしたときに一次元で式(1.11)の値にどの程度の誤差が生じるのか,また逆にいえば,例えば誤差 0.1% 以下になるために必要な試料長さ(l)はどの程度になるかを見積もってみよう.

図 1.5 に t 時間後の試料中の溶質原子の濃度分布を示す.長さ l までの溶質原子量を 99.9%(誤差を 0.1%,図 1.5 の斜線の部分)とすると,

$$10^{-3} = \frac{\int_l^\infty C dx}{\int_0^\infty C dx} = \frac{\int_l^\infty \frac{S}{\sqrt{4\pi Dt}} \exp\left(-\frac{x^2}{4Dt}\right) dx}{\int_0^\infty \frac{S}{\sqrt{4\pi Dt}} \exp\left(-\frac{x^2}{4Dt}\right) dx}$$

$u = x/\sqrt{4Dt}$ として式を書き換えると,$dx = \sqrt{4Dt}\, du$ であるから,

$$10^{-3} = \frac{\frac{2}{\sqrt{\pi}}\int_{l/\sqrt{4Dt}}^\infty e^{-u^2} du}{\frac{2}{\sqrt{\pi}}\int_0^\infty e^{-u^2} du} = \mathrm{erfc}\left(\frac{l}{2\sqrt{Dt}}\right) \tag{1.13}$$

$$\therefore \frac{2}{\sqrt{\pi}}\int_0^\infty e^{-u^2} du = 1 \quad \frac{2}{\sqrt{\pi}}\int_a^\infty e^{-u^2} du = \frac{2}{\sqrt{\pi}}\left(\int_0^\infty e^{-u^2} du - \int_0^a e^{-u^2} du\right) = 1 - \mathrm{erf}(a)$$

となり,付表 A.1 より $\mathrm{erfc}(u) = 10^{-3}$ のとき $u \cong 2.35$ であるから,

$$l \cong 4.7\sqrt{Dt} \tag{1.14}$$

となり,誤差が 0.1% になるときの試料長さは時間の 1/2 乗に比例する.

また,試料棒の長さが $4.7\sqrt{Dt}$ より大きいときに誤差は 0.1% 以下となり,薄膜解は有効な解析解となる.例えば,銅表面上に銀めっきが施されて,10^4 sec 焼鈍されたとする.拡散係数が $D = 10^{-8}$ cm^2/sec として,この式に代入すると有効な試料長さ l は,$4.7\sqrt{10^{-4}}$ cm $= 0.047$ cm 以上となる.

1.4 半無限固体の解(solution for semi-infinite solids)

無限に長い(接合面の他端は,時間によって濃度変化が生じないのに十分な長さであることを意味する)A-B 二元合金の棒が,無限に長い純金属 A と接合され,所定の温度で加熱される場合を考える.

1.4 半無限固体の解

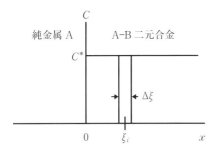

図 1.6 加熱前の B 成分の濃度分布

図1.6のように縦軸にB成分の濃度を，横軸に界面からの距離を取って，A-B二元合金(右側)中のBの初期濃度をC^*とする(さらに図1.6には後述するように，$x=0$から正方向ξ_iの所に微小領域$\Delta\xi$が描かれている)．この金属棒を所定時間加熱すると，A-B二元合金中のB金属が純金属A(左側)中に拡散されていく．今，拡散係数Dは濃度に依存しないとして，一次元の拡散方程式を立てると，

$$\frac{\partial C}{\partial t} = D\frac{\partial^2 C}{\partial x^2} \tag{1.15}$$

となり，時間tでの初期および境界条件は，試料両端は共に無限長であるとの仮定から次のように書ける．

初期条件；$C(x,0) = C^*$ $0 \leq x$
境界条件；$C(\infty,t) = C^*$
$C(-\infty,t) = 0$

A-B二元合金側を$\Delta\xi$厚さの薄膜に無数に細分割して，$x=0$からξ_iのところをi番目の薄膜とする．そのi番目の薄膜の一般解は，$x=0$から中心までの距離がξ_iであり，$\Delta\xi$領域のB成分の初期量は$S = C^*\Delta\xi$であるから式(1.10)より，

$$C_i(x,t) = \frac{C^*\Delta\xi}{\sqrt{4\pi Dt}}\exp\left[-\frac{(x-\xi_i)^2}{4Dt}\right] \tag{1.16}$$

と書くことができる．

したがって，A-B二元合金部の加熱時の原子Bの濃度分布は，図1.7のように$i=1$から∞までの各薄膜の一般解の総和と考えられるので，

$$C(x,t) = \frac{C^*}{\sqrt{4\pi Dt}}\sum_{i=1}^{\infty}\Delta\xi\exp\left[-\frac{(x-\xi_i)^2}{4Dt}\right]$$

$\Delta\xi = \Delta\xi_1 = \Delta\xi_2 = \cdots = \Delta\xi_i$として$\Delta\xi_i \to 0$とすると，

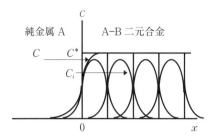

図1.7 加熱時のB成分の濃度分布

$$C(x,t) = \frac{C^*}{\sqrt{4\pi Dt}} \int_0^\infty \exp\left[-\frac{(x-\xi)^2}{4Dt}\right] d\xi \tag{1.17}$$

と書ける．ここで，さらに $\eta = \dfrac{x-\xi}{2\sqrt{Dt}}$ とすると，$d\eta = \dfrac{-d\xi}{2\sqrt{Dt}}$ すなわち $d\xi = -2\sqrt{Dt}\,d\eta$ であり，

$$\xi = 0 \qquad \eta = \frac{x}{2\sqrt{Dt}}$$

$$\xi = \infty \qquad \eta = -\infty$$

であるから，式(1.17)を η で書き換えると，

$$\begin{aligned}
\therefore C(x,t) &= -\frac{C^*}{\sqrt{\pi}} \int_{x/2\sqrt{Dt}}^{-\infty} \exp(-\eta^2)\,d\eta \\
&= \frac{C^*}{\sqrt{\pi}} \left[\int_{-\infty}^{0} \exp(-\eta^2)\,d\eta + \int_{0}^{x/2\sqrt{Dt}} \exp(-\eta^2)\,d\eta\right]
\end{aligned} \tag{1.17'}$$

ここで，誤差関数の定義により，

$$\mathrm{erf}(z) = \frac{2}{\sqrt{\pi}} \int_0^z \exp(-\eta^2)\,d\eta \qquad \mathrm{erf}(0) = 0 \qquad \mathrm{erf}(\infty) = 1$$

$$\mathrm{erf}(-\infty) = \frac{2}{\sqrt{\pi}} \int_0^{-\infty} \exp(-\eta^2)\,d\eta = -\frac{2}{\sqrt{\pi}} \int_0^{\infty} \exp(-\eta^2)\,d\eta = -1$$

であるから，式(1.17')は次のように書ける．

$$C(x,t) = \frac{C^*}{2}\left[1 + \mathrm{erf}\left(\frac{x}{2\sqrt{Dt}}\right)\right] \tag{1.18}$$

式(1.18)は板あるいは棒を半無限固体と仮定したときの一次元の拡散方程式の解であり，接触している部分($x=0$のところ)と逆方向である試料端部(この場合 $x=\pm\infty$)が初期濃度の状態である限りこの式を用いることができる．すなわち，誤差関数(erf)の解は，端部の濃度がほとんど変化しないほどの比較的短時間の場合にのみ有効である．

また，熱処理の際には材料内の温度変化について熱伝導を方程式を用いて解析解を求める場合には，半無限のこの数式の濃度を温度（および拡散係数を熱拡散係数）に変更してよく用いられるが，試料端部の濃度（温度）が変化するような長時間の場合にはこの半無限の解を使用することができない．さらに，erf(0) = 0 であるため，境界面 $(x=0)$ の濃度は $C^*/2$ で常に一定値となることに留意する必要がある．

例題 1.1

一般解の妥当性の証明

与えられた微分方程式，初期条件および境界条件から，一般解を定めて条件にあった特殊解を求めるが，その一般解が妥当であることを証明するためには，微分方程式，初期および境界条件を全て満足することが必要である．そこで，下記の条件のもとでは，一般解が $C(x,t) = A + B\,\mathrm{erf}(x/2\sqrt{Dt})$ であることを示せ．ただし，A および B は定数である．

$$\frac{\partial C}{\partial t} = D\frac{\partial^2 C}{\partial x^2}$$

初期条件；$C(x,0) = C^*$ $0 \leq x$
境界条件；$C(\infty, t) = C^*$
$\qquad\qquad C(-\infty, t) = 0$

[解]

まず，上記一般解が微分方程式を満足していることから証明する．$y = x/2\sqrt{Dt}$ とすると，$\partial y/\partial t = -x/4\sqrt{Dt^3}$ および $\partial y/\partial x = 1/2\sqrt{Dt}$ となる．微分方程式の左辺および右辺を y で変換して解くと，

$$\text{左辺} = \frac{\partial C}{\partial t} = \frac{\partial C}{\partial y}\frac{\partial y}{\partial t} = \frac{\partial}{\partial y}\left[-\frac{Bx}{4\sqrt{Dt^3}}\mathrm{erf}(y)\right] = -\frac{Bx}{4\sqrt{Dt^3}}\frac{2}{\sqrt{\pi}}e^{-y^2} = -\frac{Bx}{2\sqrt{\pi Dt^3}}e^{-\frac{x^2}{4Dt}}$$

$$\because \frac{\partial}{\partial y}(\mathrm{erf}(y)) = \frac{2}{\sqrt{\pi}}e^{-y^2}$$

$$\frac{\partial C}{\partial x} = \frac{\partial C}{\partial y}\frac{\partial y}{\partial x} = \frac{\partial}{\partial y}\left[\frac{B}{2\sqrt{Dt}}\mathrm{erf}(y)\right] = \frac{B}{2\sqrt{Dt}}\frac{2}{\sqrt{\pi}}e^{-y^2} = \frac{B}{\sqrt{\pi Dt}}e^{-\frac{x^2}{4Dt}}$$

$$\text{右辺} = D\frac{\partial^2 C}{\partial x^2} = D\frac{\partial}{\partial x}\frac{\partial C}{\partial x} = D\frac{\partial}{\partial x}\left[\frac{B}{\sqrt{\pi Dt}}e^{-\frac{x^2}{4Dt}}\right] = D\left[\frac{B}{\sqrt{\pi Dt}}\left(-\frac{2x}{4Dt}e^{-\frac{x^2}{4Dt}}\right)\right]$$

$$= -\frac{Bx}{2\sqrt{\pi Dt^3}}e^{-\frac{x^2}{4Dt}}$$

となり，左辺 = 右辺で微分方程式は満足している．

また，初期条件および境界条件から，

初期条件；$C(x,0) = A + B\,\text{erf}(\infty) = C^*$　　$\text{erf}(\infty) = 1$ のため $A + B = C^*$

境界条件；$C(\infty, t) = A + B\,\text{erf}(\infty) = C^*$

$$C(-\infty, t) = A + B\,\text{erf}(-\infty) = A - B = 0$$

となる．したがって，$A = B = C^*/2$ となるとき，初期条件および境界条件も満足するため一般解といえる．

例題 1.2

鋼の浸炭[4]

　一般の鋼は炭素量が多いほど硬くなるが同時に脆くなり，熱処理の際に焼割れや焼ひずみなどの事故が生じやすい．したがって，0.2% 以下の炭素量の鋼で機械部品を作り，表面から CH_4 や CO ガスの雰囲気のもとで，オーステナイト領域の温度で炭素を浸透させて表面のみ硬化させる場合がある．今，無限長の鋼(初期炭素濃度 $C^* = 0.1\%$)が，1000℃で一定の雰囲気下で鋼の一表面の炭素濃度(C_s)が 2.0 に保たれた状態で浸炭される場合を考える．そのとき，炭素濃度が 2.0% に保たれた表面から 2.0×10^{-2} cm の位置が $(C_\text{s} + C^*)/2$ の濃度になる時間を求めよ．ただし，1000℃で鋼中の炭素の拡散係数 D は 4×10^{-7} cm^2/sec とする．

[解]

一次元の拡散方程式を立てると，

$$\frac{\partial C}{\partial t} = D\frac{\partial^2 C}{\partial x^2}$$

初期条件；$C(x,0) = C^*$　（鋼の初期濃度）

境界条件；$C(0,t) = C_\text{s}$　（鋼の表面濃度は一定）

$C(\infty, t) = C^*$　（鋼は無限長と仮定）

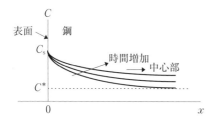

図 1.8　鋼の浸炭における濃度変化

となり，この一般解は式(1.18)を展開して，

$$C(x,t) = A + B\,\mathrm{erf}\left(\frac{x}{2\sqrt{Dt}}\right) \qquad A, B : 定数$$

と表して境界条件を代入し，定数 A および B を求める．

$$C(0,t) = C_\mathrm{s} = A + B\,\mathrm{erf}(0) = A$$
$$C(\infty,t) = C^* = A + B\,\mathrm{erf}(\infty) = A + B$$
$$\therefore A = C_\mathrm{s} \qquad B = C^* - C_\mathrm{s}$$

よって，A および B を一般解に代入して，

$$\therefore C(x,t) = C_\mathrm{s} + (C^* - C_\mathrm{s})\,\mathrm{erf}\left(\frac{x}{2\sqrt{Dt}}\right) \quad あるいは \quad \frac{C(x,t) - C_\mathrm{s}}{C^* - C_\mathrm{s}} = \mathrm{erf}\left(\frac{x}{2\sqrt{Dt}}\right)$$

となり，ある時間における位置と濃度の関係式が求まった．

この式より，表面から 2.0×10^{-2} cm の位置が $(C_\mathrm{s} + C^*)/2$ の濃度になる時間を計算してみよう．上式に各値を代入して，

$$\frac{\dfrac{C_\mathrm{s} + C^*}{2} - C_\mathrm{s}}{C^* - C_\mathrm{s}} = \frac{1}{2}\,\frac{(C_\mathrm{s} + C^*) - 2C_\mathrm{s}}{(C^* - C_\mathrm{s})} = \frac{1}{2} = \mathrm{erf}\left(\frac{x}{2\sqrt{Dt}}\right)$$

$$\therefore \frac{x}{2\sqrt{Dt}} \approx 0.5 \qquad (\because 0.5 \approx \mathrm{erf}(0.5))$$

さらに，$x = 2.0 \times 10^{-2}$，$D = 4 \times 10^{-7}$ を代入すると，

$$t = 10^3 \text{ sec} \approx 17 \text{ min}$$

となり，位置と濃度を与えるとその濃度に到達する時間を求めることができる．実際の場合には，材料は有限長さであるとして取り扱う場合が多い．そこで，次に材料が有限長さの場合の濃度変化について考えてみることにする．

1.5 有限厚さの場合の級数解（series solution）

厚さ l の板の両面から，例えば鋼中の水素等の溶質原子が失われていく場合を考える．ただし，板表面の溶質濃度は常に 0 の状態が維持されるとする．**図 1.9** に，厚さ l で初期濃度が C^* の金属板内の時間による濃度分布の変化を示す．

一次元の微分方程式を立てると，

$$\frac{\partial C}{\partial t} = D\frac{\partial^2 C}{\partial x^2} \tag{1.19}$$

14　第1章　固体内の拡散

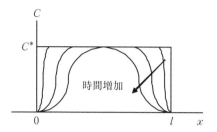

図1.9　加熱時間による濃度分布の変化

初期条件；$C(x, 0) = C^*$　　$0 \leqq x \leqq l$
境界条件；$C(l, t) = 0$
　　　　　$C(0, t) = 0$

となる．今，板内の濃度分布を時間(t)と位置(x)のそれぞれの関数の積と仮定して変数分離を行い，式(1.19)に代入すると，

$$C(x, t) = X(x)\,T(t)$$

と表して，

$$X\frac{\partial T}{\partial t} = DT\frac{\partial^2 X}{\partial x^2} \quad \therefore \frac{T'}{DT} = \frac{X''}{X} = -k^2 = (一定で k は定数)$$

$$\left(\because T' = \frac{\partial T}{\partial t},\ X'' = \frac{\partial^2 X}{\partial x^2}\right)$$

となる．この式を満足させるためには，

$$T' + k^2 DT = 0$$
$$X'' + k^2 X = 0$$

が成立することが必要である．T および X の一般解は，一次微分，二次微分をしたときに，変数 t, x の次元が同一になることが必要である．このことは，T および X が指数関数(exp)か三角関数で表すことである．そこで，まず X について一般解を次のように書く．

$$X(x) = A\cos kx + B\sin kx \quad A, B；定数 \tag{1.20}$$

さらに，$X(0) = X(l) = 0$ を満足するためには，式(1.20)に境界条件を代入して，

$$X(0) = A\cos 0 + B\sin 0 = A = 0 \quad (\because \cos 0 = 1)$$
$$X(l) = A\cos kl + B\sin kl = 0$$

であり，上式から $B \neq 0$ であるから，$\sin kl = 0$ を満足することが必要である．したがって，上記条件を満足するためには，

1.5 有限厚さの場合の級数解

$$k = \frac{n\pi}{l} \qquad n = 1, 2, 3, \cdots \tag{1.21}$$

となる．これより，Xの一般解は，式(1.21)を満足する$\sin$関数の総和すなわち無限級数で表すことができる．一方，Tの方は，$T' + k^2 DT = 0$であるから，指数関数を用いて次式のように書き表すことができる．

$$T(t) = Q \exp(-k^2 Dt) = Q \exp\left[-\left(\frac{n\pi}{l}\right)^2 Dt\right] \qquad Q：定数 \tag{1.22}$$

であり，変数分離型の一般化した解は式(1.20)と(1.22)を掛け合わせた無限等比級数となり，

$$C(x, t) = \sum_{n=1}^{\infty} B_n \sin \frac{n\pi x}{l} \exp\left[-\left(\frac{n\pi}{l}\right)^2 Dt\right] \tag{1.23}$$

と書ける．ここで，B_nは定数であるので，次にB_nの値を決める．

初期条件である$t = 0$のとき，$C(x, t) = C^*$ ($0 \leq x \leq l$)であるため，式(1.23)に値を代入して，

$$C^* = \sum_{n=1}^{\infty} B_n \sin \frac{n\pi x}{l} \tag{1.24}$$

と書ける．両辺に$\sin(a\pi x/l)$ (a；整数)を掛けて，$0 \leq x \leq l$の範囲を積分すると，

$$\int_0^l C^* \sin \frac{a\pi x}{l} dx = \sum_{n=1}^{\infty} B_n \int_0^l \sin \frac{n\pi x}{l} \sin \frac{a\pi x}{l} dx \tag{1.25}$$

と書けるが，$\sin A \sin B = 1/2[\cos(A - B) - \cos(A + B)]$であるため，右辺の三角関数は，

$$\int_0^l \sin \frac{n\pi x}{l} \sin \frac{a\pi x}{l} dx = \frac{1}{2} \int_0^l \left[\cos \frac{(n-a)\pi x}{l} - \cos \frac{(n+a)\pi x}{l}\right] dx$$

$$= \frac{1}{2} \left[-\frac{l}{(n-a)\pi} \sin \frac{(n-a)}{l} \pi x + \frac{l}{(n+a)\pi} \sin \frac{(n+a)}{l} \pi x\right]_0^l$$

となる．また，$\sin 0 = 0$であり，$\sin(n-a)\pi$および$\sin(n+a)\pi$は$n \neq a$の場合は全て0になる．$n = a$の場合は，$\int_0^l \sin^2 \frac{a\pi}{l} x dx = \frac{l}{2}$（「参考：不定積分」参照）であるから，式(1.25)に代入して整理すると，

$$B_n = \frac{2}{l} \int_0^l C^* \sin \frac{n\pi x}{l} dx$$

16　第1章　固体内の拡散

> **参考：不定積分**
>
> $$\int \sin^2 ax\,dx = \frac{x}{2} - \frac{\sin 2ax}{4a} + C$$
>
> $$\int \sin ax\,dx = -\frac{1}{a}\cos ax + C \qquad a, C : 定数$$

　　n が偶数のとき；$B_n = 0$
　　n が奇数のとき；$B_n = 4C^*/n\pi$
となるから，B_n を

$$B_n = B_j = \frac{4C^*}{(2j+1)\pi} \qquad j = 0, 1, 2, 3\cdots$$

と表すと，結局この一般解は，

$$C(x,t) = \frac{4C^*}{\pi} \sum_{j=0}^{\infty} \frac{1}{2j+1} \sin\frac{(2j+1)\pi x}{l} \exp\left[-\left(\frac{(2j+1)\pi}{l}\right)^2 Dt\right] \tag{1.26}$$

となる．また，このときの材料内での平均濃度 $\bar{C}$ は，

$$\bar{C} = \frac{1}{l}\int_0^l C(x,t)\,dx$$

$$= \frac{1}{l}\int_0^l \frac{4C^*}{\pi} \sum_{j=0}^{\infty} \frac{1}{2j+1} \sin\frac{(2j+1)\pi x}{l} \exp\left[-\left(\frac{(2j+1)\pi}{l}\right)^2 Dt\right] dx$$

$$= \frac{8C^*}{\pi^2} \sum_{j=0}^{\infty} \frac{1}{(2j+1)^2} \exp\left[-\left(\frac{(2j+1)\pi}{l}\right)^2 Dt\right] \tag{1.27}$$

となる．

　ところで，実際にはこの無限等比級数を完全に解くのは困難である．よって，どのような条件下で簡略できて，より高次の項を無視することができるかを検討する．式(1.26)をみると，右辺の各項は j が大きくなるに従って exp の中がマイナスで大きくなっていくため，急激に値が小さくなる．

　そこで，第1項と第2項の比が 1% 以下になるところを求めると，

$$\lambda = 0.01 \geqq \frac{第2項}{第1項} = \frac{\frac{1}{3}\sin\frac{3\pi x}{l}\exp\left(-\frac{9\pi^2}{l^2}Dt\right)}{\sin\frac{\pi x}{l}\exp\left(-\frac{\pi^2}{l^2}Dt\right)}$$

$$= \frac{1}{3}\exp\left(-\frac{8\pi^2}{l^2}Dt\right) \tag{1.28}$$

両辺対数を取って t で整理すると,

$$\therefore t \geqq \frac{-l^2}{8\pi^2 D}\ln 3\lambda \tag{1.29}$$

となり,時間 t が大きければ(すなわち長時間になれば),式(1.28)の右辺は指数関数で小さくなり,第1項のみで近似しても大きな誤差は生じないことになる.

これらの式が実際に使用されるのは,例えば金属中に含まれるガスの脱ガス挙動を考える場合等であるが,表面濃度が時間により変動する場合は適用することができない(表面濃度が時間により変動する場合は,後述する Laplace 変換を用いて解く等のことが必要となる).また,実験的に求められるのは処理後の金属に残存するガス量であり,このため平均濃度 $\bar{C}$ を求め,時間と平均濃度の関係から厳密解によって求めた式(1.27)の値が妥当であるかを検証する必要がある.

例題 1.3

焼鈍における鉄板中の水素濃度の変化

厚さ $20\,\mathrm{cm}$ の鉄板が加熱炉内で焼鈍されている場合の水素濃度の変化について考える.鉄板中の水素の初期濃度が C^* で均一であり,焼鈍時には鉄板表面の水素濃度は 0 に保たれているとしたとき,鉄板中の水素の 90% が表面から抜けるのに要する時間を求めよ.ただし,このときの拡散係数 D を $10^{-4}\,\mathrm{cm}^2/\mathrm{sec}$ とする.

[解]

縦軸に水素濃度を,横軸に $x=0$ および l を鉄板の表面として距離を取ると,鉄板中の水素濃度は**図 1.10** のように時間が経過するに従って変化していくと考えられる.

そこで,一次元の Fick の第2法則により拡散方程式を立てると,

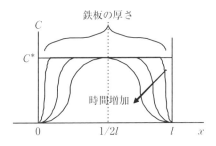

図 1.10 鉄板中の水素濃度の変化

$$\frac{\partial C}{\partial t} = D\frac{\partial^2 C}{\partial x^2}$$

初期条件;$C(x,0) = C^*$ $0 \leq x \leq l$
境界条件;$C(l,t) = 0$
$C(0,t) = 0$

となる.この場合の一般解は式(1.26)から,

$$C(x,t) = \frac{4C^*}{\pi}\sum_{j=0}^{\infty}\frac{1}{2j+1}\sin\frac{(2j+1)\pi x}{l}\exp\left[-\left(\frac{(2j+1)\pi}{l}\right)^2 Dt\right]$$

であり,鉄板中の平均濃度 $\bar{C}$ は式(1.27)から,

$$\bar{C} = \frac{1}{l}\int_0^l C(x,t)\,dx = \frac{8C^*}{\pi^2}\sum_{j=0}^{\infty}\frac{1}{(2j+1)^2}\exp\left[-\left(\frac{(2j+1)\pi}{l}\right)^2 Dt\right]$$

となる.もし,鉄板中の水素濃度の 90% が材料表面から外に抜けて,その平均濃度が $0.1C^*$ になったとすると,

$$\bar{C} = 0.1 \times C^* = \frac{8C^*}{\pi^2}\sum_{j=0}^{\infty}\frac{1}{(2j+1)^2}\exp\left[-\left(\frac{(2j+1)\pi}{l}\right)^2 Dt\right]$$

であるから,$l = 20$ cm,$D = 10^{-4}$ cm^2/sec を代入して,

$$0.1 = \frac{8}{\pi^2}\left[\frac{1}{1^2}\exp(-2.47\times 10^{-6}t) + \frac{1}{3^2}\exp(-2.22\times 10^{-5}t) + \cdots\right] \tag{1.30}$$

ところで,第 1 項と第 2 項の比は,

$$\frac{\text{第 1 項}}{\text{第 2 項}} = \frac{9\exp(-2.47\times 10^{-6}t)}{\exp(-2.22\times 10^{-5}t)} = 9\exp(1.973\times 10^{-5}t) \tag{1.31}$$

となる.もし,第 2 項以下を無視できるほど小さいとして,式(1.30)から,

$$0.1 = \frac{8}{\pi^2}\exp(-2.47\times 10^{-6}t) \qquad \therefore t = 8.47\times 10^5 \text{ sec} \approx 235 \text{ hr}$$

になる.第 2 項を無視してもこの解が近似的に妥当性があることを示すため,式(1.31)に上で求めた時間を代入して第 1 項と第 2 項の比を求めると,

$$\frac{\text{第 1 項}}{\text{第 2 項}} = 9\exp(1.973\times 10^{-5}\times 8.47\times 10^5) = 1.629\times 10^8$$

となり,第 1 項が圧倒的に大きくなるため第 2 項以下を無視することができる.

例題 1.4
凝固時に生じたミクロ偏析の均質化処理

有限長さの場合の級数解の応用例として，凝固時に生じるミクロ偏析の均質化処理[5]について述べる．

デンドライト凝固する合金の樹枝間の溶質濃度分布をX線マイクロアナライザーなどで測定すると，一般にデンドライトの中心は溶質濃度が低く，アーム間の中央は濃度が高くなるいわゆるミクロ偏析を形成する．図 1.11 にデンドライト間の溶質濃度分布を示す．

この偏析は加熱によってその後に均質化処理されるが，Kattamis and Flemings[6], Flemings[7]は，濃度が均質化されていく状況を残留ミクロ偏析指数(index of residual microsegregation)δ_iとして下式のように定義した．

$$\delta_i = \frac{C_M - C_m}{C_M^0 - C_m^0} \tag{1.32}$$

C_M；時間 t における要素 i の最大溶質濃度，C_m；時間 t における要素 i の最小溶質濃度，C_M^0；要素 i の初期最大溶質濃度，C_m^0；要素 i の初期最小溶質濃度

そのときの δ_i について，t 時間均質化処理したときの変化を一次元のモデルで求めよ．

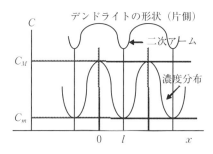

図 1.11 焼鈍前の樹枝間の濃度分布

[解]

Fick の第 2 法則より微分方程式は，

$$\frac{\partial C}{\partial t} = D \frac{\partial^2 C}{\partial x^2}$$

と書ける．また，初期溶質濃度は cos 関数で近似できるとして x 軸方向の濃度分布を $f(x) = \frac{C_M^0 - C_m^0}{2} \cos \frac{\pi x}{l}$ と仮定すると，初期および境界条件は次のようになる．

初期条件；$C(x, 0) = f(x)$

境界条件；$\dfrac{\partial C(0, t)}{\partial x} = 0$

$\dfrac{\partial C(l, t)}{\partial x} = 0$

$C(x, \infty) = \bar{C}$　　$\bar{C}$；平均溶質濃度

ここで，l を二次デンドライトアーム間の 1/2 とすると，一般解は次のように書ける[8]．

$$C(x, t) = \bar{C} + \sum_{n=0}^{\infty} A_n \cos\left(\dfrac{n\pi x}{l}\right) \exp\left[-\left(\dfrac{n\pi}{l}\right)^2 Dt\right] \quad (1.33)$$

かつ，

$$A_n = \dfrac{2}{l} \int_0^l f(x) \cos \dfrac{n\pi x}{l} dx \qquad \bar{C} = \dfrac{1}{l} \int_0^l f(x)\, dx \quad (1.34)$$

と表せる．

さて，無限級数の中で n が大きくなるに従って指数関数は小さくなるため，$n=3$ 以上の項を無視して，A_n に $f(x) = \dfrac{C_M^0 - C_m^0}{2} \cos \dfrac{\pi x}{l}$ を代入して A_0, A_1, A_2 を求めると，

$$A_0 = \dfrac{2}{l} \int_0^l \dfrac{C_M^0 - C_m^0}{2} \cos \dfrac{\pi x}{l} \cos 0\, dx = \dfrac{C_M^0 - C_m^0}{l} \left[\dfrac{l}{\pi} \sin \dfrac{\pi x}{l}\right]_0^l = 0$$

$$A_1 = \dfrac{2}{l} \int_0^l \dfrac{C_M^0 - C_m^0}{2} \cos \dfrac{\pi x}{l} \cos \dfrac{\pi x}{l}\, dx = \dfrac{C_M^0 - C_m^0}{l} \left[\dfrac{x}{2} + \dfrac{\sin \dfrac{2\pi x}{l}}{4\dfrac{\pi}{l}}\right]_0^l = \dfrac{C_M^0 - C_m^0}{2}$$

$$A_2 = \dfrac{2}{l} \int_0^l \dfrac{C_M^0 - C_m^0}{2} \cos \dfrac{\pi x}{l} \cos \dfrac{2\pi x}{l}\, dx = \dfrac{C_M^0 - C_m^0}{l} \left[\dfrac{\sin \dfrac{\pi x}{l}}{\dfrac{2\pi}{l}} - \dfrac{\sin \dfrac{3\pi x}{l}}{6\dfrac{\pi}{l}}\right]_0^l = 0$$

$$\because \int \cos^2 ax\, dx = \dfrac{x}{2} + \dfrac{\sin 2ax}{4a} + C,$$

$$\int \cos ax \cos bx\, dx = \dfrac{\sin(a-b)x}{2(a-b)} + \dfrac{\sin(a+b)x}{2(a+b)} + C$$

a, b, C；定数，$a \neq b$

と書ける．これらを式(1.33)に代入すると，

$$C(x,t) = \bar{C} + \frac{C_M^0 - C_m^0}{2} \cos\left(\frac{\pi x}{l}\right) \exp\left(-\frac{\pi^2}{l^2} Dt\right) \tag{1.35}$$

と書ける．これより，溶質濃度が最大および最小になるのは，デンドライトアーム間の中央($x=0$)およびデンドライト中心部($x=l$)になるため，式(1.35)に各々代入して，

$$C_M = C(0,t) = \bar{C} + \frac{C_M^0 - C_m^0}{2} \exp\left(-\frac{\pi^2}{l^2} Dt\right) \tag{1.36}$$

$$C_m = C(l,t) = \bar{C} - \frac{C_M^0 - C_m^0}{2} \exp\left(-\frac{\pi^2}{l^2} Dt\right) \tag{1.37}$$

と書け，さらにこれらを式(1.32)に代入すると，

$$\delta_i = \frac{C_M - C_m}{C_M^0 - C_m^0} = \exp\left(-\frac{\pi^2}{l^2} Dt\right) \tag{1.38}$$

となる．この方法で均質化処理により濃度分布の変化を計算した例としては，低合金鋼のNi偏析や52100鋼中のCrの均質化の解析等があげられている．

1.6 誤差関数を用いた均質化等の解

図1.12のような厚さ$2l$の厚い溶質濃度の濃化層(色塗りの部分の溶質濃度はC^*)が金属中にあると仮定する．この厚み($2l$)間を半無限固体の解のときのように微小に($\Delta \xi$)に分割し，マイナス方向からlまでの濃度が$C^*/2$で，lより大きくなると$-C^*/2$の濃度分布をもつ(実線)

$$\text{薄膜解} \left[\frac{C^*}{2} \text{erf}\left(\frac{l-x}{2\sqrt{Dt}}\right)\right]$$

と，プラス方向から$-l$までの濃度が$C^*/2$で，$-l$より小さくなると$-C^*/2$の濃度分布をもつ(点線)

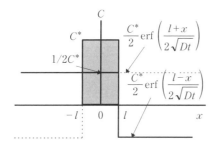

図1.12 誤差関数のつなぎ合わせ

薄膜解 $\left[\dfrac{C^*}{2}\mathrm{erf}\left(\dfrac{l+x}{2\sqrt{Dt}}\right)\right]$

をたし合わせると，薄膜解を $-l$ から l まで積分することになり，濃度分布は式(1.17)から，

$$C(x,t) = \dfrac{C^*}{\sqrt{4\pi Dt}}\int_{-l}^{l}\exp\left[-\dfrac{(x+\xi)^2}{4Dt}\right]d\xi$$

$$= \dfrac{C^*}{2}\left[\mathrm{erf}\left(\dfrac{l-x}{2\sqrt{Dt}}\right) + \mathrm{erf}\left(\dfrac{l+x}{2\sqrt{Dt}}\right)\right] \quad (1.39)$$

となる．見方を変えれば，誤差関数を左右から二つつなぎ合わせたものであり，式(1.39)は厚膜解(thickness film solution)と呼ばれている．この式を用いて，シリコン結晶中の酸素濃度の均質化処理について考える．

例題 1.5
シリコン結晶成長，均質化処理

シリコンの結晶成長の際，**図 1.13** のように $100\,\mu\mathrm{m}$ 間隔で酸素濃化部が生成すると仮定する．この酸素濃化部は，電気的性質を劣化させるため，$1400\,\mathrm{K}$ の温度で加熱され，均質化処理が施される．

濃化部の初期酸素濃度 C^* は $10^{18}\,\mathrm{atm/cm^3}$ でその厚さは $5\,\mu\mathrm{m}$，初期バルク濃度 C^{a} は $10^{16}\,\mathrm{atm/cm^3}$ であり，$1400\,\mathrm{K}$ におけるシリコン中の酸素の拡散係数 D は $10^{-10}\,\mathrm{cm^2/sec}$ として，均質化処理による酸素濃度の時間的な変化を式で表すことを考えてみよう．

（**1**）この Si 結晶の酸素分布を表す一般解を誤差関数を用いて表せ．（**2**）酸素濃化部の最大濃度が初期値の 30% まで低下する時間を求めよ．（**3**）そのときに最近接の酸素濃化部が与える影響を考察せよ．さらに（**4**）酸素濃度の変動が 1% 以内にまで減少するのに要する時間を求めよ．

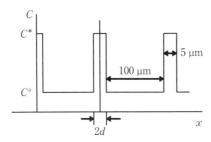

図 1.13 加熱前の Si 結晶の酸素分布

1.6 誤差関数を用いた均質化等の解

[解]

（1） 酸素濃化部の厚さがその間の距離と比較して無視できないため，薄膜解では十分ではない．今，酸素濃化部の厚さを $2d$ として図 1.12 のように誤差関数を重ね合わせると，一つの酸素濃化部は次のように書ける[9,10]．

$$C(x,t) = \frac{C^* + C^a}{2}\left[\mathrm{erf}\left(\frac{d-x}{2\sqrt{Dt}}\right) + \mathrm{erf}\left(\frac{d+x}{2\sqrt{Dt}}\right)\right] \quad (1.40)$$

バルクの濃度 C^a は低いため無視すると，

$$C(x,t) \approx \frac{C^*}{2}\left[\mathrm{erf}\left(\frac{d-x}{2\sqrt{Dt}}\right) + \mathrm{erf}\left(\frac{d+x}{2\sqrt{Dt}}\right)\right]$$

となる．さらに，酸素濃化部は周期的であるので，X 軸の正方向のみ扱うとするなら，一般に無限級数を用いて次のように書ける．

$$C(x,t) = \frac{C^*}{2}\sum_{n=0}^{\infty}\left[\mathrm{erf}\left(\frac{d+nx}{2\sqrt{Dt}}\right) + \mathrm{erf}\left(\frac{d-nx}{2\sqrt{Dt}}\right)\right] \quad (1.41)$$

（2） 酸素濃化部の濃度が時間と共に低下していき，最大濃度が初期値の 30% まで減少する時間を求める．

上式の二次以降の影響に対する評価は後で行うことにして，式(1.41)の二次以降を無視して左辺を濃度が初期値の 30% まで減少するとして $C(x,t) = 0.3C^*$ を代入すると，

$$0.3 \times C^* = \frac{C^*}{2}\left[\mathrm{erf}\left(\frac{d+x}{2\sqrt{Dt}}\right) + \mathrm{erf}\left(\frac{d-x}{2\sqrt{Dt}}\right)\right]$$

と書ける．ここで，最大の濃度の個所は，酸素濃化部の中心（$x=0$）のところであるため上式は，

$$0.3 \times C^* = \frac{C^*}{2}\left[\mathrm{erf}\left(\frac{d}{2\sqrt{Dt}}\right) + \mathrm{erf}\left(\frac{d}{2\sqrt{Dt}}\right)\right] = C^*\,\mathrm{erf}\left(\frac{d}{2\sqrt{Dt}}\right) \quad \therefore 0.3 = \mathrm{erf}\left(\frac{d}{2\sqrt{Dt}}\right)$$

誤差関数の換算表より，$\dfrac{d}{2\sqrt{Dt}} = \mathrm{erf}^{-1}(0.3) \approx 0.329\ (\therefore d \approx 0.658\sqrt{Dt})$ となり，時間 t で整理して拡散係数 D および酸素濃化部の厚さの 1/2 である d に数値を代入して，

$$t = \frac{d^2}{0.433D} = \frac{(2.5\times 10^{-4}\mathrm{cm})^2}{0.433\times(10^{-10}\,\mathrm{cm^2/sec})} = 1.443\times 10^3\,\mathrm{sec} \approx 24\,\mathrm{min}$$

が求まる．

（3） 最近接部の酸素濃化部が与える影響について考えてみよう．最近接部の濃度（C_{xs}）は左右両方にあり，両方から同量の酸素が拡散すると考えられるため正方向のみ取って 2 倍にすると，

$$C(x,t)_{xs} = 2 \times \left\{ \frac{C^*}{2} \left[\mathrm{erf}\left(\frac{d+x}{2\sqrt{Dt}} \right) + \mathrm{erf}\left(\frac{d-x}{2\sqrt{Dt}} \right) \right] \right\} \tag{1.42}$$

である．また，$x = (2.5 + 100) \times 10^{-4}$ cm，与えられている数値である l, d, D，さらに先ほど計算した t を代入すると，

$$C_{xs} = C^*[\mathrm{erf}(1.382) + \mathrm{erf}(-1.316)] \approx C^*(0.9377 - 0.9369) = 8.0 \times 10^{-4} C^*$$

となる．ただし，誤差関数の値は，$\mathrm{erf}(1.4)$ と $\mathrm{erf}(1.3)$ の間を比例配分して求めた．第1項（$x=0$）と第2項（最近接部；$x = \pm(2.5+100) \times 10^{-4}$）の比を取って誤差を見積もってみると，

$$誤差 = \frac{第2項}{第1項} = \frac{8 \times 10^{-4} C^*}{0.3 C^*} \times (100\%) \approx 0.27\%$$

となり，最近接部の酸素濃化部が与える影響は，この条件下では第2項以下は無視できるといえる．

（4） 最後に酸素濃度の変動が 1% 以内に減少するのに必要な時間を求めてみる．まず，平均濃度 $\bar{C}$ は次のようにして求めることができる．

$$\bar{C} = \frac{(5 \times 10^{-4}\,\mathrm{cm}) \times (10^{18}\,\mathrm{atm/cm^3}) + (100 \times 10^4\,\mathrm{cm}) \times (10^{16}\,\mathrm{atm/cm^3})}{105 \times 10^{-4}\,\mathrm{cm}}$$

$$= 5.71 \times 10^{16}\,\mathrm{atm/cm^3}$$

一方，平均濃度から一番大きくずれるのは酸素濃化部の中心であり，t 秒後の中心部の濃度は第1項のみを考えて，$C = C^* \mathrm{erf}\left(\frac{d}{2\sqrt{Dt}} \right)$ のように表されるから，平均濃度 $\bar{C}$ との比が 1% 以下になるのは，

$$平均濃度から 1\% 濃化 = 5.71 \times 10^{16} \times 1.01$$

$$\geq 10^{18} \mathrm{erf}\left(\frac{d}{2\sqrt{Dt}} \right) = 第1項のみで表した中心部の濃度$$

であるから，誤差関数の中を整理して数値を代入し時間を求めると，

$$\therefore \mathrm{erf}^{-1}(0.0577) \approx 0.0501 \geq \frac{d}{2\sqrt{Dt}}$$

$$t \geq \frac{d^2}{(0.0501 \times 2)^2 D} = \frac{(2.5 \times 10^{-4})^2}{(0.1002)^2 \times 10^{-10}} = 6.23 \times 10^4\,\mathrm{sec} \approx 17.3\,\mathrm{hr}$$

となる．

ここまで一次元の拡散方程式で拡散係数が濃度に依存しないとして指数関数，誤差関数並びに無限級数による一般的な解析解を示したが，これらは解析する条件により大き

な誤差を生んだりするため使用する際には仮定を再度確認したりして注意を要する．そこで，さらに理解を深めるために二，三の例を示すことにする．

例題 1.6
銀板上に蒸着された金薄膜の拡散

厚さ 3×10^{-7} cm の金の薄膜が，厚さ 10^{-1} cm の銀板上に蒸着され，さらに金の薄膜は厚さ 10^{-5} cm の銀で被覆された試料が 1100 K で焼鈍された．図 **1.14** には，縦軸に金の濃度 C_{Au} を，横軸に銀で被覆（コーティング）された端面を $x=0(\times 10^{-7}$ cm$)$ として初期の金濃度の分布状況を示す．

銀中の金の拡散係数は 10^{-14} cm^2/sec で，金と銀はその温度では完全に固溶すると仮定する．そのとき，t 秒後の金の濃度分布を Fick の第 2 法則から導かれる一般解の中で誤差関数を用いて，(1) 薄膜解および (2) 厚膜解で表したときに誤差 0.1% 以内で表されるのに有効な時間範囲を示せ．

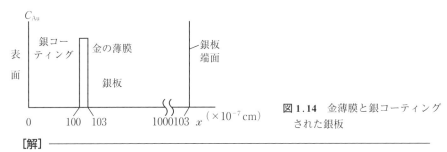

図 **1.14** 金薄膜と銀コーティングされた銀板

[解]

(1) 誤差関数は，端面の濃度が変化したら使用できなくなるため，ごく短時間しか使用できない．すなわち，誤算関数が使えなくなるのは拡散距離が金の薄膜の中心部で濃度が 0.1% 変化するときであるから，式(1.14)から金薄膜厚さの 1/2 を l として，$l \geqq 4.7\sqrt{Dt}$ であるから t で整理して，

$$t \leqq \frac{(1.5\times 10^{-7}\text{cm})^2}{4.7^2 \times 10^{-14} \text{cm}^2/\text{sec}} = 0.10 \text{ sec}$$

となり，きわめて早くこの薄膜解を使用することができなくなる．

(2) 厚膜解（thickness film solution）として誤差関数二つを用いて表せば，拡散距離が 10^{-5} cm すなわち銀コーティングの表面に達するまでの時間が有効となる．したがって同様に式(1.14)から，

26　第1章　固体内の拡散

$$t \leq \frac{(100 \times 10^{-7}\text{cm})^2}{4.7^2 \times 10^{-14}\text{cm}^2/\text{sec}} = 453 \text{ sec}$$

$$\left(\because l \geq 4.7\sqrt{Dt}, \quad l^2 \geq 4.7^2 \times Dt \quad \therefore \frac{l^2}{4.7^2 \times D} \geq t \right)$$

まで，厚膜解は有効である．

例題 1.7

2枚の鉄板を接合し，焼鈍したときの炭素の拡散

板厚2cmの2枚の大きな鉄板が接合され，1000℃に加熱されている．焼鈍前の左右の鉄板の炭素濃度はそれぞれ1.2および0.3 wt%とする(2枚の鉄板の濃度分布を図1.15に示す)．このときの経過時間と濃度の関係を求めて以下の問いに答えよ．ただし，1000℃における炭素の拡散係数は，$D_\text{C} = 3 \times 10^{-7}$ cm²/secとする．

（1）　鉄板の界面から0.15 cmの炭素の濃度の変化を求めよ．
（2）　端部($x = 2.0$ cm)の濃度の誤差が1.0%以下の時間を計算せよ．
（3）　等濃度面($C(x,t) = 0.5$ wt%C)がどのように移動していくのか計算してみよ．
（4）　長時間では誤差関数を用いることができなくなり，三角関数の無限級数を用いることが必要となるが，短時間と長時間の場合の等濃度面の時間と位置の関係をグラフにプロットして比較せよ．

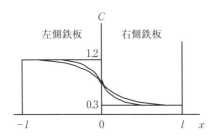

図 1.15　2枚の鉄板の炭素濃度分布

[解]

（1）　右側の鉄板の界面($x = 0$)から0.15 cmのところの炭素濃度変化を求めてみよう．まず，Fickの第2法則より微分方程式を立て初期条件を与えると，

$$\frac{\partial C}{\partial t} = D \frac{\partial^2 C}{\partial x^2}$$

初期条件；$C(x, 0) = 0.3$ wt%　$x > 0$

端部($l(x = 2.0$ cm)のところ)の濃度が変化しないほどの短時間と仮定して，誤差関

数を用いると境界条件は $C(0,t)=1/2(1.2+0.3)=0.75\,\mathrm{wt\%C}$, $C(\infty,t)=0.3\,\mathrm{wt\%C}$ となり一般解は,

$$C(x,t) = A + B\,\mathrm{erf}\left(\frac{x}{2\sqrt{Dt}}\right) \qquad A, B\,;\text{定数}$$

と書ける.この式に境界条件を代入して,

$$C(x,t) = 0.75 - 0.45\,\mathrm{erf}\left(\frac{x}{2\sqrt{Dt}}\right) \qquad \therefore C(0.15,t) = 0.75 - 0.45\,\mathrm{erf}\left(\frac{0.15}{2\sqrt{Dt}}\right)$$

となる.x に位置($x=0.15$)および拡散係数を代入すると,界面からの濃度が時間の関数として求められる.

(2) 式(1.13)より,誤差 1.0% のとき,

$$0.01 = \frac{\dfrac{2}{\sqrt{\pi}}\displaystyle\int_{l/2\sqrt{Dt}}^{\infty}\exp(-\eta^2)\,d\eta}{\dfrac{2}{\sqrt{\pi}}\displaystyle\int_{0}^{\infty}\exp(-\eta^2)\,d\eta}$$

$$= \mathrm{erfc}\left(\frac{l}{2\sqrt{Dt}}\right)$$

$$\frac{l}{2\sqrt{Dt}} = \mathrm{erfc}^{-1}(0.01) \approx 1.82$$

$$\therefore t = \frac{1}{D}\left(\frac{2}{2\times 1.82}\right)^2 = 1.01\times 10^6\,\mathrm{sec} = 280\,\mathrm{hr}$$

となる.

(3) 等濃度面がどのように移動していくのか計算してみる.

右側鉄板の濃度が 0.5 wt% C になるとき,$C(x,t)=0.5=0.75-0.45\,\mathrm{erf}(x/2\sqrt{Dt})$ であるから,誤差関数の中は $x/2\sqrt{Dt}=0.556$ を満足する.この式を,$x=f(x)$ で書き換えて t で微分すると $dx = 2\times 0.556\sqrt{D}\times\dfrac{1}{2}t^{-\frac{1}{2}}dt$ であるから移動速度 $v=dx/dt$ は,

$$v = \frac{dx}{dt} = \frac{2\times(0.556)}{2}D^{\frac{1}{2}}t^{-\frac{1}{2}} = 3.05\times 10^{-4}t^{-\frac{1}{2}} \quad \mathrm{cm/sec} \tag{1.43}$$

となる.すなわち,等濃度面は時間の $-1/2$ 乗の速度で移動する.

(4) 以上は短時間についてのみ満足するが,長時間では誤差関数を用いることができなくなり,境界条件も次のように若干変更して三角関数の無限級数を用いる.

 初期条件;$C(x,0) = 0.3 \qquad 0 \leqq x$

 境界条件;$C(0,t) = 0.75$

$$J(l,t)=0$$

さらに，式(1.22)も右側鉄板の炭素濃度を考慮して修正すると，

$$C(x,t)=0.75-\frac{4\times(0.75-0.3)}{\pi}\sum_{j=0}^{\infty}\frac{1}{2j+1}\sin\frac{(2j+1)\pi x}{l}\exp\left[-\left(\frac{(2j+1)\pi}{l}\right)^2 Dt\right]$$

一次近似（無限級数の第2項以降を無視できると近似）ができるほど十分に長時間であると仮定すると，

$$C(x,t)=0.75-\frac{4\times(0.75-0.3)}{\pi}\sin\frac{\pi x}{l}\exp\left[-\left(\frac{\pi}{l}\right)^2 Dt\right]$$

となる．そこで，濃度が 0.5 wt% C のときの等濃度面の移動速度は上式に値を代入して，$\sin\frac{\pi x}{l}=0.4363\exp\left[\left(\frac{\pi}{l}\right)^2 Dt\right]$ であるから，t で x を微分して，

$$v=\frac{dx}{dt}=\frac{0.4363\pi D}{l\cos\left(\frac{\pi x}{l}\right)}\exp\left[\left(\frac{\pi}{l}\right)^2 Dt\right]=\frac{2.06\times 10^{-7}}{\cos\left(\frac{\pi x}{2}\right)}\exp(7.4\times 10^{-7}t)\,\text{cm/sec} \quad (1.44)$$

短時間および長時間の場合の等濃度面の移動速度はそれぞれ式(1.43)および(1.44)のように書け，t 時間後の等濃度面の位置 ($x_{0.5}^s$) はそれらを積分すると求められる．そこで，0.5 wt%C の等濃度面の時間に対する位置の関係を求めてみる．

式(1.43)および(1.44)をそれぞれ $x=0$ から $x_{0.5}^s$ まで積分して，

短時間の場合（式(1.43)を積分）；$x_{0.5}^s=6.10\times 10^{-4}t^{\frac{1}{2}}$

長時間の場合（式(1.44)を積分）；$x_{0.5}^s=\frac{l}{\pi}\sin^{-1}\left[0.4363\exp\left(\frac{\pi^2 Dt}{l^2}\right)\right]$

これを計算しグラフにプロットすると，**図 1.16** のようになる．

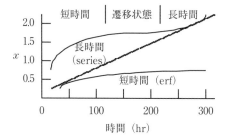

図 1.16 等濃度面の位置

1.7 円柱状,球状のものへの応用

ここまでは,一次元で拡散係数が濃度に依存しない(一定値の)場合を取り扱ってきた.拡散係数の濃度による変化についての取り扱いは後述することにして,さらに多次元系の方程式および円柱状や球状の材料の拡散を取り扱うときの拡散方程式について述べることにする.実際にはこれらの微分方程式を自らで解くことは難しく,詳細はCarslaw and Jaeger[11]あるいはCrank[10]を参考にされたい.(1)円柱,極座標に変換した三次元の拡散方程式および(2)一次変数の拡散方程式である初期および境界条件下での解を以下に示す.

(1) 一般的な三次元の拡散方程式

① 垂直座標(座標 x, y, z)

$$\frac{\partial C}{\partial t} = \frac{\partial}{\partial x}\left(D\frac{\partial C}{\partial x}\right) + \frac{\partial}{\partial y}\left(D\frac{\partial C}{\partial y}\right) + \frac{\partial}{\partial z}\left(D\frac{\partial C}{\partial z}\right) \tag{1.45}$$

② 円柱座標(座標 $x = r\cos\theta,\ y = r\sin\theta,\ z = z$)

$$\frac{\partial C}{\partial t} = \frac{1}{r}\left[\frac{\partial}{\partial r}\left(rD\frac{\partial C}{\partial r}\right) + \frac{\partial}{\partial \theta}\left(\frac{D}{r}\frac{\partial C}{\partial \theta}\right) + \frac{\partial}{\partial z}\left(rD\frac{\partial C}{\partial z}\right)\right] \tag{1.46}$$

③ 極座標(座標 $x = r\sin\theta\cos\phi,\ y = r\sin\theta\sin\phi,\ z = r\cos\theta$)

$$\frac{\partial C}{\partial t} = \frac{1}{r^2}\left[\frac{\partial}{\partial r}\left(r^2 D\frac{\partial C}{\partial r}\right) + \frac{1}{\sin\theta}\frac{\partial}{\partial \theta}\left(D\sin\theta\frac{\partial C}{\partial \theta}\right) + \frac{D}{\sin^2\theta}\frac{\partial^2 C}{\partial \phi^2}\right] \tag{1.47}$$

(2) 一次変数の拡散方程式およびその解($D \neq D(C)$)

① 厚さ L のスラブ中の拡散

$$\frac{\partial C}{\partial t} = D\frac{\partial^2 C}{\partial x^2}$$

初期条件;$C(x, 0) = C_\mathrm{i}$

境界条件;$C(L, t) = C_\mathrm{s}$

$$\frac{\partial C(0, t)}{\partial t} = 0$$

[解]
$$\frac{C - C_\mathrm{s}}{C_\mathrm{i} - C_\mathrm{s}} = \frac{8}{\pi^2}\sum_{n=0}^{\infty}\frac{1}{(2n+1)^2}\exp\left[-\frac{(2n+1)^2\pi^2}{4}\frac{Dt}{L^2}\right] \tag{1.48}$$

② 半径 R の丸棒(円柱)中の拡散

$$\frac{\partial C}{\partial t} = \frac{1}{r}\frac{\partial}{\partial r}\left(rD\frac{\partial C}{\partial r}\right)$$

初期条件；$C(x, 0) = C_i$

境界条件；$C(R, t) = C_s$

$$\frac{\partial C(0, t)}{\partial t} = 0$$

[解]
$$\frac{C - C_s}{C_i - C_s} = \sum_{n=1}^{\infty} \frac{4}{\xi_n^2} \exp\left(-\frac{\xi_n^2 Dt}{R^2}\right) \tag{1.49}$$

ただし ξ_n はゼロオーダーの Bessel 関数 $J_0(x)=0$ の根である．ここで，$n = 1, 2, 3, 4, 5$ に対してそれぞれ，$\xi_n = 2.405, 5.520, 8.654, 11.792, 14.931$ である．

③ 半径 R の球体中の拡散

$$\frac{\partial C}{\partial t} = D\left(\frac{\partial^2 C}{\partial r^2} + \frac{2}{r}\frac{\partial C}{\partial r}\right)$$

初期条件；$C(x, 0) = C_i$

境界条件；$C(R, t) = C_s$

$$\frac{\partial C(0, t)}{\partial t} = 0$$

[解]
$$\frac{C - C_s}{C_i - C_s} = \frac{6}{\pi^2}\sum_{n=1}^{\infty} \frac{1}{n^2} \exp\left(-\frac{n^2\pi^2 Dt}{R^2}\right) \tag{1.50}$$

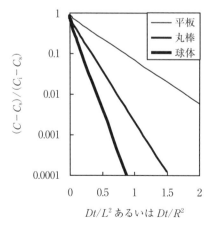

図 1.17　平板，丸棒および球体の濃度変化比較

これらを四次の項まで計算して濃度を無次元化して表し，長さおよび時間を Dt/L^2 あるいは Dt/R^2 として無次元化してグラフに表すと，**図 1.17** のようになる．これより初期濃度 C_i，表面濃度 C_s で半径 R（板厚 L），拡散係数 D が既知であるなら所定時間後の平均濃度が求まる．

例題 1.8
鉄の平板，丸棒および球体に含まれる水素残存率の比較

鉄の平板，丸棒および球体を所定時間加熱処理を行い，鉄中に含まれる水素の残存率を平板，丸棒および球体で比較してみることにする．なお，鉄中の水素の拡散係数は，$D = 1.0 \times 10^{-5}$ cm^2/sec とし，厚さ L および半径 R を 4 cm で長さは無限（無視する）の平板，丸棒および球体を考える．40 時間後の平面，円柱および球の濃度比と時間の関係を式(1.48)〜(1.50)の二次以降の項を無視して求めて，これらを比較せよ．

[解]

無次元化数である Dt/L^2 あるいは Dt/R^2 の値を求めると，

$$\frac{Dt}{L^2 \text{ or } R^2} = \frac{10^{-5} \times 40 \times 3600}{2^2} = 0.36$$

となる．これを，式(1.48)〜(1.50)に代入する．

1) 平板： $\dfrac{C - C_s}{C_i - C_s} = \dfrac{8}{\pi^2}\exp(-2.465 \times 0.36) = 0.334$

2) 丸棒： $\dfrac{C - C_s}{C_i - C_s} = \dfrac{4}{2.405^2}\exp(-5.784 \times 0.36) = 0.086$

3) 球体： $\dfrac{C - C_s}{C_i - C_s} = \dfrac{6}{\pi^2}\exp(-9.860 \times 0.36) = 0.017$

となり，平板 > 丸棒 > 球体の順に酸素残存率が大きくなっており，この結果は図 1.17 とも一致する．

1.8 薄膜拡散解や級数解で適用できない場合

一次元の拡散方程式においても，境界条件によっては前述の一般解をあてはめることができない場合があり，微分方程式を Laplace 変換して解くことによって初めて可能となる．Laplace 変換を用いた解析は，こうした拡散や熱伝導問題のほか自動制御の諸問題に対する応用等，工学や物理学において広く利用されている．そこで，Laplace 変換

について定義等を若干述べた後，半無限固体において表面濃度が時間変化する場合の拡散問題の例を示すことにする．なお，Laplace 変換の詳細については適当な数学の書籍[12]を参考にされたい．

定義：一価関数 $f(t)$ が t のすべての正値に対して定義されるとき，この関数に e^{-st} を乗じ，t について 0 から ∞ まで積分する．すなわち，

$$\int_0^\infty e^{-st} f(t) dt \quad\quad t ; 実数 \tag{1.51}$$

を考える．ここで，s は積分 t には無関係な複素数で，実数部を α，虚数部を β とすると，$s = \alpha + i\beta$ と書ける．Euler の公式（「参考：Euler の公式」参照）より，$e^{-i\beta t} = \cos\beta t - i\sin\beta t$ であるから，

$$e^{-st} = e^{-\alpha t} e^{-i\beta t} = e^{-\alpha t}(\cos\beta t - i\sin\beta t)$$

$$\therefore \int_0^\infty e^{-st} f(t) dt = \int_0^\infty e^{-\alpha t} \cos\beta t f(t) dt - i\int_0^\infty e^{-\alpha t} \sin\beta t f(t) dt$$

と書ける．そこで，

$$F(s) = \int_0^\infty e^{-st} f(t) dt \tag{1.52}$$

と表して，$f(t)$ を原関数，$F(s)$ を像関数，$f(t)$ を $F(s)$ に移す変換を Laplace 変換と呼ぶ．Laplace 変換の性質として，以下の項目が挙げられる．なお，参考まで付表 A.2 に Laplace 変換表を載せる．

①
$$L\{f(t)\} = F(s) = \int_0^\infty e^{-st} f(t) dt \tag{1.53}$$

例　$f(t) = 1$ のとき，$L\{1\} = \int_0^\infty e^{-st} dt = -\dfrac{1}{s}[e^{-st}]_0^\infty = \dfrac{1}{s}$

② 線形性

$$L\{k_1 f_1(t) + k_2 f_2(t)\} = k_1 F_1(s) + k_2 F_2(s) \quad\quad k_1, k_2 ; 定数 \tag{1.54}$$

$$L\{f(at)\} = \frac{1}{a} F\left(\frac{s}{a}\right) \tag{1.55}$$

例　$L\{\sin t\} = \dfrac{1}{s^2+1}$ であるから，$L\{\sin 3t\} = \dfrac{1}{3}\dfrac{1}{\left(\dfrac{s}{3}\right)^2+1} = \dfrac{3}{s^2+9}$

③ Laplace 変換の微分

$$L\{f'(t)\} = sF(s) - f(0) \quad \left(f'(t) = \frac{df(t)}{dt}\right) \tag{1.56}$$

> **参考：Euler の公式**
>
> 指数関数および三角関数を Maclaurin 展開（テイラー級数展開で $a=0$ としたとき，Maclaurin 展開と呼ぶ）して無限級数で表すと，
>
> $$e^x = 1 + \frac{x}{1!} + \frac{x^2}{2!} + \frac{x^3}{3!} + \cdots\cdots = \sum_{k=1}^{\infty} \frac{x^k}{k!}$$
>
> $$\sin x = \frac{x}{1!} - \frac{x^3}{3!} + \frac{x^5}{5!} - \cdots\cdots = \sum_{k=1}^{\infty} \frac{(-1)^k x^{2k-1}}{(2k-1)!}$$
>
> $$\cos x = 1 - \frac{x^2}{2!} + \frac{x^4}{4!} - \cdots\cdots = \sum_{k=0}^{\infty} \frac{(-1)^k x^{2k}}{2k!}$$
>
> と書ける．したがって $e^{-i\beta t}$ は，
>
> $$e^{-i\beta t} = 1 + \frac{(-i\beta t)}{1!} + \frac{-\beta^2 t^2}{2!} + \frac{i\beta^3 t^3}{3!} + \frac{\beta^4 t^4}{4!} + \cdots\cdots$$
>
> $$= \left(1 - \frac{\beta^2 t^2}{2!} + \frac{\beta^4 t^4}{4!} - \cdots\cdots\right) - i\left(\frac{\beta t}{1!} - \frac{\beta^3 t^3}{3!} + \frac{\beta^5 t^5}{5!} - \cdots\cdots\right)$$
>
> $$= \cos \beta t - i \sin \beta t$$
>
> と表すことができる．これを Euler の公式と呼ぶ．

$$L\{f''(t)\} = s^2 F(s) - sf(0) - f'(0) \tag{1.57}$$

$$L\{f^{(n)}(t)\} = s^n F(s) - s^{n-1} f(0) - s^{n-2} f'(0) \cdots sf^{n-2}(0) - f^{n-1}(0) \tag{1.58}$$

④ Laplace 変換の積分

$$L\left[\int_0^t f(u)\,du\right] = \frac{F(s)}{s} \tag{1.59}$$

⑤ 乗法

$$L\{t^n f(t)\} = (-1)^n \frac{d^n F(s)}{ds^n} \tag{1.60}$$

さて，半無限固体の拡散問題を通して，実際に Laplace 変換により微分方程式を解いてみよう．**図 1.18** のようにある金属がある一定濃度に保たれたガス中に放置され，ガスが金属中へ拡散していく場合を考える．

金属表面 ($x=0$) は，一定のガス濃度 C_0 に保たれているとすると，一次元の Fick の第 2 法則より，微分方程式および初期，境界条件は次のようになる．

$$\frac{\partial C}{\partial t} = D \frac{\partial^2 C}{\partial x^2}$$

34　第1章　固体内の拡散

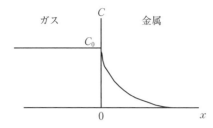

図1.18 金属中のガスの濃度分布

　　初期条件；$C(x,0)=0$　　$0 \leq x$
　　境界条件；$C(0,t)=C_0$
　　　　　　　$C(\infty,t)=0$

（1）微分方程式の Laplace 変換

$C(x,t)=U(x,t)$, $L\{U(x,t)\}=u(x,s)$ とすると，

$$\frac{\partial U}{\partial t} = D\frac{\partial^2 U}{\partial x^2}$$

左辺；$L\left\{\dfrac{\partial U}{\partial t}\right\} = su - U(x,0)$　　　（∵ ③式(1.56)より）

右辺；$L\left\{D\dfrac{\partial^2 U}{\partial x^2}\right\} = D\displaystyle\int_0^\infty e^{-st}\dfrac{\partial^2 U(x,t)}{\partial x^2}dt = D\dfrac{d^2 u}{dx^2}$　　（∵ ①式(1.53)，(1.52)より）

$U(x,0)=0$（初期条件）であるから拡散方程式は，

$$\frac{d^2 u}{dx^2} - \frac{s}{D}u = 0 \tag{1.61}$$

に変形できる．

（2）常微分方程式の一般解は，

$$u(x,s) = k_1 e^{x\sqrt{\frac{s}{D}}} + k_2 e^{-x\sqrt{\frac{s}{D}}} + k_3 \qquad k_1, k_2, k_3；定数 \tag{1.62}$$

と表すことができる．

（3）境界条件を代入し，k_1, k_2 を決める．

$U(\infty,t)=0$ であるから，これを満足するためには式(1.62)より $x=\infty$ を代入して $k_1=0$ が求まる．

　　　$\therefore u(x,s) = k_2 e^{-x\sqrt{\frac{s}{D}}}$　　　また，$L\{u(x,0)\}=0$ より，$k_3=0$

　　　$L\{U(0,t)\} = u(0,s) = \dfrac{U(0,t)}{s}$

$$\therefore u(0,s) = k_2 = \frac{U(0,t)}{s} = \frac{C_0}{s}$$

結局，$u(x,s) = \dfrac{C_0}{s} e^{-x\sqrt{\frac{s}{D}}}$ が求まる．

（4） Laplace 変換表(付表 A.2-1 の 8)より逆変換

$$U(x,t) = L^{-1}\{u(x,s)\} = C_0 L^{-1}\left\{\frac{e^{-x\sqrt{\frac{s}{D}}}}{s}\right\} \quad q = \sqrt{\frac{s}{D}} \text{ として}$$

$$= C_0 L^{-1}\left\{\frac{e^{-qx}}{s}\right\} = C_0 \,\mathrm{erfc}\left(\frac{x}{2\sqrt{Dt}}\right) \tag{1.63}$$

式(1.63)を書き直して，一般解 $C(x,t) = C_0 \,\mathrm{erfc}\left(\dfrac{x}{2\sqrt{Dt}}\right)$ が求まる．

Laplace 変換を用いると，今まで解けなかった境界条件の解も求められ，厳密解で数学モデルを取り扱う場合に有効な手段となる．いくつかの解法例は Carslaw and Jaeger[11]等で述べられているが，ここでは特に表面の濃度が時間によって変化する場合の二，三の例について示すことにする．

例題 1.9

窒素の反応容器中の拡散

窒素が反応容器中で生成する場合を考える．この反応は一次反応であり，反応容器内壁で解離した窒素濃度は，初めの時間に対して指数関数的に上昇すると仮定する．なお，反応容器の厚さを l とし，内壁の初期窒素濃度はゼロである．このとき，短時間で反応容器中に解離した窒素濃度を求めよ．ただし，内壁での窒素濃度の上昇は時間の関数として $C(0,t) = C_0(e^{kt} - 1)$ と表される（C_0；内部の窒素濃度，k；定数）．

[解]

Fick の一次元の第 2 法則より，

$$\frac{\partial C}{\partial t} = D\frac{\partial^2 C}{\partial x^2}$$

初期条件；$C(x,0) = 0 \quad 0 \leq x \leq l$
境界条件；$C(0,t) = C_0(e^{kt} - 1)$
$C(\infty, t) = 0$

これらの式を Laplace 変換すると，

$$C(x,t) = U(x,t) \quad L\{U(x,t)\} = u(x,s)$$

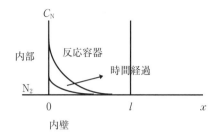

図 1.19 反応容器内の窒素の濃度変化

$$L\left\{\frac{\partial C}{\partial t}\right\} = su - U_0 = su \qquad \because U(x,0) = u_0 = 0$$

$$L\left\{D\frac{\partial^2 C}{\partial x^2}\right\} = D\frac{d^2 u}{dx^2}$$

$$D\frac{d^2 u}{dx^2} - su = 0$$

この一般解として,
$$u(x,s) = k_1 e^{x\sqrt{\frac{s}{D}}} + k_2 e^{-x\sqrt{\frac{s}{D}}} + k_3 \qquad k_1, k_2, k_3 ; 定数$$

ここで, $C(\infty, t) = 0$ であるから, $k_1 = 0$
$$L\{U(x,0)\} = U_0 = 0 \qquad k_3 = 0$$

となり, 結局この一般解は, $u(x,s) = k_2 e^{-x\sqrt{\frac{s}{D}}}$ と書ける. 次に, 境界条件から k_2 を求める.

$$L\{C(0,t)\} = \int_0^\infty e^{-st} C_0 (e^{kt} - 1) dt = \frac{C_0}{s-k} - \frac{C_0}{s} = k_2$$

Laplace 変換表(付表 A.2-2 の 19 および付表 A.2-1 の 8)より,

$$C(x,t) = L^{-1}\{u(x,s)\} = L^{-1}\left\{\frac{C_0 e^{-x\sqrt{\frac{s}{D}}}}{s-k} - \frac{C_0}{s} e^{-x\sqrt{\frac{s}{D}}}\right\}$$

$$= \frac{C_0}{2} e^{-kt}\left[e^{-x\sqrt{\frac{k}{D}}} \text{erfc}\left(\frac{x}{2\sqrt{Dt}} - \sqrt{kt}\right) + e^{x\sqrt{\frac{k}{D}}} \text{erfc}\left(\frac{x}{2\sqrt{Dt}} + \sqrt{kt}\right)\right]$$

$$- C_0 \text{erfc}\left(\frac{x}{2\sqrt{Dt}}\right)$$

となり, 容器内壁の窒素濃度が時間的に変化しても Lapalce 変換を用いることによって反応容器内の濃度の一般解は求まったが, 上式を導くためには, 前述した以外に次の点

を仮定したことを明記する必要がある.
（1） 容器の厚さが短時間の仮定が使えるだけ十分に厚い．すなわち，$l \gg \sqrt{Dt}$
（2） 拡散係数は濃度に依存しない．
（3） 表面では，窒素の解離が律速段階である．

例題 1.10

ガラス片中のヘリウムの除去

10 ppm のヘリウム (He) を含んだガラス片がある．ガラス片の初期濃度を C^* とする．この濃度と平衡なヘリウムの分圧は 0.15 atm である．平衡なヘリウムの分圧 P_{He}^{eq} は，ここではガラス中のヘリウム濃度 C_{He} と比例定数を k として比例関係にある．このガラス片のヘリウムを除去するため，ネオン (Ne) 雰囲気中で 400℃で加熱されている．そのとき，ガラス片表面の濃度は時間によって変化するが，ガラス表面に近接してガス境界層が存在すると仮定する（**図 1.20** 参照）．

また，境界条件として，ヘリウムのガラス境界層の表面濃度は常にゼロにする．また，ガス境界層を通してヘリウムの移動量（フラックス J）は，次の式を満足しているとする．

$$J = \alpha^*(P_{\text{bulk}} - P_{\text{surface}}) = \alpha(C_{\text{bulk}} - C_{\text{surface}})$$

ここで，α^* および α は境界層およびガラス片でのヘリウムの物質移動係数，P_{bulk} および P_{surface} は各々ネオンガス層およびガラス表面でのヘリウムの分圧であり，この場合 P_{bulk} は，仮定によりゼロである．

ガラス表面でのヘリウム濃度 C_{surface} とヘリウムの分圧 P_{surface} は，常に平衡しているとする．さらに，条件下でのガラスの密度は 4.5 g/cm³，ヘリウムの物質移動係数 α^* を 3×10^{-7} g/cm²/sec/atm，400℃でのガラス片のヘリウムの拡散係数を 6×10^{-6} cm²/sec として，以下の問いに答えよ．

（1） ガラス片は，短時間の仮定（$C(\infty, t) = C^*$）が適用できる長さであるとして，

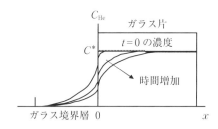

図 1.20 ヘリウム濃度の時間変化

濃度の時間変化を式で表せ.

（**2**）短時間（exp および erfc の項が 1 に近似できる時間範囲）および長時間の場合のヘリウムの移動量 J を求めよ.

（**3**）時間変化によってこの系が何に律速されているのかを求めよ.

[解]

（**1**）一次元の Fick の第 2 法則より微分方程式を立て，初期条件および境界条件を定めると次のようになる.

$$\frac{\partial C}{\partial t} = D\frac{\partial^2 C}{\partial x^2}$$

初期条件；$C(x, 0) = C^* = 10$ （ppm） $0 \leq x$

境界条件；$C(\infty, t) = C^*$ （短時間の仮定）

$$J(0, t) = \alpha(C_{\text{bulk}} - C_{\text{surface}}) = -\alpha C_{\text{surface}} = -\alpha C(0, t)$$

ガラス片のヘリウム濃度は，短時間という仮定のもとには半無限の近似は使用できると考えられるが，$C(0, t)$ は一定値でないため Laplace 変換を使って解く必要がある. そこで，前述の手順に従って解いてみることにする.

① 微分方程式，境界条件を Laplace フォームに変換

$C(x, t) = U(x, t)$，$C(x, 0) = U_0$，$L\{(x, t)\} = u(x, s)$ とする.

微分方程式の変換；

$$L\left\{\frac{\partial C}{\partial t}\right\} = su - U_0 \quad \text{および} \quad L\left\{D\frac{\partial^2 C}{\partial x^2}\right\} = D\frac{d^2 u}{dx^2}$$

$$\therefore su - U_0 = D\frac{d^2 u}{dx^2} \quad \text{あるいは} \quad \frac{d^2 u}{dx^2} - \frac{s}{D}u + U_0 = 0$$

この常微分方程式の一般解は，

$$u(x, s) = k_1 e^{x\sqrt{\frac{s}{D}}} + k_2 e^{-x\sqrt{\frac{s}{D}}} + k_3 \quad k_1, k_2, k_3 ; 定数$$

境界条件の変換；

$$L\{U_0\} = \int_0^\infty e^{-st} C^* dt = -\frac{C^*}{s}[e^{-st}]_0^\infty = \frac{U_0}{s}$$

$$L\{J(0, t)\} = L\{-\alpha C(0, t)\} = -\alpha u(0, s)$$

② 境界条件を用いて常微分方程式を解く

一般解として上式が得られるが，一番目の境界条件（$C(\infty, t) = C^*$）を満足させるためには，$x = \infty$ のとき，$u = L\{U_0\} = \dfrac{U_0}{s}$ であるから $k_1 = 0$ となる. よって，一般式に

1.8 薄膜拡散解や級数解で適用できない場合

$x=\infty$ を代入して，$\dfrac{U_0}{s}=k_2 e^{-\sqrt{\frac{s}{D}}\times\infty}+k_3=0+k_3$ から，$k_3=\dfrac{U_0}{s}$ が求まる．

次に，第二番目の境界条件 $\left(J\left(=-D\dfrac{\partial C}{\partial x}\right)=-\alpha C(0,t)\right)$ から，

$$L\left\{-D\dfrac{\partial C}{\partial x}\right\}=-D\dfrac{du}{dx}=-\alpha u(0,s)$$

$$\dfrac{du(x,s)}{dx}=-k_2\sqrt{\dfrac{s}{D}}\exp\left(-x\sqrt{\dfrac{s}{D}}\right)=\dfrac{\alpha u(0,s)}{D}$$

$x=0$ で $\exp\left(-x\sqrt{\dfrac{s}{D}}\right)=1$ であるから，これを代入して，

$$-k_2\sqrt{\dfrac{s}{D}}=\dfrac{\alpha u(0,s)}{D}=\dfrac{\alpha}{D}\left[k_2\exp\left(-0\times\sqrt{\dfrac{s}{D}}\right)+\dfrac{U_0}{s}\right]=\dfrac{\alpha}{D}\left[k_2+\dfrac{U_0}{s}\right]$$

$$\therefore k_2=\dfrac{-U_0\alpha}{Ds\left(\dfrac{\alpha}{D}+\sqrt{\dfrac{s}{D}}\right)}$$

これより，一般解の定数 k_2, k_3 に求めた値を代入して書き換えると，

$$u(x,s)=\left[\dfrac{-U_0\alpha}{Ds\left(\dfrac{\alpha}{D}+\sqrt{\dfrac{s}{D}}\right)}\right]\exp\left(-x\sqrt{\dfrac{s}{D}}\right)+\dfrac{U_0}{s}$$

となり，$u(x,s)$ が求まった．

③ Laplace の逆変換を行う．

$$L^{-1}\{u(x,s)\}=L^{-1}\left\{\left[\dfrac{-U_0\alpha}{Ds\left(\dfrac{\alpha}{D}+\sqrt{\dfrac{s}{D}}\right)}\right]\exp\left(-x\sqrt{\dfrac{s}{D}}\right)\right\}+L^{-1}\left\{\dfrac{U_0}{s}\right\}$$

ここで，$h=\dfrac{\alpha}{D}$ として式を書き換えると，右辺第1項は付表 A.2-1 の 14 より，

$$L^{-1}\left\{\left[\dfrac{-U_0 h}{s\left(h+\sqrt{\dfrac{s}{D}}\right)}\right]\exp\left(-x\sqrt{\dfrac{s}{D}}\right)\right\}=-U_0 L^{-1}\left\{\left[\dfrac{-h}{s\left(h+\sqrt{\dfrac{s}{D}}\right)}\right]\exp\left(-x\sqrt{\dfrac{s}{D}}\right)\right\}$$

$$=-U_0\left[-\exp(hx+h^2 Dt)\operatorname{erfc}\left(h\sqrt{Dt}+\dfrac{x}{2\sqrt{Dt}}\right)+\operatorname{erfc}\left(\dfrac{x}{2\sqrt{Dt}}\right)\right]$$

Laplace 変換表から，右辺第1項が変換された．また，右辺第2項は変換すると

$L^{-1}\left\{\dfrac{U_0}{s}\right\}=U_0$ であるから，これらをまとめると，

$$\begin{aligned}C(x,t)&=L^{-1}\{u(x,s)\}\\ &=U_0\left\{1-\left[-\exp(hx+h^2Dt)\operatorname{erfc}\left(h\sqrt{Dt}+\dfrac{x}{2\sqrt{Dt}}\right)+\operatorname{erfc}\left(\dfrac{x}{2\sqrt{Dt}}\right)\right]\right\}\end{aligned}$$

$$\therefore \dfrac{C(x,t)}{C^*}=\operatorname{erf}\left(\dfrac{x}{2\sqrt{Dt}}\right)+\exp(hx+h^2Dt)\operatorname{erfc}\left(h\sqrt{Dt}+\dfrac{x}{2\sqrt{Dt}}\right)$$

$$\left(\because \operatorname{erfc}\left(\dfrac{x}{2\sqrt{Dt}}\right)=1-\operatorname{erf}\left(\dfrac{x}{2\sqrt{Dt}}\right)\right)$$

となる．一見すると計算が困難なように見えるが，計算機(通常の数値計算ができる電卓程度)で十分計算が可能である．

(2) 次に，比較的短時間でのヘリウムの移動量 J を短時間(指数関数 $\exp(h^2Dt)$ が1に近似できる程度)と長時間(誤差関数 $\operatorname{erfc}(h\sqrt{Dt})$ が0.01以下，すなわち括弧の中が2以上になるような時間)の場合に分けて計算してみる．

境界条件より $J=-\alpha C(0,t)$ であるから，

$$J=-\alpha C^*\left[\operatorname{erf}\left(\dfrac{0}{2\sqrt{Dt}}\right)+\exp(h\times 0+h^2Dt)\operatorname{erfc}\left(h\sqrt{Dt}+\dfrac{0}{2\sqrt{Dt}}\right)\right]$$

$$=-\alpha C^*\exp(h^2Dt)\operatorname{erfc}(h\sqrt{Dt})$$

一方，

$$\alpha C_{\text{surface}}=\alpha^* P_{\text{surface}} \qquad \therefore \alpha=\alpha^*\dfrac{P_{\text{surface}}}{C_{\text{surface}}}$$

また，仮定から $P_{\text{surface}}=kC_{\text{surface}}$ (k；定数)であるため，C_{surface} を単位体積当たりの重量(g)で表すと，

$$C_{\text{surface}}=10\,\text{ppm}=(10^{-5})\times(4.5\,\text{g/cm}^3)=4.5\times 10^{-5}\,(\text{g/cm}^3)$$

$P_{\text{surface}}=0.15(\text{atm})$ であるからガラス内の物質移動係数 α は，

$$\alpha=\alpha^*\dfrac{P_{\text{surface}}}{C_{\text{surface}}}=\alpha^* k=\left(3\times 10^{-7}\dfrac{\text{g}}{\text{cm}^2\,\text{sec atm}}\right)\times\left(\dfrac{0.15\,\text{atm}}{4.5\times 10^{-5}\,\text{g/cm}^3}\right)$$

$$=10^{-3}\,\text{cm/sec}$$

$$\alpha C^*=(10^{-3}\,\text{cm/sec})\times(4.5\times 10^{-5}\,\text{g/cm}^3)=4.5\times 10^{-8}\,\text{g/sec/cm}^2$$

$$h=\dfrac{\alpha}{D}=\dfrac{10^{-3}\,\text{cm/sec}}{6\times 10^{-6}\,\text{cm}^2/\text{sec}}=166.7/\text{cm}$$

となる．ここで，$z=h\sqrt{Dt}$ として J の式を書き換えると，

1.8 薄膜拡散解や級数解で適用できない場合

$$J = -\alpha C^* \exp(z^2) \operatorname{erfc}(z)$$

と書ける．これを短時間および長時間の場合について考えてみる．

① 短時間の場合

短時間では z が小さく $z(\leq 0.3) \ll 1$ ($t < 0.54$ sec) とすると，指数関数(exp)をテイラー級数展開して小さな高次の項を無視して書き直すと，

$$\exp(z^2) = 1 + z^2 + \frac{z^4}{2} + \cdots \approx 1$$

$$\operatorname{erfc}(z) = 1 - \operatorname{erf}(z) = 1 - \frac{2}{\sqrt{\pi}}z + \frac{2}{\sqrt{\pi}}\frac{z^3}{3\times 1!} - \frac{2}{\sqrt{\pi}}\frac{z^5}{5\times 2!} \cdots \approx 1 - \frac{2}{\sqrt{\pi}}z$$

(付表 A.7 参照)

$$\therefore J \approx -\alpha C^* \left(1 - \frac{2}{\sqrt{\pi}}z\right) = -4.5 \times 10^{-8} \times \left(1 - \frac{2\times(166.7)\times(2.45\times 10^{-3})\sqrt{t}}{\sqrt{\pi}}\right)$$

$$\therefore J_{\text{short}} \approx 2.07 \times 10^{-8}\sqrt{t} - 4.5 \times 10^{-8} \text{ g/cm}^2/\text{sec}$$

② 長時間の場合

長時間では $z \gg 2$ として，

$$\operatorname{erfc}(z) = \frac{e^{-z^2}}{\sqrt{\pi}}\left(\frac{1}{z} - \frac{1}{2z^3} + \frac{1\cdot 3}{2^2 z^5} - \frac{1\cdot 3\cdot 5}{2^3 z^7} + \cdots\right) \approx \frac{1}{z\sqrt{\pi}}\exp(-z^2)$$

(付表 A.7，第1章引用文献[13] 参照)

$$\therefore J_{\text{long}} \approx -\alpha C^* \exp(z^2)\frac{1}{z\sqrt{\pi}}\exp(-z^2)$$

$$= -\frac{4.5\times 10^{-8}}{166.7 \times \sqrt{6\times 10^{-6}} \times \sqrt{t} \times \sqrt{\pi}} = -\frac{4.5\times 10^{-8}}{166.7 \times 2.45\times 10^{-3}\sqrt{t} \times \sqrt{3.14}}$$

$$= -6.22 \times 10^{-8} t^{-\frac{1}{2}} \text{ g/cm}^2/\text{sec}$$

となり，短時間および長時間の場合のヘリウムの移動量の時間変化を求めることができた．

（3）この物質移動係数が何によって律速されるのか，言い方を変えると時間の変化によってどの抵抗が一番大きいのかを考えてみる．

ガラス境膜層およびガラス片のヘリウムの移動量 J の抵抗(それぞれを R_{layer}, R_{glass}) は，電気のオームの法則と同様に考えて，

$$R = \frac{V}{I} = \frac{\text{濃度差}(\Delta C)}{\text{流れ}(J)}$$

と書ける．すなわち，

42　第1章　固体内の拡散

$$R_{\text{glass}} = \frac{\Delta C}{J_{\text{surface}}} = \frac{C^* - C_{\text{surface}}}{\alpha C^* \exp(h^2 Dt) \text{erfc}(h\sqrt{Dt})} = \frac{C^* - C^* \exp(h^2 Dt) \text{erfc}(h\sqrt{Dt})}{\alpha C^* \exp(h^2 Dt) \text{erfc}(h\sqrt{Dt})}$$

$$= \frac{1 - \exp(h^2 Dt) \text{erfc}(h\sqrt{Dt})}{\alpha \exp(h^2 Dt) \text{erfc}(h\sqrt{Dt})}$$

$$R_{\text{layer}} = \frac{\Delta C}{J} = \frac{C_{\text{bulk}} - C_{\text{surface}}}{\alpha (C_{\text{bulk}} - C_{\text{surface}})} = \frac{1}{\alpha}$$

となる．次に R_{layer} と R_{glass} の比 R_a を取ると下式のように書ける．

$$R_a = \frac{R_{\text{layer}}}{R_{\text{glass}}} = \frac{\exp(h^2 Dt) \text{erfc}(h\sqrt{Dt})}{1 - \exp(h^2 Dt) \text{erfc}(h\sqrt{Dt})}$$

1） $t \fallingdotseq 0$ のとき，exp，erfc は共に $\fallingdotseq 1$ であるから，$R_a = \dfrac{1}{1-1} = \infty$ となり，ガラス境膜層の抵抗が律速する．

2） $t = \infty$ のとき，前述したように erfc を書き換えて，

$$R_a = \frac{R_{\text{layer}}}{R_{\text{glass}}} = \frac{\exp(h^2 Dt) \exp[-(h\sqrt{Dt})^2]/z\sqrt{\pi}}{1 - \exp(h^2 Dt) \exp[-(h\sqrt{Dt})^2]/z\sqrt{\pi}}$$

$$\therefore \lim_{z \to \infty} \frac{1/z\sqrt{\pi}}{1 - (1/z\sqrt{\pi})} = \lim_{z \to \infty} \frac{1}{z\sqrt{\pi} - 1} = 0$$

したがって，ガラス中の拡散抵抗が律速するようになる．

さらに，内壁の表面濃度が時間の一次関数で変化する例を Laplace 変換を用いて考えると共に，拡散のみならず板材の温度履歴を表すときにも使用できる関数を導いた例題を示すことにする．

例題 1.11

化学反応での脱ガス

化学反応で水素を製造するプロセスおいて，厚さ 5 cm の大きな鉄製の圧力釜が用いられる．鋼の水素脆性を避けるため，圧力釜は定期的に浄化され水素が除去される．水素を除去した後の鋼中の水素濃度は無視できるほど低い．

その後，反応物が圧力釜中に挿入され，水素生成の速度は圧力釜内部の表面温度が次式のように圧力釜内壁の表面部を $x = 0$ として，時間の一次関数で変化すると仮定する．すなわち，

$$C_H(0, t) = kt$$

と表せる．ここで，k は反応速度定数で $k = 10^{-6}$ g/cm³/sec であり，鉄中の水素の拡

1.8 薄膜拡散解や級数解で適用できない場合

散係数は $D_H = 10^{-6}\,\text{cm}^2/\text{sec}$ とした場合，以下の問いに答えよ．

（1） 半無限の仮定が使えるとして一般解を求めよ．

（2） 圧力釜に亀裂が入らないためには，内側表面から 0.1 cm のところの濃度が $0.05\,\text{g/cm}$ 以下に保持することが必要として圧力釜を 24 時間ごとに定期的に浄化されているが，このときの安全性について論ぜよ．

（3） 水素製造後の圧力釜の鉄板(厚さ $2L$)の初期濃度を $C^*(=$ 均一と仮定$)$ として脱ガスプロットを考える．表面からのガスの蒸発速度を下式のように示し，この境界条件を基に濃度の時間と距離の関係式を導き，拡散律速と蒸発速度律速の濃度分布を比較せよ．

$$J_{\text{surface}} = -D\frac{\partial C_H}{\partial x} = \pm k(C - C_0) \qquad C_0;\text{雰囲気中のガス濃度}$$

（4） この脱ガスが拡散あるいは蒸発速度律速で生じる場合，各々の律速段階について 5% の誤差が発生する部分と，kL/D の値を見積もる方法について述べよ．

[解]
（1） 微分方程式，初期条件および境界条件は次のように書ける．

$$\frac{\partial C_H}{\partial t} = D\frac{\partial^2 C_H}{\partial x^2}$$

初期条件；$C_H(x, 0) = 0$
境界条件；$C_H(0, t) = kt$
$C_H(\infty, t) = 0$

さらに，半無限の仮定が使える(誤差が小さくなる)ためには，圧力釜の外壁面の濃度がほとんど変化しないことが必要である．今，その度合を 0.1% 以下の変化まで許容できるとして評価すると，式(1.14)より，

$$5 \geqq 4.7\sqrt{10^{-6}t}$$

から，$t < 314\,\text{hr}$ のときに半無限の仮定は使用できる．したがって，この範囲の時間内ではもう一つの仮定となる $C_H(\infty, t) = 0$ を使うことにより，一般解を得ることができる．

これらの条件を基にして，上式を Laplace 変換を用いて書き直すと，

$$L\left\{\frac{\partial C}{\partial t}\right\} = su - C(x, 0) = su, \quad L\left\{\frac{\partial^2 C}{\partial x^2}\right\} = D\frac{d^2 u}{dx^2}$$

$$\therefore D\frac{d^2 u}{dx^2} - su = 0 \quad \text{あるいは} \quad \frac{d^2 u}{dx^2} - \frac{s}{D}u = 0$$

> **参考：関数の積の微分積分**
>
> 関数 f および g の微分を各々 f', g' と表すと，その積の微分は $fg' = fg + fg'$（あるいは $f'g = fg' - fg'$）であるから，$f' = \int_0^\infty e^{-st} dt$, $g = t$ とすると，
>
> $$f = \int_0^\infty -\frac{e^{-st}}{s} dt, \quad g' = 1$$
>
> であるから式に代入して，0 から ∞ まで積分すると，
>
> $$\int_0^\infty t e^{-st} dt = \left[-\frac{t e^{-st}}{s} \right]_0^\infty + \int_0^\infty \frac{e^{-st}}{s} dt$$
>
> が得られる．

となる．この常微分方程式の一般解は，

$$u(x,s) = k_1 e^{x\sqrt{s/D}} + k_2 e^{-x\sqrt{s/D}} + k_3 \quad k_1, k_2, k_3；定数$$

である．ここで，境界条件 $C_H(\infty, t) = 0$ から，C_H が $x = \infty$ で 0 となるためには $k_1 = k_3 = 0$ である．もう一つの境界条件 $C_H(0, t) = kt$ より，

$$L\{kt\} = u(0, s) = k_2 = k \int_0^\infty t e^{-st} dt$$

$$= k \left[\left[-\frac{t e^{-st}}{s} \right]_0^\infty + \int_0^\infty \frac{e^{-st}}{s} dt \right]$$

$$= k \left[-\frac{e^{-st}}{s^2} \right]_0^\infty = \frac{k}{s^2}$$

$$\therefore u(x, s) = \frac{k}{s^2} \exp\left(-x\sqrt{\frac{s}{D}} \right)$$

ここで，$q = \sqrt{\frac{s}{D}}$ とすると，$u = \frac{k}{s^2} \exp(-qx)$ であるから，Laplace 変換表(付表 A.2-1 の 10 参照)より L^{-1} を求めると，

$$\therefore C_H(x, t) = k \left[\left(t + \frac{x^2}{2D} \right) \mathrm{erfc}\left(\frac{x}{2\sqrt{Dt}} \right) - x \left(\frac{t}{\pi D} \right)^{\frac{1}{2}} \exp\left(-\frac{x^2}{4Dt} \right) \right] \quad (1.64)$$

となる．

（**2**）この圧力釜に亀裂が入らないためには，内側表面から 0.1 cm のところの水素濃度が 0.5 g/cm^3 を越えると，反応を停止させ圧力釜の水素を浄化させることが必要である．

1.8 薄膜拡散解や級数解で適用できない場合

圧力釜がその濃度に達する時間を求めるには，上式の中に $x=0.1$ cm および拡散係数 $D_H=10^{-6}$ cm^2/sec を代入し，t に値を代入して $C \leq 0.05$ となるように繰り返し計算することにより求めることができるが，今 24 時間ごとに浄化するため，そのときの安全性について考えてみることにする．式(1.64)に $t=24$ hr $=86400$ 秒，拡散係数および距離 $x=0.1$ の値を代入すると，

$$C(0.1, 24\,\text{hr}) = 10^{-6}\left[\left(86400 + \frac{0.1^2}{2\times 10^{-6}}\right)\text{erfc}\left(\frac{0.1}{2\sqrt{10^{-6}\times 86400}}\right)\right.$$

$$\left. - 0.1\left(\frac{86400}{10^{-6}\pi}\right)^{\frac{1}{2}}\exp\left(\frac{-0.1^2}{4\times 10^{-6}\times 86400}\right)\right]$$

$$= 0.057\left(\frac{\text{g}}{\text{cm}^3}\right)$$

となり仕様を越えており，24 時間ごとに浄化しても安全とはいえないことがわかる．

（3） 無限平板の脱ガスではあるが，表面の境界条件が若干異なり，式(1.65)のように表面からの蒸発が律速している場合を考えてみよう*1．

$$J_{\text{surface}} = -D\frac{\partial C_H}{\partial x} = \pm k(C - C_0) \qquad C_0 ; \text{雰囲気中のガス濃度} \qquad (1.65)$$

圧力釜の板厚の中央部を $x=0$ として，時間変化における水素濃度変化は**図 1.21** のようになる．微分方程式，初期条件および境界条件を示すと次のようになる．

$$\frac{\partial C_H}{\partial t} = D\frac{\partial^2 C_H}{\partial x^2}$$

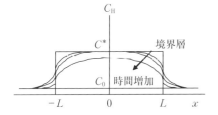

図 1.21 平板の時間変化とガス濃度分布

---

*1 式(1.65)は，蒸発速度係数 k を熱伝導係数 h，濃度 C を温度 T，拡散係数 D を熱拡散係数 α と置き換えると，板材の焼鈍時の温度変化を計算したり，熱伝導の面からも応用範囲が広い式である．そこで，Laplace 変換より級数解のところで述べたほうが適切かもしれないが，境界条件の与え方が異なると解が大きく異なってくることを明確にするため敢えてここに載せることにする[14, 15]．

初期条件：$C_H(x, 0) = C^*$　$-L \leq x \leq L$
境界条件：$C_H(\infty, t) = C_0$
$C_H(-\infty, t) = C_0$
$$\frac{\partial C_H(0, t)}{\partial t} = 0$$
$$J(\pm L, t) = \pm k(C - C_0)$$

簡単のため，濃度 C_H を $C'_H = C_H - C_0$ として書き換えると，境界条件 $C'_H(\infty, t) = C'_H(-\infty, t) = 0$, $J(\pm L, t) = \pm k C'_H$ となる．

この条件での一般解の求め方は，1.5 節の級数解のところで述べたものと類似であるが，もう一度変数分離するところから解くことにする．

濃度を一次元（x 方向のみ）の変数として，$C'(x, t)$ が変数分離できるとすると，$C'_H(x, t) = X(x) T(t)$ と表すことができるので微分方程式に代入して，

$$\frac{1}{X}\frac{\partial^2 X}{\partial x^2} = \frac{1}{DT}\frac{\partial T}{\partial t} = -\lambda^2 = (一定)$$

となる．ここで，λ^2 は固有値（eigenvalue）と呼ばれる定数である．これより，x および t のみ変数の式に書き換えると，

$$T' + k^2 DT = 0 \qquad X'' + k^2 X = 0$$

となり，X および T の一般解は次のように書ける．

$$X(x) = A \cos kx + B \sin kx \qquad A, B; 定数$$
$$T(t) = \exp(-\lambda^2 Dt)$$

境界条件は，$x = 0$ での濃度の傾き $dX/dx_{x=0}$ は 0 であるため $B = 0$ となり，さらにもう一つの境界条件である $J(\pm L, t) = \pm k C'$ より，

$$J = -D\frac{\partial X}{\partial x} - kX \text{ であり，} \cot \lambda_n L = \frac{1}{(k/D)L}(\lambda_n L)$$

と書ける．結局以上の関係式をまとめると，

$$C'(x, t) = X(x) T(t) = \sum_{n=1}^{\infty} A_n \cos \lambda_n x \exp(-\lambda_n^2 Dt)$$

となる．次に，A_n を求めるために，$t = 0$ を代入して両辺に $\cos \lambda_m x dx$ を掛け合わせ 0 から L まで積分すると，

$$C'(x, 0)\int_0^L \cos \lambda_m x dx = \int_0^L \sum_{n=1}^{\infty} A_n \cos \lambda_n x \cos \lambda_m x dx \qquad C'(x, 0) = C^* - C_0$$

となる．

$m \neq n$ のとき,式の左辺は0

$m = n$ のとき, $(C^* - C_0)\dfrac{1}{\lambda_n}\sin \lambda_n L = A_n\left(\dfrac{L}{2} + \dfrac{1}{2\lambda_n}\sin \lambda_n L \cos \lambda_n L\right)$

$$\therefore A_n = \dfrac{2\sin \lambda_n L}{\lambda_n L + \sin \lambda_n L \cos \lambda_n L}(C^* - C_0)$$

よって,最終的には濃度の一般式を C'_H または無次元化濃度 $\rho = (C - C^*)/(C^* - C_0)$ で表すと,

$$C'(x, t) = 2(C^* - C_0)\sum_{n=1}^{\infty}\left(\dfrac{\sin \lambda_n L}{\lambda_n L + \sin \lambda_n L \cos \lambda_n L}\right)\exp(-\lambda_n^2 Dt)\cos \lambda_n x \quad (1.66)$$

$$\rho(x, t) = \dfrac{C - C_0}{C^* - C_0} = 2\sum_{n=1}^{\infty}\left(\dfrac{\sin \lambda_n L}{\lambda_n L + \sin \lambda_n L \cos \lambda_n L}\right)\exp(-\lambda_n^2 Dt)\cos \lambda_n x \quad (1.66')$$

と書ける.ただし,式の中の λ_n は, $\cot \lambda_n L = \dfrac{1}{(k/D)L}(\lambda_n L)$ あるいは,書き直して

$$(\lambda_n L)\tan \lambda_n L = \dfrac{kL}{D} \tag{1.67}$$

を満足する根でなければならない.

λ_n を求めるためには,図 1.22 に示すように式(1.67)の $y_1 = \cot \lambda_n L$ および $y_2 = \dfrac{D}{kL}(\lambda_n L)$ をグラフに表すとその交点が根になる.

なお, D/kL の逆数は Sherwood 数(Sh)と呼ばれている.そこで,この無次元化数 kL/D が大きい場合と小さい場合について,系が何によって律速されるようになるのかを考える.

1) kL/D が大きい(極端な場合,∞ となる)とき,図1.22 の直線は x 軸に平行になるためその交点は,

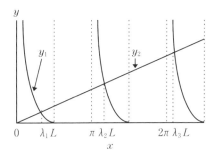

図 1.22　固有値 λ_n の根(y_1 と y_2 の交点)

$$\frac{\pi}{2}, \frac{3}{2}\pi, \frac{5}{2}\pi \cdots (2n+1)\frac{\pi}{2} \quad n \to \infty$$

に近づく．すなわち，$\lambda_n L = \dfrac{(2n+1)\pi}{2}$ $n = 1, 2, 3, \cdots$ のときに条件を満足する．一方，

$$\sin\frac{(2n+1)\pi}{2} = \sin\frac{\pi}{2}, \sin\frac{3\pi}{2}, \sin\frac{5\pi}{2}, \cdots = 1, -1, 1, \cdots$$

$$\cos\frac{(2n+1)\pi}{2} = \cos\frac{\pi}{2}, \cos\frac{3\pi}{2}, \cos\frac{5\pi}{2}, \cdots = 0$$

であるから式(1.66)に代入して，

$$\rho(x, t) = \frac{C - C_0}{C^* - C_0} = \sum_{n=1}^{\infty} \frac{4(-1)^{n+1}}{(2n+1)\pi} \exp\left[-\left(\frac{(2n+1)\pi}{2L}\right)^2 Dt\right] \cos\frac{(2n+1)\pi}{2L}x$$

となる．これは，$-L \leqq x \leqq L$ の範囲で Fourier の正弦関数で，$x = \pm L$ のときに $\cos\pm\dfrac{(2n+1)\pi}{2} = 0$ であるから，$C(\pm L, t) = C_0$ となる．このように，kL/D が大きいときは拡散律速となり，蒸発速度は速い．

2）　kL/D が小さい（極端な場合，0となる）とき，図1.22 の直線は x 軸に垂直に近づく．このとき，$\lim\limits_{\theta \to 0}\sin\theta = \theta$，$\lim\limits_{\theta \to 0}\cos\theta = 1$ および $\lim\limits_{\theta \to 0}\dfrac{\cos\theta}{\sin\theta} = \dfrac{1}{\theta} = \cot\theta$ であるから，

$n = 1$ に対して，$\cot\lambda_1 L = \dfrac{1}{\lambda_1 L} = \dfrac{D}{kL}(\lambda_1 L)$ 　∴ $\lambda_1 L = \sqrt{\dfrac{kL}{D}}$

$n > 1$ に対して，$\cot\theta \to \infty$ のときの $\theta = \pi, 2\pi\cdots$ 　∴ $\lambda_n L = (n-1)\pi$
$\sin\theta$ および $\cos\theta$ も同様にして求めると，

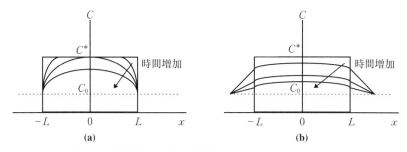

図1.23　拡散律速と蒸発速度律速の場合の濃度変化の比較
（a）拡散律速の場合の濃度変化，（b）蒸発速度律速の場合の濃度変化

$n=1$ に対して，$\sin\lambda_1 L = \lambda_1 L$，$\cos\lambda_1 L = 1$
$n>1$ に対して，$\sin\lambda_n L = \sin(n-1)\pi = 0$，$\cos\lambda_n L = \cos(n-1)\pi = (-1)^n$
これらを式(1.66)に代入して第2項以下を無視すると，

$$\rho(x,t) = \frac{C-C_0}{C^*-C_0} = \frac{2\lambda_1 L}{\lambda_1 L + \lambda_1 L}\exp(-\lambda_1^2 Dt)\cos\lambda_1 x + \sum_{n=2}^{\infty}2(0)(-1)^n\exp(-\lambda_n^2 Dt)$$

$$= \cos(\lambda_1 x)\exp\left(-\frac{kL}{D}Dt\right)$$

$\lambda_1 L \to 0$ で L は一定であるから，$\lambda_1 \to 0$ となり上式の $\cos(\lambda_1 x)$ は1になる．したがって，上式を書き直して，

$$\rho(x,t) = \frac{C-C_0}{C^*-C_0} = \exp(-kLt)$$

となり，拡散が速く蒸発速度が律速する．これらを図に示すと**図1.23**のようになる．

（**4**）この脱ガスが拡散あるいは蒸発速度律速で生じる場合，各々の律速について誤差（例えば，ここでは5％の誤差とする）の発生する部分と，そのときの kL/D の値を見積もる方法について述べることにする．

1）拡散律速の場合

図1.24に示すように完全に拡散律速の状態なら界面層での濃度は，C_H^* で一定に保たれる．したがって，誤差5％以下ということは，

$$\rho(\pm L, t) = \frac{C-C_0}{C^*-C_0} \leq 0.05$$

が満足される必要がある．すなわち，

$$0.05 \geq 2\sum_{n=1}^{\infty}\left(\frac{\sin\lambda_n L}{\lambda_n L + \sin\lambda_n L \cos\lambda_n L}\right)\times\exp(-\lambda_n^2 Dt)\cos\lambda_n x$$

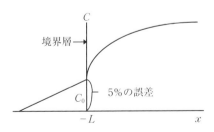

図**1.24** 拡散律速の場合に生じる誤差

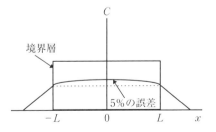

図**1.25** 蒸発速度律速の場合

を満足する D/kL の値を値を求めればよい．ただし，$t \to 0$ になると系は常に蒸発速度律速になるため，ある時間以上が経過しなければ拡散律速にならない．通常は拡散律速の場合，$D/kL < 0.01$ とされている．

2) 蒸発速度律速の場合

材料内部の拡散が完全である場合は，材料内の濃度分布が一定になるため，**図 1.25**に示したように濃度が一番高い中心 $x = 0$ と，濃度が一番低い境界層 $x = \pm L$ の濃度差が誤差となる．すなわち，

$$\frac{\left(\dfrac{C_H(L,t) - C_0}{C^* - C_0}\right)}{\left(\dfrac{C_H(0,t) - C_0}{C^* - C_0}\right)} \geqq 0.95$$

一般解である式(1.66)の二次以降を無視して，上式に代入すると，

$$\frac{\left(\dfrac{\sin \lambda_1 L}{\lambda_1 L + \sin \lambda_1 L \cos \lambda_1 L}\right) \exp(-\lambda_1^2 Dt) \cos \lambda_1 L}{\left(\dfrac{\sin \lambda_1 L}{\lambda_1 L + \sin \lambda_1 L \cos \lambda_1 L}\right) \exp(-\lambda_1^2 Dt) \cos \lambda_1 0} \geqq 0.95$$

したがって，上式が満足するためには $\cos \lambda_1 0 = 1$，$\cos \lambda_1 L \geqq 0.95$ であるから，三角関数表より求めると $\lambda_1 L \leqq 0.3176$ となる．これを式(1.67)に代入すると，

$$\frac{kL}{D} \leqq (\lambda_1 L)\tan(\lambda_1 L) = 0.3176 \times 0.3287 = 0.1044$$

となる．すなわち，kL/D が 0.1 以下のとき，蒸発速度律速となる．

熱伝導を取り扱う場合は，拡散係数 D を熱伝導度 k，蒸発速度係数 k を熱伝達係数 h で置き換え，この値の逆数を無次元化数である Biot 数 (Bi) として，

$$Bi = \frac{hL}{k}$$

で表し，この値が 0.01 以下の場合は材料内部の温度分布は無視できるほど小さいとしている(冷却される場合は，Newtonian cooling と呼んでいる)．

1.9 移動境界問題

均一な第 1 相の表面上に第 2 相が形成されてそれが成長したり，鋳造時の凝固界面の移動など異なった 2 相が接触し相境界が移動する場合は，移動境界問題(moving boundary problem)として取り扱われる．この問題を容易に行うためには，各々の原子の拡散係数は一定，初期濃度は均一，自由表面や相境界における濃度は変化しない，すなわち相境界では局所的な平衡(local equilibrium)が成り立っているといった若干大胆な仮定が必要であるが，それによって状態の変化を予測することは有用である[16]．そこで，2相の移動境界について，簡単な仮定を設けて一般解を導くことにする．

今，α(フェライト)が炭化されてγ(オーステナイト)に変化する場合を考える．**図1.26**に，Fe-C系準安定平衡状態図(模式図)を示す．初期濃度C^*のフェライト表面が，炭素濃度C_sの雰囲気中で焼鈍されγ(オーステナイト)に変化する．焼鈍温度は910℃と723℃の間であり，所定時間炭化させた後の濃度分布は，**図1.27**のようになっている．

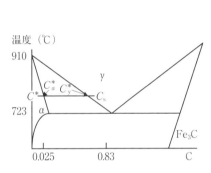

図1.26 Fe-C系準安定平衡状態図

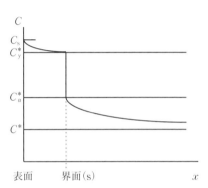

図1.27 表面からの炭素濃度

仮定として，以下の5項目をあげる．

① γ/α界面の進行は炭素の拡散に律速される．すなわち，$\alpha \rightarrow \gamma$の変態速度は非常に速い．

② 相境界の炭素濃度は，各相と平衡している．すなわち，界面の両側の炭素濃度は次のように表される．
$$x = s^- \text{ で}, \quad C = C_\gamma^*$$
$$x = s^+ \text{ で}, \quad C = C_\alpha^*$$

③ 半無限固体として取り扱うことができる．

④ D_αおよびD_γは各々成分に依存せず一定である(一般解を誤差関数で表すことができる)．

⑤ $\alpha \rightarrow \gamma$の変態時には，体積は変化しない．$\Delta V_{\alpha \rightarrow \gamma} = 0$

それぞれの相に対して，微分方程式を立てると界面(s)では，

$$\frac{\partial C_\alpha}{\partial t} = D_\alpha \frac{\partial^2 C_\alpha}{\partial x^2} \qquad x > s$$

$$\frac{\partial C_\gamma}{\partial t} = D_\gamma \frac{\partial^2 C_\gamma}{\partial x^2} \qquad x < s$$

初期条件；$C(x,0) = C^*$
境界条件；1) α 相

$$C(\infty, t) = C^*$$
$$C(s, t) = C_\alpha^*$$

2) γ 相

$$C(s, t) = C_\gamma^*$$
$$C(0, t) = C_s$$

と書ける．ここで，界面 s での物質収支を考えると，

$$(J_\alpha - J_\gamma) dt = (C_\alpha^* - C_\gamma^*) ds$$

$$\therefore -D_\alpha \frac{\partial C_\alpha}{\partial x} + D_\gamma \frac{\partial C_\gamma}{\partial x} = (C_\alpha^* - C_\gamma^*) \frac{ds}{dt} \qquad (D_\alpha > D_\gamma) \tag{1.68}$$

となる．それぞれの相の一般解を誤差関数で表すと，

$$C_\alpha = A + B \, \mathrm{erf} \frac{x}{2\sqrt{D_\alpha t}} \tag{1.69}$$

$$C_\gamma = A' + B' \, \mathrm{erfc} \frac{x}{2\sqrt{D_\gamma t}} \qquad A, B, A', B';\text{定数} \tag{1.70}$$

であるから，これらの式に境界条件を代入すると，
（1） $x = 0$ および ∞ では，$C_\alpha(\infty, t) = C^* = A$, $C_\gamma(0, t) = C_s = A'$ であるから，式(1.69)および(1.70)を書き直して，

$$C_\alpha(x, t) = C^* + B \, \mathrm{erf} \frac{x}{2\sqrt{D_\alpha t}} \tag{1.69′}$$

$$C_\gamma(x, t) = C_s + B' \, \mathrm{erfc} \frac{x}{2\sqrt{D_\gamma t}} \tag{1.70′}$$

となる．
（2） 界面$(x = s)$では，

$$C_\alpha = C^* + B \, \mathrm{erf} \frac{x}{2\sqrt{D_\alpha t}} = C_\alpha^*$$

C^*, B および C_α^* は定数であるから，$\mathrm{erf}\dfrac{x}{2\sqrt{D_\alpha t}} = $ 一定 となる．

よって，$\dfrac{s}{2\sqrt{D_\alpha t}} = \beta$（$\beta$；定数）すなわち

$$s = 2\beta\sqrt{D_\alpha t} \tag{1.71}$$

と表し，γ 相の界面の式(1.70′)に代入すると，

$$C_\gamma(s,t) = C_\mathrm{s} + B'\,\mathrm{erfc}\,\dfrac{2\beta\sqrt{D_\alpha t}}{2\sqrt{D_\gamma t}} = C_\gamma^*$$

となる．ここで，$\phi = D_\alpha/D_\gamma$ として書き直すと，

$$C_\gamma^* = C_\mathrm{s} + B'\,\mathrm{erfc}\,\beta\phi^{\frac{1}{2}}$$

となる．一方，物質収支の式(1.68)に各々代入して微分すると，

$$-D_\alpha \dfrac{B}{2\sqrt{D_\alpha t}}\dfrac{2}{\sqrt{\pi}}\exp\left(\dfrac{-x^2}{4D_\alpha t}\right)\bigg|_{x=s} - D_\gamma \dfrac{B'}{2\sqrt{D_\gamma t}}\dfrac{2}{\sqrt{\pi}}\exp\left(\dfrac{-x^2}{4D_\gamma t}\right)\bigg|_{x=s} = (C_\alpha^* - C_\gamma^*)\dfrac{ds}{dt}$$

である．ここで，$\dfrac{ds}{dt} = \beta\sqrt{\dfrac{D_\alpha}{t}}$ であるから，書き直すと，

$$C_\alpha^* - C_\gamma^* = \dfrac{-Be^{-\beta^2}}{\sqrt{\pi}\,\beta} - \dfrac{B'e^{-\beta^2\phi}}{\sqrt{\pi}\,\beta\phi^{\frac{1}{2}}} \tag{1.72}$$

となる．一方，界面での濃度を式(1.69′)および(1.70′)に代入すると，

$$C^* + B\,\mathrm{erf}\,\beta = C_\alpha^*$$

$$C_\mathrm{s} + B'\,\mathrm{erfc}\,\beta\phi^{\frac{1}{2}} = C_\gamma^*$$

であるから，B, B' で整理して，式(1.72)に代入すると，

$$C_\alpha^* - C_\gamma^* = \dfrac{C^* - C_\alpha^*}{\sqrt{\pi}\,\beta e^{\beta^2}\,\mathrm{erf}\,\beta} - \dfrac{C_\gamma^* - C_\mathrm{s}}{\sqrt{\pi}\,\beta\phi^{\frac{1}{2}}e^{\beta^2\phi}\,\mathrm{erfc}\,\beta\phi^{\frac{1}{2}}} \tag{1.73}$$

となる．

すなわち，$C_\gamma^*, C_\alpha^*, C_\mathrm{s}$ および C^* を状態図および濃度分析により求め，各々の拡散係数 D_γ および D_α が既知であれば，**図 1.28** の σ vs $\sqrt{\pi}\sigma e^{\sigma^2}\,\mathrm{erfc}\,\sigma$（ここで，$\sigma = \beta\phi^{\frac{1}{2}}$）および**図 1.29** の β vs $\sqrt{\pi}\beta e^{\beta^2}\,\mathrm{erf}\,\beta$ より繰り返し計算により適当な数値を順次代入していき，式(1.73)に合致する値を求めて，ある時間 t での界面の位置を求めることができる．

例として鋼の脱炭について考えてみよう．0.4% C 鋼（γ 相）が 800℃ で脱炭されてい

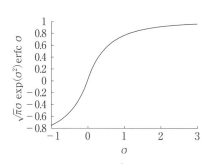

図 1.28 σ と $\sqrt{\pi}\sigma e^{\sigma^2}\operatorname{erfc}\sigma$ の関係

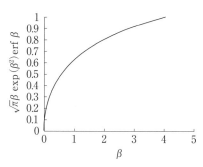

図 1.29 β と $\sqrt{\pi}\beta e^{\beta^2}\operatorname{erf}\beta$ の関係

る．表面濃度 0.01% で，その他のデータは以下に与えられている．30 分後に α 相は何 cm になっているか計算してみることにする．

なお，必要なデータとして，下記の数値が与えられている．

$$C_s = 0.40\%, \quad C_\gamma^* = 0.24\%,$$
$$C^* = 0.01\%, \quad C_\alpha^* = 0.02\%,$$
$$D_\alpha = 2 \times 10^{-6}\,\mathrm{cm^2/sec},$$
$$D_\gamma = 3 \times 10^{-8}\,\mathrm{cm^2/sec},$$
$$\varPhi = D_\alpha/D_\gamma = 66.7$$

脱炭のため濃度分布が浸炭の場合と逆になり，式(1.73)を書き換えて，

$$C_\alpha^* - C_\gamma^* = \frac{C^* - C_\alpha^*}{f(\beta)} - \frac{C_\gamma^* - C_s}{g(\sigma)}$$

$$f(\beta) = \sqrt{\pi}\beta e^{\beta^2}\operatorname{erf}\beta, \quad g(\sigma) = \sqrt{\pi}\sigma e^{\sigma^2}\operatorname{erfc}\sigma$$

となる．ここで与えられた数値を代入すると，

$$0.02 - 0.24 = \frac{0.01 - 0.02}{f(\beta)} - \frac{0.24 - 0.40}{g(\sigma)} \quad \Rightarrow \quad -0.22 = \frac{-0.01}{f(\beta)} + \frac{0.16}{g(\sigma)}$$

となる．したがって，β の値を代入していき，右辺が -0.22 になる β を求めればよい．$\beta = 0.2$ および 0.1 を代入して計算すると以下のようになり，0.1 と 0.2 の間を比例計算

β	$f(\beta)$	$\beta\varPhi^{1/2}$	$g(\sigma)$	右辺
0.2	0.08217	1.63	0.87129	0.0619
0.1	0.02013	0.82	0.69670	-0.267
0.11	0.02594	0.90	0.72821	-0.165
0.105	0.02304	0.86	0.7143	-0.2239

して，値を求めていくと，$\beta \approx 0.106$ でほぼ値を満足する(付表 A.1 参照)．
したがって，$s = 2\beta\sqrt{D_\alpha t}$ より，30 分後の界面の位置は
$$s = 2 \times 0.106 \sqrt{2 \times 10^{-6} \times 30 \times 60} = 0.0127 \text{ cm}$$
となる．

例題 1.12

鉄中の脱炭機構

初めは 2 相であったところから単相が形成される場合を，鋼の $\alpha + \text{Fe}_3\text{C}$ のパーライト組織(2 相)から脱炭され，α 単相が成長する例で考えてみることにする．**図 1.30** に鋼の状態図(左側)と界面からの濃度分布(右側)を示す．ここで，界面 S は，脱炭される温度で Fe_3C と平衡な炭素濃度 C_α^* に保たれているとする．

表面 $(x=0)$ での炭素濃度 C_s は一定であり，拡散係数 D_α は濃度に依存しない．また，界面反応は速く，拡散が界面 S の移動速度を律速しているものと仮定する．

計算に必要なデータ

- 拡散係数 $D_\alpha = 1.0 \times 10^{-9} \text{ cm}^2/\text{sec}$
- 鋼の初期炭素濃度 C^*
- 脱炭されたときの表面の炭素濃度 $C_\text{s}(=0)$
- Fe_3C と平衡している α 相の炭素濃度 $C_\alpha^* = 0.02\%$
- 脱炭される温度 $T = 560°\text{C}$

(1) α 相とパーライト $(\alpha + \text{Fe}_3\text{C})$ 間の界面の位置を与える式を導け．

(2) 求めた式を用いて，0.2% C-CrMo 鋼を 560°C で脱炭雰囲気中に 1 年間放置したときの脱炭深さを計算せよ．

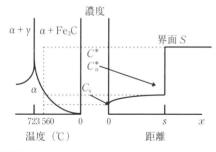

図 1.30　鋼の状態図(左)と濃度分布

[解]

(1) 一次元の微分方程式を立て，初期および境界条件を与えると次のようになる．

56　第1章　固体内の拡散

$$\frac{\partial C}{\partial t} = D \frac{\partial^2 C}{\partial x^2} \qquad 0 < x < s$$

初期条件；$C(x, 0) = C^*$　　$0 < x$
境界条件；$C(0, t) = C_\mathrm{s}$
$$C(s, t) = C_\alpha^*$$

界面 $S(x=s)$ での物質収支を考える．脱炭される C の単位時間当たりのフラックス J は，界面が dt 時間に ds の距離を移動したとすると，炭素の減少量は $-(C^* - C_\alpha^*)ds$ になるため単位時間に直して式を整理すると，

$$-D_\alpha \left(\frac{\partial C}{\partial x}\right)_{x=s} = (C_\alpha^* - C^*) \frac{ds}{dt} \tag{1.74}$$

となり，界面 S までの濃度 C を誤差関数を用いた一般解で表すと，

$$C(x, t) = A + B\,\mathrm{erf}\left(\frac{x}{2\sqrt{D_\alpha t}}\right) \qquad A, B；定数$$

と書ける．この式に境界条件を代入して，

$$C(0, t) = C_\mathrm{s} = A + B\,\mathrm{erf}(0) = A$$

$$C(s, t) = C_\alpha^* = C_\mathrm{s} + B\,\mathrm{erf}\left(\frac{s}{2\sqrt{D_\alpha t}}\right)$$

$$\therefore C_\alpha^* - C_\mathrm{s} = B\,\mathrm{erf}\left(\frac{s}{2\sqrt{D_\alpha t}}\right) = 一定$$

となる．したがって，これを満足するためには，誤差関数の中が定数となる．これを β と表し ds/dt および dC/dx を求める．

$$\beta = \frac{s}{2\sqrt{D_\alpha t}} \;\Rightarrow\; s = 2\beta\sqrt{D_\alpha t} \qquad \therefore \frac{ds}{dt} = \beta\sqrt{\frac{D_\alpha}{t}}$$

$$\therefore \frac{dC}{dx} = B\frac{d}{dx}\left(\mathrm{erf}\left(\frac{s}{2\sqrt{D_\alpha t}}\right)\right) = B\frac{2}{\sqrt{\pi}}\frac{1}{2\sqrt{D_\alpha t}}\exp\left(-\frac{x^2}{4D_\alpha t}\right)$$

これらの式を物質収支の式(1.74)に代入し，一般解の定数を置き換えると，

$$-D_\alpha\left(\frac{\partial C}{\partial x}\right)_{x=s} = -D_\alpha \frac{B}{\sqrt{\pi D_\alpha t}}\exp\left(-\frac{s^2}{4D_\alpha t}\right) = -B\sqrt{\frac{D_\alpha}{\pi t}}\exp(-\beta^2)$$

$$= (C_\alpha^* - C^*)\frac{ds}{dt} = (C_\alpha^* - C^*)\beta\sqrt{\frac{D_\alpha}{t}}$$

$$\therefore B = \beta\sqrt{\pi}\,(C^* - C_\alpha^*)\exp(\beta^2)$$

$$\therefore C(x,t) = C_s + \beta\sqrt{\pi}(C^* - C_\alpha^*)\exp(\beta^2)\mathrm{erf}\left(\frac{x}{2\sqrt{D_\alpha t}}\right)$$

さらに界面 $x = s$ では, $C(s,t) = C_\alpha^*$ であるから上式に代入して,

$$\frac{C_\alpha^* - C_s}{C^* - C_\alpha^*} = \beta\sqrt{\pi}\exp(\beta^2)\mathrm{erf}(\beta) \tag{1.75}$$

と書ける. したがって, 濃度 C_α^*, C^*, C_s を与えて式(1.75)に代入すると β は決まり, それから時間に対する界面の位置が求まる.

（2） この式を用いて 0.20% C-Cr-Mo 鋼を 560℃ で脱炭雰囲気中に1年間放置したときの脱炭深さを計算する.

$C^* = 0.20$, $C_\alpha^* = 0.02$, $C_s = 0$ としてこれらの値を式(1.75)に代入して,

$$\frac{C_\alpha^* - C_s}{C^* - C_\alpha^*} = \left(\frac{0.02}{0.2 - 0.02}\right) = 0.111 = \beta\sqrt{\pi}\exp(\beta^2)\mathrm{erf}(\beta)$$

図 1.29 のグラフ, あるいは付表 A.1 により $\beta = 0.20$ と 0.25 間を比例計算すると, $\beta = 0.23$ 程度であるから, 拡散係数 $D_\alpha = 1.0 \times 10^{-9}\,\mathrm{cm^2/sec}$ および時間 $t = $ (1年 $= 3.16 \times 10^7$ sec) を代入して,

$$s = 2(0.23)\sqrt{1 \times 10^{-9} \times 3.16 \times 10^7} = 0.0818\,\mathrm{cm}$$

と脱炭深さが求まる.

1.10 相互拡散（Kirkendall 効果）

断面が長方形の黄銅(70 wt% Cu-30 wt% Zn)棒にモリブデン線を巻き付け, 約 2 mm 厚さの銅めっきを施して焼鈍すると, 時間経過と共にモリブデン線間の距離 d は減少していく（**図 1.31**）. このことは, E. D. Kirkendall により最初に実験が行われたため, Kirkendall 効果[17]と呼ばれている. また, ある位置において左右の原子の過不足がゼロになる面があるが, これを Matano 界面と呼ぶ[18, 19].

図 1.31 Kirkendall の実験

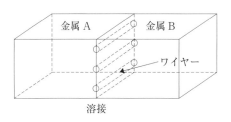
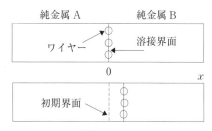

図1.32　Kirkendallの実験模式図　　図1.33　時間経過による界面の移動

　これは，焼鈍時に黄銅に含まれる亜鉛の銅中への流れ J_{Zn} が，銅の黄銅中への流れ J_{Cu} より大きいために生じる．**図1.32** のように純金属 A と B がマーカーを隔てて溶接されている．所定の温度で t 時間焼鈍後のマーカーの位置は**図1.33** に示されているが，これは後述する空孔機構 (p.90) により，金属 A が金属 B 内に拡散したためである．

　マーカーの移動速度を V_x とし，金属 A, B の自己拡散係数をそれぞれ D_A および D_B とし，一次元の双方の原子の流れを J_A, J_B とすると，

$$J_A = -D_A \frac{\partial C_A}{\partial x} + V_x C_A \tag{1.76}$$

$$J_B = -D_B \frac{\partial C_B}{\partial x} + V_x C_B \tag{1.77}$$

と書ける．なお，自己拡散とは，A 金属中の A 原子の拡散をいう．

　ここで，C_A および C_B は各々 A および B の濃度 (mol%/cm^3) であり，$C = C_A + C_B$ ($=$ 一定) である．

　質量保存の式より，

$$\frac{\partial C}{\partial t} = 0 = \frac{\partial C_A}{\partial t} + \frac{\partial C_B}{\partial t} = \frac{\partial J_A}{\partial x} + \frac{\partial J_B}{\partial x} = \frac{\partial}{\partial x}\left[D_A \frac{\partial C_A}{\partial x} + D_B \frac{\partial C_B}{\partial x} - V_x(C_A + C_B)\right]$$

$$\therefore V_x = \frac{1}{C_A + C_B}\left(D_A \frac{\partial C_A}{\partial x} + D_B \frac{\partial C_B}{\partial x}\right)$$

$$= \frac{1}{C_A + C_B}(D_B - D_A)\frac{\partial C_B}{\partial x} \tag{1.78}$$

$$\therefore \frac{\partial C}{\partial x} = 0 = \frac{\partial C_A}{\partial x} + \frac{\partial C_B}{\partial x}$$

また，Fick の第 2 法則より，

1.10 相互拡散(Kirkendall 効果)

$$\frac{\partial C_B}{\partial t} = \frac{\partial}{\partial x}\left(D_B \frac{\partial C_B}{\partial x} - V_x C_B\right)$$

$$= \frac{\partial}{\partial x}\left[D_B \frac{\partial C_B}{\partial x} - \frac{C_B}{C_A + C_B}(D_B - D_A)\frac{\partial C_B}{\partial x}\right]$$

$$= \frac{\partial}{\partial x}\left\{\left[D_B - \frac{C_B}{C_A + C_B}(D_B - D_A)\right]\frac{\partial C_B}{\partial x}\right\}$$

$$= \frac{\partial}{\partial x}\left[(X_A D_B + D_A X_B)\frac{\partial C_B}{\partial x}\right] \tag{1.79}$$

ただし, $X_A = \dfrac{C_A}{C_A + C_B}$, $X_B = \dfrac{C_B}{C_A + C_B}$

を得る.

この式で新たに,

$$\tilde{D} = X_A D_B + D_A X_B \tag{1.80}$$

と定義すれば, 式(1.79)は Fick の第2法則の式と等価になる.

$\tilde{D}$ は, 相互拡散係数(interdiffusion coefficient)と呼ばれている. 式(1.79)および(1.80)によって, 半無限長の拡散カップル中の等温拡散に関しての結果が完全に記述できる. 実際の方法については, 次の例題1.13を参照にされたい.

例題 1.13

金-ニッケル合金の相互拡散

成分の異なった金-ニッケル二元合金の相互拡散について考える. ニッケルのモル分率がそれぞれ $X_{Ni} = 0.0974$ および 0.4978 の合金が接合され, 925℃で 2.07×10^6 sec 加熱される. もとの界面と平行に 0.003 in 厚さに削られて分析され, **表1.1** に示す結果を得た. このデータを用いて, 30 at% Ni での拡散係数を求めよ.

表1.1 各点における Ni 分析結果(単位:at%Ni)

試料 No	at%Ni	試料 No	at%Ni	試料 No	at%Ni	試料 No	at%Ni	試料 No	at%Ni
11	49.78	20	37.01	27	24.11	33	16.86	43	10.48
12	49.59	21	35.01	28	22.49	35	15.49	45	9.99
14	47.45	22	33.17	29	21.38	37	13.90	47	9.74
16	44.49	23	31.40	30	20.51	38	13.26		
18	40.58	24	29.74	31	19.21	39	12.55		
19	38.01	26	25.87	32	17.92	41	11.41		

[解]

表1.1の分析結果より，相互拡散係数 $\widetilde{D}$ を得るためには Boltzmann-Matano の解析を用いる．相互拡散係数 $\widetilde{D}$ も式(1.97)(p.77)と同様に次式で表される[20]ので，

$$\widetilde{D}(X_{\mathrm{Ni}}) = -\frac{1}{2t}\left(\frac{dx}{dX_{\mathrm{Ni}}}\right)\int_{X_0}^{X_{\mathrm{Ni}}} x\, dX_{\mathrm{Ni}} \tag{1.81}$$

t；時間(2.07×10^6 sec)，x；距離(cm)，X_{Ni}；Ni 濃度(at%)，X_0；Ni 初期濃度(at%)

表1.1より，2.07×10^6 sec 後の濃度分布を描き，グラフより $\dfrac{dx}{dX_{\mathrm{Ni}}}$ および $\displaystyle\int_{X_0}^{X_{\mathrm{Ni}}} x\, dX_{\mathrm{Ni}}$ を求める．

図1.34 に分析結果より描いたグラフを，また**表1.2**はこれに基づいて計算された相互拡散係数 $\widetilde{D}$ を示す．

もとの界面にマーカーが装入され，拡散が生じている間 30 at% Ni 成分のところにマーカーが移動すると考えるとき，30% at Ni でのニッケルおよび金の固有拡散係数 $D_{\mathrm{Ni}}, D_{\mathrm{Au}}$ を求めてみよう．

マーカー(Matano 界面で)の移動速度を v_m とすると，

$$v_\mathrm{m} = (D_{\mathrm{Ni}} - D_{\mathrm{Au}})\frac{\partial X_{\mathrm{Ni}}}{\partial x}$$

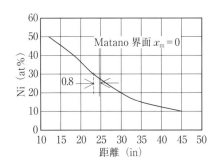

図1.34 Ni 濃度と Matano 界面の位置

表1.2 図1.34より求めた値

X_{Ni}	$\dfrac{dX_{\mathrm{Ni}}}{dx}$	$\displaystyle\int_{X_0}^{X_{\mathrm{Ni}}} x\, dX_{\mathrm{Ni}}$	$\widetilde{D}$
40	-167	0.342	7.60×10^{-11}
30	-633	0.366	9.01×10^{-10}
20	-533	0.261	3.19×10^{-9}

である．ところで，$\eta = x/t^{1/2}$ ($\eta = $ 一定) とすると，

$$v_\mathrm{m} = \frac{dx}{dt} = \frac{\eta}{2t^{\frac{1}{2}}} = \frac{x_\mathrm{m}}{2t} \qquad x_\mathrm{m}\text{；Matano 界面の位置}$$

と書ける．ここで，Matano 界面の位置 x_m はグラフより，30 at% Ni から 0.8 スライスされたところにあるため v_m は，

$$v_\mathrm{m} = \frac{(0.03 \text{ in/slice})(-0.8 \text{ slice})(2.54 \text{ cm/in})}{2(2.07 \times 10^6 \text{ sec})} = -1.47 \times 10^{-9} \text{ cm/sec}$$

である．また，30 at% Ni のところの傾き $(\partial X_\mathrm{Ni}/\partial x)_{\mathrm{Ni}=30}$ は，表 1.2 より -633 at%/in ($= -249.21$ at%/cm) である．D_Ni および D_Au を得るためにはもう一つ式が必要であるが，相互拡散係数 $\widetilde{D}$ は，

$$\widetilde{D} = X_\mathrm{Ni} D_\mathrm{Au} + X_\mathrm{Au} D_\mathrm{Ni}$$

および $\widetilde{D} = 9.01 \times 10^{-10}$ cm^2/sec であるから，それぞれの値を代入して，

$$v_\mathrm{m} = -1.47 \times 10^{-9} = (D_\mathrm{Ni} - D_\mathrm{Au})(-249.21)$$
$$\widetilde{D} = 9.01 \times 10^{-10} = 0.3 D_\mathrm{Au} + 0.7 D_\mathrm{Ni}$$
$$\therefore D_\mathrm{Au} = 8.97 \times 10^{-10} \text{ cm}^2/\text{sec}, \quad D_\mathrm{Ni} = 9.03 \times 10^{-10} \text{ cm}^2/\text{sec}$$

を得る．

例題 1.14

Md-Tb の相互拡散および圧力の影響

メンデレビウム (Md) の純金属単結晶 (単結晶面 (100)) がテルビウム (Tb) の純金属単結晶 (単結晶面 (110)) と接しており，**図 1.35** は 1000℃ で 180 時間焼鈍した後の濃度分

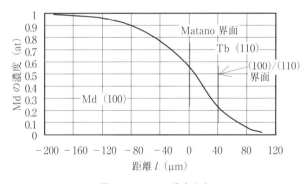

図 1.35 Md の濃度分布

布を示している．Md および Tb は共に fcc 構造で，その合金は全律固溶であり，拡散は等方的に生じるとして以下の問いに答えよ．

（1） $t = 180$ 時間後の 100/110 界面を通過する空孔の流れを計算せよ．

（2） 180 時間後，Md リッチ側の端部より Matano 界面はどれだけ動いたか計算せよ．

（3） もし実験が 50000 psi の圧力で行われたとき，1000℃で同じ濃度分布を取るのには何時間かかるか仮定を設けて計算せよ．

ただし，計算に必要な数値は，以下であり，モル体積は濃度に依存しない，すなわち $\Delta V_{\text{mix}} = 0$ とする．

計算に必要なデータ
- 原子量：Md $= 65$ g/mol，Tb $= 32.1$ g/mol
- 密度：Md $= 6.5$ g/cm^3，Tb $= 3.2$ g/cm^3
- 格子定数：Md $= 4 \times 10^{-8}$ cm，Tb $= 4 \times 10^{-8}$ cm

[解]

（1） Md と Tb は同じ結晶構造を有しており，かつ全律固溶であるから 100/110 界面の状態は変化しないままである．図 1.35 より界面は，$X_{\text{Md}} = 0.2$ で Matano 界面から 40×10^{-4} cm のところにある．図 1.35 より $X_{\text{Md}} = 0.2$ での傾きを求めると，

$$\left(\frac{dX_{\text{Md}}}{dl}\right)_{X_{\text{Md}}=0.2} = -\frac{4(0.2)}{2(40 \times 10^{-4})} = -100 \text{ cm}^{-1}$$

$$v_{\text{マーカー}} = \frac{l}{2t} = \frac{40 \times 10^{-4}}{2 \times 180 \times 3600} = 3.09 \times 10^{-9} \text{cm/sec}$$

となる．ただし，l は Matano 界面と 100/110 界面との距離（10×10^{-4} cm）および $v_{\text{マーカー}}$ はマーカーの位置の移動速度を表す．一方，移動速度と拡散係数との関係は，

$$v_{\text{マーカー}} = (D_{\text{Md}} - D_{\text{Tb}}) \frac{\partial X_{\text{Md}}}{\partial l}$$

であるから，

$$D_{\text{Md}} - D_{\text{Tb}} = \frac{v_{\text{マーカー}}}{\frac{\partial X_{\text{Md}}}{\partial l}} = -3.09 \times 10^{-11} \text{ cm}^2/\text{sec}$$

と表される．よって，マーカーの位置を見ても明らかなことであるが，Tb の方が速く拡散する．次に，界面での物質収支を取ると，

$$J_{\text{Tb}} + J_{\text{Md}} + J_{\text{v}} = 0$$

と書ける．ここで，J_{Tb}，J_{Md}，J_{v} はそれぞれ Tb，Md および空孔の流れである．

$$\therefore (J_{\text{v}})(V_{\text{molar}}) = -J_{\text{Tb}} - J_{\text{Md}} = D_{\text{Tb}}\left(\frac{dX_{\text{Tb}}}{dl}\right) + D_{\text{Md}}\left(\frac{dX_{\text{Md}}}{dl}\right)$$

$X_{\text{Md}} + X_{\text{Tb}} = 1$ であるから，$\dfrac{dX_{\text{Tb}}}{dl} = -\dfrac{dX_{\text{Md}}}{dl}$

$$\therefore (J_{\text{v}})(V_{\text{molar}}) = -D_{\text{Tb}}\left(\frac{dX_{\text{Md}}}{dl}\right) + D_{\text{Md}}\left(\frac{dX_{\text{Md}}}{dl}\right)$$

$$= (D_{\text{Md}} - D_{\text{Tb}})\frac{dX_{\text{Md}}}{dl} = v_{\text{マーカー}}$$

結局，$J_{\text{v}} = \dfrac{D_{\text{Md}} - D_{\text{Tb}}}{V_{\text{molar}}}\left(\dfrac{dX_{\text{Md}}}{dl}\right)$ となる．また，Md および Tb のモル体積は，

$$V_{\text{Md}} = \frac{65 \text{ g/mol}}{6.5 \text{ g/cm}^3} = V_{\text{Tb}} = \frac{32.1 \text{ g/mol}}{3.21 \text{ g/cm}^3} = 10 \text{ cm}^3/\text{mol}$$

であるから数値を代入すると，

$$J_{\text{v}} = \left(\frac{-3.09 \times 10^{-11} \text{cm}^2/\text{sec}}{10 \text{ cm}^3/\text{mol}}\right)(-100 \text{ cm}^{-1}) = 3.09 \times 10^{-10} \text{ mol/cm}^2/\text{sec}$$

$$= 3.09 \times 10^{-10} \text{ mol/cm}^2/\text{sec} \times 6.022 \times 10^{23}/\text{mol}$$

$$= 1.86 \times 10^{14}/\text{cm}^2/\text{sec}$$

となる．

(2) この実験で 180 時間後の Matano 界面の位置について考えてみる．Matano 界面は，図式積分により次の関係式が成り立つところに位置している．

$$\int_0^{X_{\text{Md}}} l \, dX_{\text{Md}} = 0$$

一方，両サイドからの拡散で，モル体積が等しければ Matano 界面は移動せず 180 時間経過しても $t = 0$ と同じ場所にある．

(3) この実験で 50000PSI(50KSI) の圧力が掛けられた状態で焼鈍されたとき，1000℃ で同じ濃度分布になるには何時間かかるか計算してみる．

Md および Tb は空孔機構で拡散するので，拡散係数は次のように書くことができる．

$$D = D_0 \exp\left[-\frac{(\Delta G_{\text{v}} + \Delta G_{\text{m}})}{RT}\right]$$

$D_0 \neq D_0(P)$ と仮定して，圧力 P で微分すると，

64　第1章　固体内の拡散

$$\frac{\partial D}{\partial P} = D_0 \exp\left[-\frac{(\Delta G_\mathrm{v} + \Delta G_\mathrm{m})}{RT}\right] \frac{\partial}{\partial P}\left[-\frac{(\Delta G_\mathrm{v} + \Delta G_\mathrm{m})}{RT}\right]$$

$$= -\frac{D}{RT}\left(\frac{\partial \Delta G_\mathrm{v}}{\partial P} + \frac{\partial \Delta G_\mathrm{m}}{\partial P}\right)$$

$$= -\frac{D}{RT}\left(\Delta V_\mathrm{v} + \Delta V_\mathrm{m}'\right)$$

Md および Tb は共に fcc 構造であり，fcc のような最密構造の金属の $\Delta V_\mathrm{v} \fallingdotseq 0.55\,V_\mathrm{molar}$，$\Delta V_\mathrm{m}' \fallingdotseq 0.15\,V_\mathrm{molar}$ であるから，

$$\frac{\partial D}{\partial P} = -\frac{D}{RT}\left[(0.55 + 0.15)\,V_\mathrm{molar}\right] = -\frac{0.7\,D V_\mathrm{molar}}{RT}$$

となり，高圧(high)から低圧(常圧；low)までを積分すると，

$$\int_{D_\mathrm{low}}^{D_\mathrm{high}} \frac{dD}{D} = -\frac{0.7\,V_\mathrm{molar}}{RT} \int_{P_\mathrm{low}}^{P_\mathrm{high}} dP$$

$$\ln \frac{D_\mathrm{high}}{D_\mathrm{low}} = \left(-\frac{0.7\,V_\mathrm{molar}}{RT}\right)(P_\mathrm{high} - P_\mathrm{low})$$

よって，高圧下での拡散係数は，

$$D_\mathrm{high} = D_\mathrm{low} \exp\left[-\frac{0.7\,V_\mathrm{molar}(P_\mathrm{high} - P_\mathrm{low})}{RT}\right]$$

と書ける．ここで以下の数値を代入して，

　　$P_\mathrm{high} = 50\,\mathrm{ksi} = 3400\,\mathrm{atm}$，　$P_\mathrm{low} = 1\,\mathrm{atm}$，　$T = 127\,\mathrm{K}$，　$V_\mathrm{molar} = 10\,\mathrm{cm^3/mol}$，
　　$R = 82.1\,\mathrm{cm^3/atm/mol/K}$

$$D_\mathrm{high} = D_\mathrm{low} \exp\left[-\frac{0.7 \times 10 \times (3400-1)}{82.1 \times 1273}\right] = 0.796\,D_\mathrm{low}$$

となる．よって，高圧が加えられると拡散係数が低下する．しかし，濃度勾配すなわち $\left(\dfrac{dX_\mathrm{Md}}{dl}\right)_{X_\mathrm{Md}}$ は圧力に対して独立であり，100/110 界面の位置も同じである．よって，

$$v_{\mathrm{マーカー}} = (D_\mathrm{Md}^\mathrm{high} - D_\mathrm{Tb}^\mathrm{high})\frac{\partial X_\mathrm{Md}}{\partial l} = \frac{\Delta l}{2t} \qquad \Delta l = 40 \times 10^{-4}\,\mathrm{cm}$$

であるから，時間 t で書き直して数値を代入すると，

$$t = \frac{\Delta l}{2(D_\mathrm{Md}^\mathrm{high} - D_\mathrm{Tb}^\mathrm{high})\left(\dfrac{dX_\mathrm{Md}}{dl}\right)} = \frac{\Delta l}{2(0.796)(D_\mathrm{Md} - D_\mathrm{Tb})\left(\dfrac{dX_\mathrm{Md}}{dl}\right)}$$

$$= \frac{40 \times 10^{-4} \text{ cm}}{2(0.796)(-3.09 \times 10^{-11} \text{cm}^2/\text{sec})(-100 \text{ cm}^{-1})} = 8.13 \times 10^5 \text{sec} \approx 225.9 \text{ hr}$$

となる.

最後に,A-B 二元合金において原子 A の化学拡散係数(Boltzmann-Matano の解より求めた拡散係数を,化学拡散係数(chemical diffusion coefficient)と呼ぶ) D_A とトレーサー拡散係数(自己拡散係数) D_A^* との関係について述べる.

同位体元素を含んだ A-B 二元合金を考える.L. S. Darken によれば,化学拡散係数 D_A, D_B とトレーサー拡散係数 D_A^*, D_B^* との間には次の関係が成立する.

$$D_A = D_A^* \left(1 + N_A \frac{\partial \ln \gamma_A}{\partial N_A}\right) = D_A^* \left(1 + \frac{\partial \ln \gamma_A}{\partial \ln N_A}\right) \tag{1.82}$$

$$D_B = D_B^* \left(1 + N_B \frac{\partial \ln \gamma_B}{\partial N_B}\right) = D_B^* \left(1 + \frac{\partial \ln \gamma_B}{\partial \ln N_B}\right) \tag{1.83}$$

ここで,γ_A, γ_B は各々 A,B の活量係数であり,N_A, N_B はそれぞれのモル分率である(なお,これらの式を導くには,Darken[21]の現象論的方程式(phenomological equation)について説明しなければならないが,詳細はここでは省略する.詳しくは Shewmon[22]を参考にされたい).

式(1.82)および(1.83)を,式(1.80)に代入して整理すると,$\tilde{D}$ は次のように書ける.

$$\tilde{D} = (N_A D_B^* + N_B D_A^*)\left(1 + N_A \frac{d \ln \gamma_A}{d N_A}\right) \tag{1.84}$$

この式に現れる項は全て実測可能な量であるから,$\tilde{D}$ の計算値と実測値を比較することによりこの解析法の妥当性が判断できる.

ここで,2成分系の正則状態の相互拡散について考える.Darken[23]は,2成分系において固有拡散係数(intrinsic diffusion coefficient) D_i と易動度 B_i は次式によって表されることを示している.

$$D_i = B_i RT \left(1 + \frac{\partial \ln \gamma_i}{\partial \ln N_i}\right) \qquad \gamma_i: \text{活量係数},\ X_i: \text{モル分率} \tag{1.85}$$

Einstein の式 $D_i = kTB_i$ および X_i との関係より,通常の溶質原子と同位体の溶質原子は同じ易動度($B_i \approx B_i^*$)を持っているという仮定から,固有拡散係数 D_i と同位体原子の拡散係数 D_i^* は次式で表される.

$$D_i = D_i^* \left(1 + \frac{\partial \ln \gamma_i}{\partial \ln N_i}\right) \tag{1.86}$$

一方，熱力学での二元系(A-B)合金の混合の自由エネルギー$\Delta G_{\mathrm{mix}}^{\mathrm{sol}}$は，AおよびBの活量を$a_\mathrm{A}, a_\mathrm{B}$として，

$$\Delta G_{\mathrm{mix}}^{\mathrm{sol}} = RT(X_\mathrm{A} \ln a_\mathrm{A} + X_\mathrm{B} \ln a_\mathrm{B}) \tag{1.87}$$

と表される．非理想溶液の場合，i成分の活量は$a_\mathrm{i} = \gamma_\mathrm{i} X_\mathrm{i}$であるから書き直すと，

$$\Delta G_{\mathrm{mix}}^{\mathrm{sol}} = RT[(X_\mathrm{A} \ln X_\mathrm{A} + X_\mathrm{B} \ln X_\mathrm{B}) + (X_\mathrm{A} \ln \gamma_\mathrm{A} + X_\mathrm{B} \ln \gamma_\mathrm{B})] \tag{1.88}$$

$$\Delta G_{\mathrm{mix}}^{\mathrm{ideal}} = -T\Delta S_{\mathrm{mix}}^{\mathrm{ideal}} + \Delta H_{\mathrm{mix}}^{\mathrm{sol}}$$

である．$\Delta G_{\mathrm{mix}}^{\mathrm{ideal}}, \Delta H_{\mathrm{mix}}^{\mathrm{sol}}$および$\Delta S_{\mathrm{mix}}^{\mathrm{ideal}}$はそれぞれ理想状態の混合の自由エネルギー，エンタルピーおよび混合のエントロピーであり，正則状態では，

$$\Delta H_{\mathrm{mix}}^{\mathrm{sol}} = \Omega X_\mathrm{A} X_\mathrm{B} \tag{1.89}$$

$$\ln \gamma_\mathrm{A} = \frac{\Omega}{RT}(1 - X_\mathrm{A})^2 \tag{1.90}$$

であり，Ωは正則パラメータ[24]である．

成分Aの固有拡散係数D_Aは，正則パラメータΩおよび同位体原子の拡散係数D_A^*とどのような関係にあるか求めてみる．ただし，$\Delta H = \Omega X_\mathrm{A} X_\mathrm{B}$とする．

$$D_\mathrm{A} = D_\mathrm{A}^* \left(1 + \frac{\partial \ln \gamma_\mathrm{A}}{\partial \ln X_\mathrm{A}}\right) \quad \text{および} \quad \ln \gamma_\mathrm{A} = \frac{\Omega}{RT}(1 - X_\mathrm{A})^2$$

であるから，

$$D_\mathrm{A} = D_\mathrm{A}^* \left[1 + \frac{\partial}{\partial \ln X_\mathrm{A}}\left(\frac{\Omega}{RT}(1 - X_\mathrm{A})^2\right)\right]$$

$$D_\mathrm{A} = D_\mathrm{A}^* \left[1 + X_\mathrm{A}\frac{\partial}{\partial X_\mathrm{A}}\left(\frac{\Omega}{RT}(1 - X_\mathrm{A})^2\right)\right]$$

$$= D_\mathrm{A}^* \left[1 - \left(\frac{\Omega}{RT} 2X_\mathrm{A}(1 - X_\mathrm{A})\right)\right] \quad 1 - X_\mathrm{A} = X_\mathrm{B}$$

$$\therefore D_\mathrm{A} = D_\mathrm{A}^* \left(1 - \frac{2X_\mathrm{A} X_\mathrm{B} \Omega}{RT}\right) \tag{1.91}$$

となる．次に，固有拡散係数が温度によってどのように変化するか考える．同位体原子の拡散は温度の関数として，

$$D_\mathrm{A}^* = D_{0\mathrm{A}}^* \exp\left(-\frac{Q_\mathrm{A}^*}{RT}\right) \quad Q_\mathrm{A}^*；活性化エネルギー，D_{0\mathrm{A}}^*；定数$$

と表される．もし，固有拡散係数D_Aと同位体原子の拡散係数D_A^*との関係が式(1.91)を満足しているとすると，

（1）高温では，式(1.91)の右辺の第2項がゼロに近づくため，

と書ける.

（2）低温では，式(1.91)の右辺の第2項が1より大きくなるため，

$$D_\mathrm{A} \approx -D_\mathrm{A}^* \frac{2X_\mathrm{A}X_\mathrm{B}\Omega}{RT} \text{ とすると, } D_\mathrm{A} \propto -\left(\frac{A}{T}\right)\exp\left(-\frac{B}{RT}\right) \quad A, B; 定数$$

と書ける.

最後に，成分 A の固有拡散係数 D_A に対しても，見かけ上の活性化エネルギーを求めることにする．活性化エネルギーを Q_A として，D_A をアレニウス型の式に書き直す.

$$D_\mathrm{A} = D_{0\mathrm{A}}\exp\left(-\frac{Q_\mathrm{A}}{RT}\right) = D_\mathrm{A}^*\left(1-\frac{2X_\mathrm{A}X_\mathrm{B}\Omega}{RT}\right)$$

$$= D_{0\mathrm{A}}^*\exp\left(-\frac{Q_\mathrm{A}^*}{RT}\right)\left(1-\frac{2X_\mathrm{A}X_\mathrm{B}\Omega}{RT}\right)$$

両辺対数を取ると，

$$\ln D_\mathrm{A} = \ln D_{0\mathrm{A}} - \frac{Q_\mathrm{A}}{RT} = \ln D_{0\mathrm{A}}^* - \frac{Q_\mathrm{A}^*}{RT} + \ln\left(1-\frac{2X_\mathrm{A}X_\mathrm{B}\Omega}{RT}\right)$$

両辺を $1/T$ で偏微分すると，

$$\frac{\partial \ln D_\mathrm{A}}{\partial (1/T)} = -\frac{Q_\mathrm{A}}{R} = -\frac{Q_\mathrm{A}^*}{R} + \frac{\partial}{\partial (1/T)}\ln\left(1-\frac{2X_\mathrm{A}X_\mathrm{B}\Omega}{RT}\right)$$

$$\therefore Q_\mathrm{A} = -R\frac{\partial \ln D_\mathrm{A}}{\partial (1/T)} = Q_\mathrm{A}^* - \left(\frac{2X_\mathrm{A}X_\mathrm{B}\Omega}{1-\frac{2X_\mathrm{A}X_\mathrm{B}\Omega}{RT}}\right)$$

と書ける.

例題 1.15

二元系合金の相互拡散および Matano 界面について

純金属 A（A のモル濃度 $C_\mathrm{A} = 0.100 \text{ mol/cm}^3$）が A-B 二元合金（B のモル濃度 $C_\mathrm{B} = 0.033 \text{ mol/cm}^3$）の長棒と溶接され，1000 K で焼鈍されるとする．焼鈍前の溶接部付近の B および A の濃度分布を図 **1.36**（a）および（b）に示す．焼鈍の間，拡散による成分変化に伴って合金体積が変化しないと仮定して次の問いに答えよ.

（1）まず相互拡散係数を用いて微分方程式，初期条件および境界条件を示し，誤差関数を用いて短時間解を表して界面近傍の B の濃度分布をスケッチせよ.

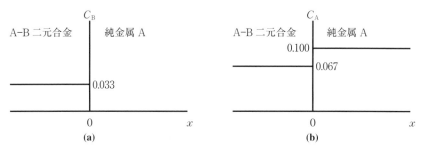

図1.36 （a）Bの界面付近の初期濃度分布，（b）Aの界面付近の初期濃度分布

（**2**） この合金について，同位体元素による測定から $0.033 > C_B > 0$ の範囲では，拡散係数の比は，$D_A^*/D_B^* = 3$ である．熱力学のデータから A-B 二元系は Raoult の法則に従うとすると，①濃度分布は（1）で計算されたものとどれだけ異なるか，② Matano 界面は，元界面からどのように移動するか図に描いて示せ．

[**解**]

（**1**） Fick の第2法則より B について，

$$\frac{\partial C_B}{\partial t} = \frac{\partial}{\partial x}\left(\widetilde{D}\frac{\partial C_B}{\partial x}\right)$$

$$= \widetilde{D}\frac{\partial^2 C_B}{\partial x^2} + \frac{\partial C_B}{\partial x}\frac{\partial \widetilde{D}}{\partial x} = \widetilde{D}\frac{\partial^2 C_B}{\partial x^2} + \left(\frac{\partial C_B}{\partial x}\right)^2 \frac{\partial \widetilde{D}}{\partial C_B}$$

初期条件；$C_B(x, 0) = 0.033 \text{ mol/cm}^3$ ； $x < 0$，x は Matano 界面からの距離（cm）

$\qquad\qquad\qquad = 0 \qquad\qquad\quad ; x > 0$

境界条件；$C_B(\infty, t) = 0 \text{ mol/cm}^3 \quad ; t > 0$

$\qquad\quad C_B(-\infty, t) = 0.033$

A についても同様に，

$$\frac{\partial C_A}{\partial t} = \frac{\partial}{\partial x}\left(\widetilde{D}\frac{\partial C_A}{\partial x}\right)$$

初期条件；$C_A(x, 0) = 0.067 \text{ mol/cm}^3$ ； $x < 0$

$\qquad\qquad\qquad = 0.100 \qquad\quad ; x > 0$

境界条件；$C_A(\infty, t) = 0.100 \text{ mol/cm}^3 ; t > 0$

$\qquad\quad C_A(-\infty, t) = 0.067 \qquad$ ただし，$C_A + C_B = C_{total}(= 一定)$

誤差関数を用いた短時間解を求めるために，相互拡散係数 $\widetilde{D}$ は B の濃度に依存せず一定（すなわち，$\widetilde{D} \neq \widetilde{D}(C_B)$）と仮定して，

1.10 相互拡散(Kirkendall 効果) 69

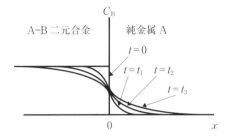

図 1.37 時間経過に対する B の濃度分布

$$C_B = K_1 + K_2 \operatorname{erf} \frac{x}{2\sqrt{\widetilde{D}t}} \quad K_1, K_2 ; 定数$$

$$= 0.0165 - 0.0165 \operatorname{erf} \frac{x}{2\sqrt{\widetilde{D}t}}$$

と書け,焼鈍時間に対する濃度変化を**図 1.37**に示す.

$$0 < t_1 < t_2 < t_3$$

(**2**) この合金について,同位体元素による測定から $0.033 > C_B > 0$ の範囲では,拡散係数の比は,$D_A^*/D_B^* = 3$ である.このときの濃度分布は,短時間解とどのように異なるのか考えてみる.ただし,A-B 二元合金は Raoult の法則に従うものとする.

相互拡散係数 $\widetilde{D}$ は,式(1.84)より次式で表される.

$$\widetilde{D} = (N_A D_B^* + N_B D_A^*)\left(1 + \frac{d\ln\gamma_A}{d\ln N_A}\right)$$

この系が Raoult の法則に従うという仮定より,$\gamma_A = 1$ であるから,

$$\widetilde{D} = N_A D_B^* + N_B D_A^*$$

となる.時間 t に Matano 界面($x=0$)での A および B の原子の流れを J_A, J_B とし,さらに $C_A^*/C_B^* = C_A/C_B = 3$ が成り立つとすると,

$$J_A = -D_A \frac{\partial C_A}{\partial \xi} = D_A \frac{\partial C_B}{\partial \xi} = 3D_B \frac{\partial C_B}{\partial \xi}$$

$$J_B = -D_B \frac{\partial C_B}{\partial \xi}$$

ただし,ξ は元界面からの距離を表す体積が変化しないという仮定より,空孔の流れを J_V で表すと,

$$J_A + J_B + J_V = 0 \quad \therefore J_V = -2D_B \frac{\partial C_B}{\partial \xi}$$

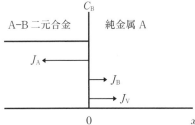

図1.38 界面付近のA, Bおよび空孔の流れ

となる．界面付近のA, Bおよび空孔(V)の流れを**図1.38**に示す．

もし，空孔が熱力学的に平衡状態であるならば，空孔形成(vacancy source)はA-B合金側，空孔消滅(vacancy sink)は純金属側である．

$\widetilde{D}$ を C_B^*, C_B で書くと，

$$\widetilde{D} = N_A D_B^* + 3 N_B D_B^*$$

$$= (1 - N_B) D_B^* + 3 N_B D_B^* = D_B^* (1 + 2 N_B) = D_B^* \left(1 + 2 \frac{C_B}{C_{\text{total}}}\right)$$

となる．

D_B^* が成分によって変化しないと仮定すると，$\widetilde{D}$ は C_B が大きくなるに従って大きくなる．すなわち，J を一定とすると濃度勾配 $\partial C_B / \partial x$ は，C_B が大きくなると緩やかになり，C_B が小さくなると急になる．

濃度分布は，もはや左右対称ではなく，誤差関数(erf)を用いることができなくなる．

次に，時間経過と共にMatano界面は元界面からどのように移動していくのかを考える．Matano界面は，等面積で(領域1＝領域2)で定義されており，t_1 時間経過後の各領域の面積は次のように書ける．ただし，J_A' および J_B' はMatano界面でのAおよびBのフラックスである．

$$領域1 = \int_0^{t_1} J_A'(0, x) dt$$

$$領域2 = \int_0^{t_1} J_B'(0, x) dt$$

なお，これを図に示すと**図1.39**のようになる．

初期界面とMatano界面の関係について考えてみる．$J_A = -3 J_B$ であるから，ある時間 t_1 でのA, B元素および空孔の流れを**図1.40**に示す．

$t = 0$ のとき，$\xi = 0$（元界面の位置）と $x = 0$（Matano界面の位置）は同じ位置にある．

1.10 相互拡散(Kirkendall 効果) 71

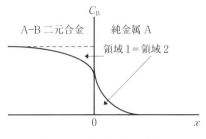

図 1.39 両側の濃度分布

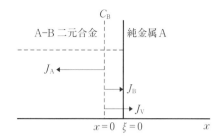

図 1.40 t_1 時間後の界面での濃度分布

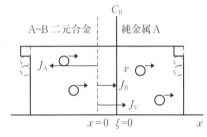

図 1.41 t_1 時間後の界面での空孔移動

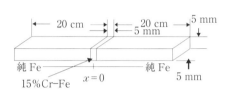

図 1.42 接合された純 Fe, 15%Cr-Fe

すなわち,Matano 界面は $t=0$ で溶接界面にある.

$t>0$ で等面積を維持するためには,$x=0$ は A-B 合金(左の方向)側へ移動する.そのためには,空孔が**図 1.41** のように A-B 合金の方から純金属側へ移動し,それに伴い Matano 界面が A-B 合金の方向へ移動する.

もし,元界面の位置($\xi=0$)にマーカーを装入したとすると,マーカーは純金属 A の方向へ移動するが,等濃度面は逆の方向に移動する.ここで,さらにもう一つの相互拡散係数に関する例題を示すことにする.

例題 1.16
鉄中のクロムの拡散

鉄中のクロムの拡散係数は,$X_{Cr}<0.15$ の範囲内では濃度に依存しないとして,**図 1.42** のように純鉄の間に 0.15 at% Cr-Fe 合金を溶接した試料を作製し 1600 K で焼鈍した.

誤差関数を用いることができる短時間の濃度分布および誤差 1% 以内で短時間が適用できる時間,適用できない長時間の濃度分布,さらに $X_{Cr}=0.5$ に対する相互拡散係数

72　第1章　固体内の拡散

$\tilde{D}$ を求めよ．ただし，計算に必要なデータとして次の値を与える．

計算に必要なデータ

- Cr の密度　　　　　　　　　　　　　　　　　　　$\rho_{Cr} = 7.19$ g/cm^3
- Fe の密度　　　　　　　　　　　　　　　　　　　$\rho_{Fe} = 7.87$ g/cm^3
- bccFe の格子定数　　　　　　　　　　　　　　　$a_0 = 2.87 \times 10^{-10}$ m
- bccCr の格子定数　　　　　　　　　　　　　　　$a_0 = 2.88 \times 10^{-10}$ m
- bcc 格子の同位体元素の係数　　　　　　　　　　　　$f = 0.72$
- 50%Cr-Fe 合金中の空孔形成の自由エネルギー　　　$\Delta G_v = 85$ J/mol
- 50%Cr-Fe 合金中の Cr 移動の自由エネルギー　　　$\Delta G_m = 105$ J/mol
- 50%Cr-Fe 合金中の Fe 移動の自由エネルギー　　　$\Delta G_m = 125$ J/mol

1600 K における Cr-Fe 固溶体の濃度と活量係数の関係

X_{Cr}	0.1	0.2	0.3	0.4	0.5	0.6	0.7	0.8	0.9
γ_{Cr}	1.68	1.43	1.27	1.14	1.09	1.06	1.04	1.02	1.01

[解]

誤差関数による短時間の一般解は，次のように書ける．

$$C(x, t) = K_1 + K_2 \, \mathrm{erf}\left(\frac{y(x)}{2\sqrt{Dt}}\right) \quad K_1, K_2; 定数, \; y(x); x の一次関数$$

図 1.43 のような初期濃度分布を持つためには，図 1.44 に示すように二つの誤差関数を組み合わせる．

Ⅰ：$y = x - 0.25$

　$C(\infty, t) = 0 = K_1 + K_2$

　$C(-\infty, t) = 0.15 = K_1 - K_2$

よって，$K_1 = -K_2 = 0.075$

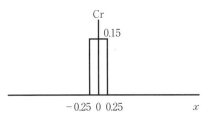

図 1.43　初期の Cr 濃度（単位 cm）

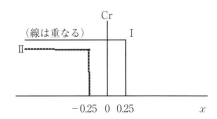

図 1.44　Ⅰ および Ⅱ のグラフの重ね合わせ

Ⅱ：$y = x + 0.25$
$$C(\infty, t) = 0 = K_1 + K_2$$
$$C(-\infty, t) = 0.15 = K_1 - K_2$$
よって同様に，$K_1 = -K_2 = 0.075$

したがって，ⅠおよびⅡの式を重ね合わせて式を作ると，
$$C(x, t) = C_\mathrm{I} - C_\mathrm{II} = 0.075\left(1 - \mathrm{erf}\frac{x - 0.25}{2\sqrt{Dt}}\right) - 0.075\left(1 - \mathrm{erf}\frac{x + 0.25}{2\sqrt{Dt}}\right)$$
$$\therefore C(x, t) = 0.075\left(\mathrm{erf}\frac{x + 0.25}{2\sqrt{Dt}} - \mathrm{erf}\frac{x - 0.25}{2\sqrt{Dt}}\right)$$

となる．

次に，この式が誤差1%以内で適用できる時間を求める．誤差が1%以内ということは，$x = 0$の点で濃度が99%になるときの時間を求めればよい．結局，

$$0.99 \times 0.15 > C(0, t) = 0.075\left(2\,\mathrm{erf}\left(\frac{0.25}{2\sqrt{Dt}}\right)\right) \tag{Ⅰ}$$

$$\therefore \mathrm{erf}(z) = -\mathrm{erf}(-z)$$

より，tについて解けばよいが，そのためには拡散係数が必要である．そこで，相互拡散係数を求めることにする．相互拡散係数は，

$$\widetilde{D} = X_\mathrm{Fe} D_\mathrm{Cr} + X_\mathrm{Cr} D_\mathrm{Fe}$$

と書けるが，各々について固有拡散係数を求める必要がある．固有拡散係数と同位体原子の拡散係数との間には，

$$D_\mathrm{Cr} = D_\mathrm{Cr}^*\left(1 + \frac{\partial \ln \gamma_\mathrm{Cr}}{\partial \ln X_\mathrm{Cr}}\right)$$

であるから，結局 $\widetilde{D}$ は，

$$\widetilde{D} = (X_\mathrm{Fe} D_\mathrm{Cr}^* + X_\mathrm{Cr} D_\mathrm{Fe}^*)\left(1 + \frac{\partial \ln \gamma_\mathrm{Cr}}{\partial \ln X_\mathrm{Cr}}\right)$$

と書ける．一方，同位体原子の拡散係数 D^* は $D_\mathrm{i}^* = f D_\mathrm{i}$ と書ける．ここで f は相関因子(linear correlation factor)，D_i は均一合金中のi成分の X_i における拡散係数である．

空孔拡散機構(vacancy mechanism)で拡散が進行すると仮定すると，式(1.120)(p.89)より，α をジャンプ距離，Γ をジャンプ頻度として

$$D_\mathrm{i} = \frac{1}{6}\alpha^2 \Gamma$$

と書ける．bcc金属に対しては図**1.45**のように $\alpha = a_0\sqrt{3}/2$ であるから，$\Gamma = z\omega$ およ

74　第1章　固体内の拡散

図 1.45　bcc 金属の原子拡散方向

び P_v を上式に代入して,

$$D_i = \frac{1}{6}\left(a_0\frac{\sqrt{3}}{2}\right)^2 z\omega P_v$$

となり,さらに z, ω および P_v の式を代入すると,

$$D_i = \frac{1}{6}\left(a_0\frac{\sqrt{3}}{2}\right)^2 (8)\left[\nu_D \exp\left(-\frac{\Delta G_m}{RT}\right)\right]\exp\left(-\frac{\Delta G_v}{RT}\right)$$

$$= a_0^2 \nu_D \exp\left(-\frac{\Delta G_m + \Delta G_v}{RT}\right)$$

$$\therefore D_i^* = fD_i = 0.72 a_0^2 \nu_D \exp\left(-\frac{\Delta G_m + \Delta G_v}{RT}\right)$$

これらを,相互拡散係数の式(1.130)および(1.86)に $X_{Cr} = X_{Fe} = 0.5$ と共に代入して,

$$\therefore \tilde{D} = 0.72 a_0^2 \nu_D \exp\left(-\frac{\Delta G_m + \Delta G_v}{RT}\right)\frac{1}{2}\left(1 + \frac{\Delta \ln \gamma_{Cr}}{\Delta \ln X_{Cr}}\right)$$

$$= 1.89 \times 10^{-9} \quad (\text{cm}^2/\text{sec})$$

を得る.この値を式(Ⅰ)に代入して,誤差関数が適用できる時間は

$$0.99 \times 0.15 > 0.075\left[2\,\text{erf}\left(\frac{0.25}{2\sqrt{1.89 \times 10^{-9}\,t}}\right)\right]$$

$$0.99 > \text{erf}\left(\frac{0.25}{2\sqrt{1.89 \times 10^{-9}\,t}}\right)$$

$$\therefore t = 1.18 \times 10^7 \text{ sec} \simeq 3270 \text{ hr}$$

を得る.

1.11　拡散係数が濃度,温度等に依存する場合（一定値でない場合）

ここまでは,拡散係数が一定値と仮定して微分方程式を立て厳密解を求めた.しか

1.11 拡散係数が濃度, 温度等に依存する場合 (一定値でない場合)

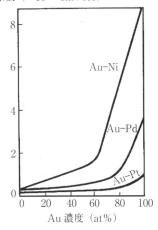

図 1.46 Au 合金の拡散係数の濃度依存性 (Matano[18])

し, 実際には拡散係数は濃度に依存する. 図 1.46 は, Au 合金の溶質原子濃度の変化によって拡散係数も変化する場合を示している. そこで, 拡散係数が濃度に依存する場合および拡散時間に依存する場合について考えてみることにする.

1.11.1 拡散の濃度依存性

拡散係数が濃度に対して一定でない場合の一次元拡散方程式は次のように書ける.

$$\frac{\partial C}{\partial t} = \frac{d}{dx}\left(D\frac{\partial C}{\partial x}\right) = \frac{\partial D}{\partial x}\frac{\partial C}{\partial x} + D\frac{\partial^2 C}{\partial x^2} \tag{1.92}$$

L. Boltzmann[25] は, $\eta = x/t^{1/2}$ なるパラメータを用いて式(1.92)を書き直すと, 濃度は一変数 η で書け, 式(1.92)は常微分方程式で書くことができることを示した. すなわち,

$$\eta = \frac{x}{t^{\frac{1}{2}}} \Rightarrow \frac{\partial \eta}{\partial x} = \frac{1}{t^{\frac{1}{2}}}, \quad \frac{\partial \eta}{\partial t} = -\frac{x}{2t^{\frac{3}{2}}}$$

$$\frac{\partial C}{\partial x} = \frac{\partial C}{\partial \eta}\frac{\partial \eta}{\partial x} = \frac{1}{t^{\frac{1}{2}}}\frac{\partial C}{\partial \eta}, \quad \frac{\partial C}{\partial t} = \frac{\partial C}{\partial \eta}\frac{\partial \eta}{\partial t} = -\frac{x}{2t^{\frac{3}{2}}}\frac{\partial C}{\partial \eta}$$

$$\frac{\partial}{\partial x}\left(D\frac{\partial C}{\partial x}\right) = \frac{\partial}{\partial x}\left(D\frac{1}{t^{\frac{1}{2}}}\frac{\partial C}{\partial \eta}\right) = \frac{1}{t}\frac{\partial}{\partial \eta}\left(D\frac{\partial C}{\partial \eta}\right) \quad \because \partial x = t^{\frac{1}{2}}\partial \eta$$

76　第1章　固体内の拡散

$$\therefore -\frac{\eta}{2}\frac{\partial C}{\partial \eta} = \frac{\partial}{\partial \eta}\left(D\frac{\partial C}{\partial \eta}\right) \tag{1.93}$$

と書くことができる．ここで，拡散が無限固体内で生じる場合を考える．拡散係数が温度に依存して変化すると仮定して，初期条件および境界条件を次のように定めると，

初期条件；$C(x,0) = C^*$　$x > 0$
　　　　　$C(x,0) = 0$　　$x < 0$
境界条件；$C(\infty, t) = C^*$
　　　　　$C(-\infty, t) = 0$

となり，時間経過後の濃度分布は**図 1.47**のようになる．そこで，前出のηに変換すると$\eta = \dfrac{x}{t^{\frac{1}{2}}}$であるから，$t=0$のとき$\eta = \pm\infty$となり，

$$C = C^* \quad \to \eta = \infty$$
$$C = 0 \quad \to \eta = -\infty$$

となる．ところで，式(1.93)の両辺に$d\eta$を掛け合わせ$C=0$から$C=C(0 < C < C^*)$まで積分すると，

$$-\frac{1}{2}\int_0^C \eta dC = \left[D\frac{\partial C}{\partial \eta}\right]_{C=0}^{C=C} \tag{1.94}$$

となる．

一方，$C=0$のときの濃度勾配は0であるから式(1.94)を書き直すと，

$$D = -\frac{1}{2\left(\dfrac{dC}{d\eta}\right)}\int_0^C \eta dC \tag{1.95}$$

$C=C^*$のときでも，同様に濃度勾配は0であるから式(1.94)より，

$$\int_0^{C^*} \eta dC = 0 \tag{1.96}$$

となる．実験データとなる濃度分布は，ある時間tのときのみ測定が可能であるから，式(1.95)および(1.96)をx, tで書き直し，

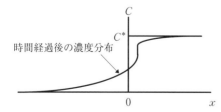

図 1.47 拡散が濃度に依存する場合の界面付近の濃度分布

1.11 拡散係数が濃度，温度等に依存する場合（一定値でない場合）

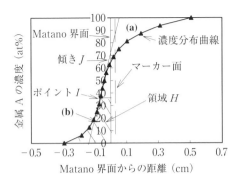

図 1.48 金属 A の濃度分布と Matano 界面からの距離の関係

$$D = -\frac{1}{2t}\frac{1}{\left(\dfrac{dC}{dx}\right)}\int_0^C xdC \tag{1.97}$$

$$\int_0^{C^*} xdC = 0 \tag{1.98}$$

となる．ここで，**図1.48**は金属 A の t 時間後の濃度分布を表しているが，ある位置において左右の A 原子の過不足がゼロになる面が存在する．すなわち，(a)と(b)の面積が等しくなる面(Matano 界面)を $x=0$ と定める．

図1.48 から，式(1.98)を用いて，ある濃度(例として，38 at% A のところの拡散係数を求めることにする)における拡散係数を求めてみよう．まず，左右の濃度の過不足がゼロになる Matano 界面を求める．

濃度 38 at% のところに横線を引き，濃度曲線と Matano 界面を囲む領域(斜線部分)の面積 $a(=\int_0^{C^*} xdC)$ をトレースして求めると，$H = -0.48$ cm となる．次に，濃度 38 at% の点の接線 $J(=dC/dx)$ を求めると，$J = 5.9$ cm^{-1} となる．この濃度分布は，$t = 50$ 時間(180000 秒)熱処理をした後のものとすると，H, J, t を式(1.97)に代入して，

$$D = -\frac{1}{2\times 180000\ \text{sec}} \times \frac{1}{5.9\ \text{cm}^{-1}} \times (-0.48\ \text{cm}) = 2.26\times 10^{-7}\ \text{cm}^2/\text{sec}$$

が得られる．

1.11.2　拡散係数の時間依存性

例えば材料を昇温するときなどは，拡散係数は温度によって変化する(温度の関数の)ため，経過時間によって変化することになる．拡散係数が時間の関数であるときの微分方程式は，

78　第1章　固体内の拡散

$$\frac{\partial C}{\partial t} = D(t)\frac{\partial^2 C}{\partial x^2} \tag{1.99}$$

となり，

$$dT = D(t)\,dt \tag{1.100}$$

なる式を導入すると，式(1.99)は，

$$\frac{\partial C}{\partial T} = \frac{\partial^2 C}{\partial x^2} \tag{1.101}$$

ただし，

$$T = \int_0^t D(t')\,dt' \tag{1.102}$$

と書ける．拡散係数の時間依存の例として，後述するように通常の拡散係数は温度の関数として，次のように書ける．

$$D = D_0 \exp\left(-\frac{\Delta H}{RT}\right) \tag{1.103}$$

D_0；拡散係数の振動因子，ΔH；エンタルピー，R；ガス定数，T；絶対温度
材料を加熱したりする場合，時間により材料温度が変動するときに式(1.101)を用いる．次に，拡散係数が濃度で変化する場合の例について考えることにする．

例題 1.17
拡散係数が濃度で変化する場合

図 1.49 は，厚さ 0.01 cm の純鉄の板の両端が，異なった炭素雰囲気（右側 1.2% C，左

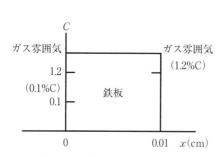

図 1.49　鉄板の両端のガス濃度

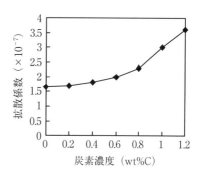

図 1.50　鉄板中の C の拡散係数の濃度依存性

1.11 拡散係数が濃度，温度等に依存する場合(一定値でない場合) 79

側 0.1% C)に接触している状態を示している．今，この状態で鉄板両端から炭化される場合を考える．ガス雰囲気の炭素ガス濃度が大きく異なる場合，鉄中の炭素拡散係数 D_c は濃度の関数として表され，**図1.50** のようになるとする．

（**1**） 定常状態での鉄板のガス雰囲気が 0.1%C と接している表面をゼロとしたときの表面からの位置 x と濃度 C および濃度勾配 dc/dx を求めてグラフにプロットせよ．

（**2**） 定常状態に達するまでの時間を 1% 以内の誤差で求めよ．

[解]

（**1**） 定常状態であるため Fick の第 1 法則が成り立つ．すなわち，

$$\frac{\partial C}{\partial t} = \frac{d}{dx}\left(D(C)\frac{\partial C}{\partial x}\right) = 0$$

$$J = 一定 = -D(C)\frac{\partial C}{\partial x}$$

$$J dx = -D(C) dC$$

$$\therefore J\int_0^x dx = -\int_{C_1}^{C_2} D(C) dC \qquad C_1, C_2 ; 図 1.49 の x = 0 および 0.01 cm での濃度$$

濃度の関数である拡散係数を，図 1.50 より $C_1 = 0.1\%$ から $C_2 = 1.2\%$ まで図式積分する．純鉄の密度は 7.85 g/cm^3 として計算する．

1） 単位面積(縦軸；1×10^{-7} cm^2/sec，横軸；0.2 wt% C の面積)を物差しで測定すると横軸；0.9 cm のところ $= 0.2\%$C，縦軸；0.9 cm のところ $= 1 \times 10^{-7}$ cm^2/sec であるから，

単位体積当たりの C 量 (g) = (濃度) × (密度) = $0.002 \times 7.85 = 1.57 \times 10^{-2}$ g/cm^3

$\therefore$ 単位面積 = (縦軸) × (横軸) = 0.81 cm^2 = $1.57 \times 10^{-2} \times 10^{-7}$

$= 1.57 \times 10^{-9}$ g/cm/sec

2） 図より 0.1% C から 1.2% C までの面積をトレースして切断して重量を測定する等行って測定すると 8.71 cm^2 であったから，C が雰囲気から流れ込むフラックス量は，

$$J = -\left(\frac{8.71}{0.81}\right)\frac{1.57 \times 10^{-9} \text{ g/cm/sec}}{0.01 \text{ cm}} = -1.69 \times 10^{-6} \text{ g/cm}^2\text{/sec}$$

となり，この量は鉄板内で一定値である．

次に，図 1.51 より濃度 0.1, 0.4, 0.6, 0.8, 1.0, 1.2% C の点を取り，$D, x, dC/dx$ および $x = 0$ からの面積 ΔA および $\int_{C_1}^{C_2} D(C) dC$ を求め，**表1.3** を得る．さらに，距離 x を横軸に取り，各々の値をプロットすると**図1.51** のようになる．

表1.3 図1.50より求めた D, dC/dx, $x=0$ からの面積 ΔA および $\int_{C_1}^{C_2} D(C)\,dC$

C wt%	x cm	D cm^2/sec	dC/dx g/cm^4	ΔA cm^2	$\int_{C_1}^{C_2} D(C)\,dC$
0.1	0	1.7×10^{-7}	9.94	0	0
0.4	0.0021	1.8×10^{-7}	9.39	1.82	3.53×10^{-9}
0.6	0.0037	2.0×10^{-7}	8.49	3.25	6.29×10^{-9}
0.8	0.0054	2.3×10^{-7}	7.35	4.67	9.05×10^{-9}
1.0	0.0078	3.0×10^{-7}	5.63	6.77	1.31×10^{-9}
1.2	0.0100	3.6×10^{-7}	4.69	8.71	1.69×10^{-9}

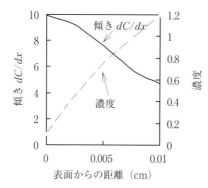

図1.51 距離 x と傾き,濃度の関係

(2) 鉄板中の C の流れが定常状態に達するまでの時間を,1.0%以下の誤差で求めることにする.この場合,拡散係数が濃度により変化するため厳密には解析法で解くことができない.すなわち,$D(C)$ として一次元の拡散方程式を立て,初期および境界条件を与える.

$$\frac{\partial C}{\partial t} = \frac{\partial}{\partial x}\left(D \frac{\partial C}{\partial x}\right)$$

初期条件;$C(x, 0) = 0$
境界条件;$C(0, t) = C_1 \quad t > 0$
$\quad\quad\quad\quad C(0.01, t) = C_2$

変数変換を次のように行い,微分方程式を書き換えると,

$$\theta = \int_0^C \frac{D}{D_0} dC \quad\quad D_0 ; 定数$$

1.11 拡散係数が濃度，温度等に依存する場合（一定値でない場合）

$$\frac{\partial \theta}{\partial C} = \frac{D}{D_0}$$

$$\therefore \frac{\partial C}{\partial t} = \frac{\partial C}{\partial \theta}\frac{\partial \theta}{\partial t} = \frac{D_0}{D}\frac{\partial \theta}{\partial t}$$

$$\frac{\partial}{\partial x}\left(D\frac{\partial C}{\partial x}\right) = \frac{\partial}{\partial x}\left(D\frac{\partial C}{\partial \theta}\frac{\partial \theta}{\partial x}\right) = \frac{\partial}{\partial x}\left(D_0\frac{\partial \theta}{\partial x}\right)$$

$$\therefore \frac{1}{D}\frac{\partial \theta}{\partial t} = \frac{\partial^2 \theta}{\partial x^2}$$

ここで，さらに $\eta = xt^{-1/2}$ として書き換えると，

$$\frac{\partial \eta}{\partial x} = t^{-\frac{1}{2}}, \quad \frac{\partial \eta}{\partial t} = -\frac{1}{2}xt^{-\frac{3}{2}}$$

$$\frac{1}{D}\frac{\partial \theta}{\partial t} = \frac{1}{D}\frac{\partial \eta}{\partial t}\frac{\partial \theta}{\partial \eta} = -\frac{x}{2Dt^{\frac{3}{2}}}\frac{\partial \theta}{\partial \eta}$$

$$\frac{\partial^2 \eta}{\partial x^2} = \frac{\partial}{\partial x}\left(\frac{\partial \eta}{\partial x}\frac{\partial \theta}{\partial \eta}\right) = \frac{\partial}{\partial x}\left(t^{-\frac{1}{2}}\frac{\partial \theta}{\partial \eta}\right) = \frac{1}{t}\frac{\partial^2 \theta}{\partial \eta^2}$$

整理すると，

$$\frac{\partial^2 \theta}{\partial \eta^2} = -\frac{1}{2D}\eta\frac{\partial \theta}{\partial \eta} \quad \therefore \frac{\partial^2 \theta}{\partial \eta^2} + \frac{1}{2D}\eta\frac{\partial \theta}{\partial \eta} = 0$$

この微分方程式の一般解は，

$$\theta = A\,\mathrm{erf}\left(\frac{\eta}{2D^{\frac{1}{2}}}\right) = A\,\mathrm{erf}\left(\frac{x}{2\sqrt{Dt}}\right) \quad A；定数$$

と書ける．ただし，D が η すなわち x および t の関数であるときには満足しない．

そこで，次に D が一定であるという仮定を置き，正弦関数で表される式(1.26)を修正し，その一次近似で誤差1%(0.01)になる時間を求める．拡散係数を $\tilde{D} = 2.5 \times 10^{-7}\,\mathrm{cm^2/sec}$ として，式(1.26)の2項以上の高次を無視すると，

$$\frac{\bar{C} - C_{\mathrm{initial}}}{C_{\mathrm{final}} - C_{\mathrm{initial}}} = 0.01 = \frac{4}{\pi}\sin\left(\frac{\pi x}{L}\right)\exp\left(-\frac{\pi^2}{L^2}Dt\right) \quad L = 0.01\,\mathrm{cm}$$

と書くことができる．ここで，中心の濃度が平衡に達するのに最も時間を要するため，$x = 0.05\,\mathrm{cm}$ を上式に代入して t を求めると，

$$0.01 = \frac{4}{\pi}\sin\left(\frac{\pi}{2}\right)\exp\left(-\frac{\pi^2}{0.01^2}2.5 \times 10^{-7}t\right)$$

となり，t で整理して計算すると，$t = 196\,\mathrm{sec}$ が求められる．

例題 1.18

Ir-W 二元合金の Matano 界面

図 1.52 は，1955℃で 117 時間加熱されたタングステン(W)とイリジウム(Ir)が相互拡散した結果の濃度分布を示している．この濃度では，Ir-W 系は**図 1.53** に示すように四つの固相体領域(Ir 中の W, W 中の Ir, 中間相 β および σ)からなっている．相境界付近に特に注意を払いながら 100-42 at% Ir 領域の拡散係数の濃度依存の状態を示せ．

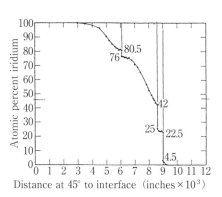

図 1.52 Ir-W 合金を 1955℃で 117 時間加熱したときの濃度分布

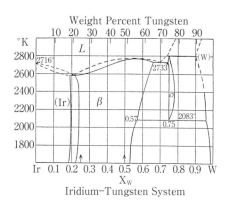

図 1.53 Ir-W 二元合金の状態図

[解]

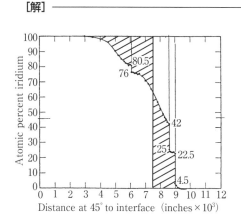

図 1.54 Matano 界面の位置(Matano 界面の左右の面積(斜線部)は等しい)

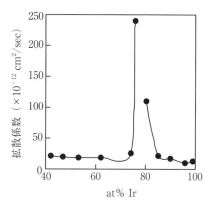

図 1.55 Ir 濃度と拡散係数の関係

1.11 拡散係数が濃度,温度等に依存する場合(一定値でない場合)

拡散係数が濃度に依存するので,Boltzmann-Matano の解析を行う必要がある.まず,座標軸を Matano 界面(濃度分布より左右の面積が等しくなる位置)のところを 0 と定める.すなわち,式で表せば横軸 x(距離),縦軸 C(濃度)として,

$$\int_{C_1}^{C_2} x dC = 0 \qquad C_2 = C(x = -\infty), \quad C_1 = C(x = \infty)$$

となり,図式積分により Matano 界面を求めると,45 度の角度で 7.5×10^{-3} インチ(1 inch = 103 mil = 2.54 cm)のところにある(**図 1.54** に示す).

一方,Boltzmann-Matano の解は次式によって与えられている.

$$D(C) = -\frac{1}{2t}\left(\frac{dx}{dC}\right)_C \int_0^x x d\hat{C}$$

$$t = 117 \text{ hr} = 4.2 \times 10^5 \text{ sec}$$

図 1.52 から直接に $\left(\dfrac{dC}{dx}\right)_C$ および $\int_0^x x d\hat{C}$ を読み取り拡散係数を計算すると,

$$D(C) = (2.54 \times 10^{-3})^2 \left(-\frac{1}{2 \times 4.2 \times 10^{-5}}\right)\left(\frac{dx}{dC}\right)_C \int_0^x x d\hat{C} \quad (\text{cm}^2/\text{sec})$$

$$\therefore D(C) = -7.68 \times 10^{-12} \left(\frac{dx}{dC}\right)_C \int_0^x x d\hat{C}$$

が得られる.図 1.52 より,Ir の濃度が不連続になる部分の濃度およびそのときの傾き

表 1.4 各部分の Ir の拡散係数

at%Ir at%	$\left(\dfrac{dC}{dx}\right)_C$ at%/mil	$\int_0^x x d\hat{C}$ mil×at%	D cm^2/sec
99.0	−2.8	5.0	1.3×10^{-11}
96.0	−10.9	13.6	9.6×10^{-12}
90.0	−12.6	27.0	1.7×10^{-11}
85.0	−12.6	34.0	2.1×10^{-11}
80.5	−2.8	40.5	1.1×10^{-10}
76.0	−1.5	46.6	2.4×10^{-10}
74.0	−14.1	48.4	2.6×10^{-11}
62.0	−22.6	55.2	1.9×10^{-11}
53.0	−22.6	54.1	1.8×10^{-11}
47.0	−19.5	50.0	2.0×10^{-11}
42.0	−15.6	45.5	2.2×10^{-11}

$\left(\dfrac{dC}{dx}\right)_C$ および面積 $\int_0^x xd\hat{C}$ を求め，拡散係数を計算した結果を表 **1.4** に示し，Ir 濃度に対する拡散係数の関係を図 **1.55** に示す．

1.12 数値解析による解法

　ここまで，微分方程式を立て，初期および境界条件を設定して，それらの条件を満足する厳密解(解析解)を求める方法について述べてきた．これらは，一般解さえ求められれば比較的容易に計算が可能であるため，簡便に熱処理後の濃度分布等を求めたり傾向をとらえたりすることが可能となり有用である．ところが，実際は例えば取り扱う拡散係数等の物性値が変化したり，複雑な形状を取り扱ったりする場合が多いが，厳密解では物性値を一定にしたり，単純な形状のものに限られる．このような問題を取り扱うには，数値解析による方法が有用である．

　数値解析法は，特に 1960 年代後半になって大型計算機の飛躍的な発展と相俟って材料工学，機械工学等の分野で広く用いられるようになってきた．例えば，熱伝導や材料の応力解析，流体の流動解析等は，差分法，有限要素法あるいは境界要素法といった解析手法によって行われている．

　コンピュータでは，初期条件および境界条件を与えて直接に微分方程式を解くことはできない．コンピュータを用いて数値解析するためには，

① 領域内を有限個の点(節点)を定める．
② 領域全体を要素と呼ばれる有限個の部分領域に分割し，共通の節点で結合する．
③ 各要素ごとに定義された式によって連続量を近似する．このとき，要素の境界では連続性が保たれるようにする．

というように要素分割と要素間での物質収支(エネルギー収支)を，定義された式で計算を行っていく．

　そこで，本章では，数値解析の基本的な考え方を理解するためにまず作図解法について説明した後，差分法について若干紹介することにする．さらに詳細に付いては第 1 章引用文献[26〜30]を参照されたい．

1.12.1　作図による解析[26]

　平板内の一次元の拡散を考えると，そのときの拡散方程式は，次のように示される．

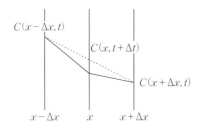

図 1.56 位置 x の $t+\Delta t$ 時間後の濃度変化

$$\frac{\partial C(x,t)}{\partial t} = D\frac{\partial^2 C(x,t)}{\partial x^2}$$

ここで，微小長さ dx，微少時間 dt の代わりに Δx および Δt として式の両辺を変形すると，

$$\frac{\partial C(x,t)}{\partial t} = \frac{C(x,t+\Delta t) - C(x,t)}{\Delta t} \tag{1.104}$$

$$\frac{\partial C(x,t)}{\partial x} = \frac{C(x,t) - C(x-\Delta x,t)}{\Delta x},\ = \frac{C(x+\Delta x,t) - C(x,t)}{\Delta x} \tag{1.105}$$

$$\frac{\partial^2 C(x,t)}{\partial x^2} = \frac{\partial}{\partial x}\left(\frac{\partial C}{\partial x}\right) = \frac{1}{\Delta x}\left[\frac{C(x+\Delta x,t) - C(x,t)}{\Delta x} - \frac{C(x,t) - C(x-\Delta x,t)}{\Delta x}\right]$$

$$= \frac{C(x+\Delta x,t) - 2C(x,t) + C(x-\Delta x,t)}{\Delta x^2} \tag{1.106}$$

であるから，一次元の拡散方程式に代入して，

$$\frac{C(x,t+\Delta t) - C(x,t)}{\Delta t} = D\left[\frac{C(x+\Delta x,t) - 2C(x,t) + C(x-\Delta x,t)}{\Delta x^2}\right] \tag{1.107}$$

となる．そこで，$\Delta t = \Delta x^2/2D$ とおいて式(1.107)に代入すると，

$$C(x,t+\Delta t) = \frac{1}{2}\left[C(x+\Delta x,t) + C(x-\Delta x,t)\right] \tag{1.108}$$

となる．式(1.108)を図示すると**図 1.56** のようになる．

ある時間 t から Δt だけ経過した $t+\Delta t$ における位置 x の濃度は，その場所から両側に Δx だけ離れた場所における濃度 $C(x+\Delta x,t)$ および $C(x-\Delta x,t)$ の算術平均で表される．このようにして順次濃度を作図していき，ある時間における濃度分布を求めることができる．

1.12.2 差分法による解析[29]

差分法で微分方程式から差分式を導出する方法で最も一般的に利用されているのは，

テイラー級数展開を行う有限差分法である．簡単のために一次元の拡散方程式について基礎微分方程式を差分化してみることにする．長さ L の材料を Δx ごとに n 個に等分割し，タイムステップを Δt とするとき，時間 t における点 i と $i-1$ の間の濃度をそれぞれ C_i^t（あるいは C_i）および C_{i-1}^t（あるいは C_{i-1}）として，濃度 $C_{i-1}(x,t)$ をテイラー級数展開すると，

$$C_{i-1} = C_i - \Delta x \left.\frac{\partial C}{\partial x}\right|_i + \frac{\Delta x^2}{2!}\left.\frac{\partial^2 C}{\partial x^2}\right|_i - \frac{\Delta x^3}{3!}\left.\frac{\partial^3 C}{\partial x^3}\right|_i + \cdots \tag{1.109}$$

となる．同様にして C_{i+1} は，

$$C_{i+1} = C_i + \Delta x \left.\frac{\partial C}{\partial x}\right|_i + \frac{\Delta x^2}{2!}\left.\frac{\partial^2 C}{\partial x^2}\right|_i + \frac{\Delta x^3}{3!}\left.\frac{\partial^3 C}{\partial x^3}\right|_i + \cdots \tag{1.110}$$

であるから，式(1.109)と(1.110)を加えて整理すると，

$$\left.\frac{\partial^2 C}{\partial x^2}\right|_i = \frac{C_{i+1} - 2C_i + C_{i-1}}{\Delta x^2} - \frac{\Delta x^4}{12}\left.\frac{\partial^4 C}{\partial x^4}\right|_i - \cdots \tag{1.111}$$

となり，$\partial^4 C/\partial x^4$ 以上の高次の項を無視すると，二次微分の差分式が得られる．すなわち，時間 t における二次の差分式は式(1.111)から，

$$\left.\frac{\partial^2 C}{\partial x^2}\right|_i^t = \frac{C_{i+1}^t - 2C_i^t + C_{i-1}^t}{\Delta x^2} \tag{1.112}$$

と書ける．同様に時間についての一次微分は，式(1.110)の Δx を Δt に，位置 $i+1$ および i を $t+\Delta t$ および t として書き直し，二次以上の高次の項を無視すると，

$$\left.\frac{\partial C}{\partial t}\right|_i = \frac{C_i^{t+\Delta t} - C_i^t}{\Delta t} \tag{1.113}$$

と書ける．そこで，式(1.112)および(1.113)を式(1.5)に代入すればよいのであるが，$\left.\dfrac{\partial C}{\partial t}\right|_i$ の時間の取り方によって三通りの解法がある．

（1）前進差分法（陽的解法（explicit method））

$\left.\dfrac{\partial C}{\partial t}\right|_i = \left.\dfrac{\partial C}{\partial t}\right|_i^t$ と考えると，式(1.112)，(1.113)および式(1.5)より，

$$\frac{C_i^{t+\Delta t} - C_i^t}{\Delta t} = \frac{D}{\Delta x^2}(C_{i+1}^t - 2C_i^t + C_{i-1}^t) \tag{1.114}$$

と書ける．この場合，時間 t における値 $C_i^t, C_{i+1}^t, C_{i-1}^t$ が既知であれば，点 i に関する式(1.114)のみでタイムステップ Δt を定める（ただし，Δt の取り方によって収束しない）と C_i^t を求めることができる．

(2) 後進差分法(陰的解法(implicit method))

$$\left.\frac{\partial C}{\partial t}\right|_i = \left.\frac{\partial C}{\partial t}\right|_i^{t+\Delta t}$$ と考えると同様にして,

$$\left.\frac{\partial C}{\partial t}\right|_i = \left.\frac{\partial C}{\partial t}\right|_i^{t+\Delta t} = \frac{C_i^{t+\Delta t} - C_i^t}{\Delta t} = \frac{D}{\Delta x^2}(C_{i+1}^{t+\Delta t} - 2C_i^{t+\Delta t} + C_{i-1}^{t+\Delta t}) \quad (1.115)$$

が得られる.この場合は節点 i に対して式(1.115)からは $C_i^{t+\Delta t}$ の値は求められず,$C_1^{t+\Delta t}, C_2^{t+\Delta t}, \cdots, C_i^{t+\Delta t}$ の連立方程式を解く必要がある.

(3) クランク-ニコルソン法(Crank-Nicolson method)

$$\left.\frac{\partial C}{\partial t}\right|_i = \frac{1}{2}\left(\left.\frac{\partial C}{\partial t}\right|_i^t + \left.\frac{\partial C}{\partial t}\right|_i^{t+\Delta t}\right)$$ と考えると,

$$\frac{C_i^{t+\Delta t} - C_i^t}{\Delta t} = \frac{1}{2}\left.\frac{\partial C}{\partial t}\right|_i^t + \frac{D}{2\Delta x^2}(C_{i+1}^{t+\Delta t} - 2C_i^{t+\Delta t} + C_{i-1}^{t+\Delta t}) \quad (1.116)$$

となり,やはり連立方程式を解く必要がある.

これらの基礎微分方程式を差分化し,各節点に初期条件と端部の境界条件を入力し,コンピュータによって繰り返し計算を行うことによって節点での所定時間経過後の濃度を求めることができる.

ここで,例題によって厳密解法と数値解析法により同一の問題を解き比較することにする.

例題 1.19
厳密解法と数値解析法の比較

初期条件および境界条件が以下のような材料位置の時間に対して濃度変化は,厳密解法では式(1.117)のように求められる.そこで,厳密解法と前進差分法による数値解析法で以下の二つのケースについて比較せよ[31].

初期条件;$C(x,0) = 2X \quad 0 \leq X \leq 1/2, \quad C(x,0) = 2(1-X) \quad 1/2 \leq X \leq 1$

境界条件;$C(0,t) = C(1,t) = 0$

厳密解法で得た解;$C(x,t) = \frac{8}{\pi^2}\sum_{n=1}^{\infty}\sin\frac{n\pi}{2}\sin n\pi x \exp(-Dn^2\pi^2 t)$ (1.117)

$n = 1$ のみ計算

ケース①	$r = 0.48$	$t = 0.048$	0.096	0.192
ケース②	$r = 0.52$	$t = 0.052$	0.104	0.208

88　第1章　固体内の拡散

比較するデータ；$r = \Delta t D / \Delta x^2$（拡散係数 $D = 1$ とする）

［解］

材料(領域)を10等分に分割し，各ケースについて初期条件を各位置に入力する．r の値に対して，D および $\Delta x (= 0.1)$ は与えられているから，Δt が求まる．次に，両端 $X = 0$ および 1 の位置の濃度 C をゼロとして，式(1.114)に順次 C_i の値を与えていく．繰り返し計算を10回，20回および40回行う．

厳密解の方は，与えられた式に対して，第1項($n = 1$)のみを用いて，位置 X および与えられた時間 t を代入して計算する．

図1.57 および図1.58 に $r = 0.48$ および 0.52 としたときの厳密解法(実線)と差分法(点線)で計算した結果を示す．

r が小さいときとき($= 0.48$)は，厳密解法と差分法で計算した値がよく一致している．

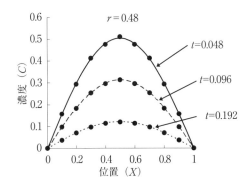

図1.57　$r = 0.48$ としたときの厳密解法と差分法の計算結果の比較(実線；厳密解法，点線；差分法)

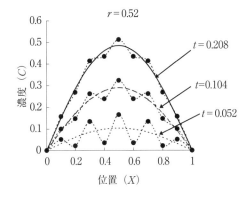

図1.58　$r = 0.52$ としたときの厳密解法と差分法の計算結果の比較(実線；厳密解法，点線；差分法)

一方，r が大きい場合（$=0.52$）は，差分法で求めると図 1.58 で示すようにデータが振動する．このように，前進差分法で行うときはタイムステップや分割の仕方によって厳密解から大きくずれることがあり，注意を要する．

1.13 拡散の原子論的取り扱い

拡散係数と原子の運動とはどのような関係にあるのだろうか．ここでは拡散現象を原子論的観点から考えてみる．図 1.59 は隣り合った二つの原子面を表している．x 軸方向に濃度勾配があり，原子が格子振動によって①から②あるいは②から①にジャンプすることで拡散が進行すると仮定する．なお，原子がジャンプする距離を α とする．

今，面①および②の単位面積当たりの格子原子の個数をそれぞれ N_1, N_2 とし，ランダムに生じるジャンプの頻度を Γ (Hz) とすると，δt 時間に①から②へ移動した原子個数は $1/2 N_1 \Gamma \delta t$（①から出ていった原子数の半数）となる．②から①も同様に $1/1 N_2 \Gamma \delta t$ となり，全体として単位時間に①から②への原子の流れは，

$$J = J_{1 \to 2} - J_{2 \to 1} = J_{\text{Net}} = \frac{1}{2} \Gamma (N_1 - N_2) = \frac{1}{2} \alpha \Gamma (C_1 - C_2) \tag{1.118}$$

となる．ここで，C_1 および C_2 は①および②での単位面積当たりの濃度を表し，それぞれ $C_1 = N_1/\alpha$，$C_2 = C_1 + \alpha(\partial C/\partial x)$ であるから，式(1.118)は，

$$J_{\text{Net}} = -\frac{1}{2} \alpha^2 \Gamma \left(\frac{\partial C}{\partial x} \right) \tag{1.119}$$

となる．これは，Fick の第 1 法則を表しており拡散係数は，

$$D = \frac{1}{2} \alpha^2 \Gamma \quad \Rightarrow \quad D \propto (\text{ジャンプ距離})^2 \times (\text{ジャンプ頻度}) \tag{1.120}$$

と表すことができる．式(1.120)は一次元に対するものであり，等方的な三次元の拡散

図 1.59 原子の格子間での流れ

の場合には,

$$D = \frac{1}{6}a^2 \Gamma \tag{1.121}$$

と表される.

次に,固体中の拡散機構を列挙してみる.

(1) 格子間機構

ある格子間原子B(●)が格子上にある原子A(○)の位置を変化させることなく,すぐ隣の格子間位置に移動するときを格子間拡散と呼ぶ(**図1.60**).

例として,鉄およびニッケル中の水素,炭素,窒素およびほう素がある.

(2) 空孔機構

格子上にある原子が隣の格子点にある空孔のところに飛び込むときを空孔拡散と呼ぶ(**図1.61**).原子の移動の際には,鞍部(saddle point)を通るが,そのときに図1.61のように原子の進行を妨害している原子が若干移動する.

この機構は,純金属や合金のみならず半導体やイオン性化合物,酸化物等にも優先的に生じる.

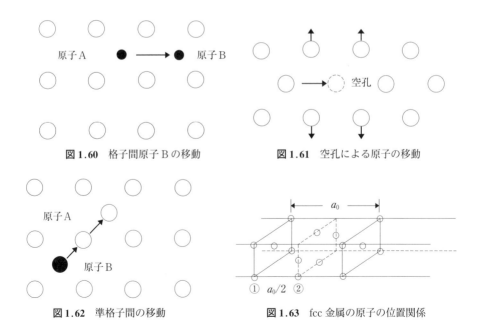

図1.60 格子間原子Bの移動

図1.61 空孔による原子の移動

図1.62 準格子間の移動

図1.63 fcc金属の原子の位置関係

(3) 準格子間機構

格子間の位置にある大きな原子 B(●)が格子内にある原子 A を格子間に押し出して拡散するとき，準格子間拡散と呼ぶ(**図 1.62**)．

この例としては，AgBr 中の Ag の拡散等がある．

次に，空孔機構で移動する fcc 金属のトレーサーを用いた拡散を考える．**図 1.63** に fcc 金属の原子の位置関係を模式的に示す．単位時間(1 秒)当たりのジャンプ頻度を Γ，①および②面上の単位面積当たりの原子数をそれぞれ n_1 および n_2，最近接原子数(fcc の場合は 12)を z，P_v を最近接原子が空孔である確率および w をトレーサー原子が最近接にある空孔にジャンプする確率とすると，x 軸方向のみの原子の単位面積当たりの流束は，

$$J_{1 \to 2} = 4 n_1 P_{\mathrm{v}1} w_{12} \tag{1.122}$$

$$J_{2 \to 1} = 4 n_2 P_{\mathrm{v}2} w_{21} \tag{1.123}$$

と書ける．トレーサー原子は，マトリックス中の原子と化学的に同じであり，P_v は位置によって変化しないため，

$$w_{12} = w_{21}, \quad P_{\mathrm{v}1} = P_{\mathrm{v}2}$$

$$n_1 = \alpha C_1 \quad \alpha = a_0/2 \quad a_0 ; 格子定数$$

$$C_2 = C_1 + \alpha \left(\frac{\partial C}{\partial x} \right)$$

$$n_2 = \alpha C_2 = \alpha C_1 + \alpha^2 \left(\frac{\partial C}{\partial x} \right)$$

の関係が成り立つ．これらの値を式(1.122)および(1.123)に代入してネットの原子の流れを求めると，

$$J_\mathrm{Net} = J_{1 \to 2} - J_{2 \to 1} = -4 P_\mathrm{v} w \alpha^2 \frac{\partial C}{\partial x} = -P_\mathrm{v} w a_0^2 \frac{\partial C}{\partial x} \tag{1.124}$$

となる．これは Fick の第 1 法則であり式(1.1)と比べることによって，$D = P_\mathrm{v} w a_0^2$ が得られる．なお，P_v は結晶中の空孔のモル分率 N_v に等しくなり，最終的に次式を得る．

$$D = a_0^2 N_\mathrm{v} w \tag{1.125}$$

すなわち，拡散係数は空孔のモル分率 N_v，空孔への原子のジャンプ頻度 w および格子定数 a_0 を得ることができれば求まる．そこで，N_v および w の求め方について次に述べる．

(1) 空孔の平衡濃度 N_v

N_v なる濃度の空孔を含んだときの系の自由エネルギー変化は,

$$\Delta G_v = \Delta H_v - T\Delta S_v = -RT \ln a_v \tag{1.126}$$

ΔH_v；エンタルピー，ΔS_v；エントロピー，a_v；活量

と表すことができる．理想溶体と仮定すると，$a_v = N_v$ となり N_v で式(1.126)を書き直すと,

$$N_v = \exp\left(-\frac{\Delta G_v}{RT}\right) = \exp\left(\frac{\Delta S_v}{R}\right)\exp\left(-\frac{\Delta H_v}{RT}\right) \tag{1.127}$$

となる．

(2) ジャンプ頻度 w

空孔拡散の場合，原子は格子内の鞍部を通って移動し，周囲の原子はその時々に応じてエネルギー状態(仕事)を再調整する．等温等圧下では，可逆過程で生じるこの拡散のためのエネルギー(仕事)は空孔の場合と同様と考えて,

$$N_m = \exp\left(-\frac{\Delta G_m}{RT}\right) = \exp\left(\frac{\Delta S_m}{R}\right)\exp\left(-\frac{\Delta H_m}{RT}\right) \tag{1.128}$$

N_m；鞍部にある原子の平衡モル分率，ΔH_m；エンタルピー，ΔS_m；エントロピーと表される．よって，原子が拡散方向に沿って振動する振動数 ν_{Debye}(デバイ振動数，以下 ν_D と記載)と式(1.128)よりジャンプ頻度 w は,

$$w = \nu_D \exp\left(-\frac{\Delta G_m}{RT}\right) \tag{1.129}$$

が得られ，式(1.128)および(1.129)を式(1.125)に代入して,

$$D = a_0^2 \nu_D \exp\left(\frac{\Delta S_v + \Delta S_m}{R}\right)\exp\left(-\frac{\Delta H_v + \Delta H_m}{RT}\right)$$

$$\cong D_0 \exp\left(-\frac{Q}{RT}\right) \tag{1.130}$$

ただし，$D_0 = a_0^2 \nu_D \exp\left(\dfrac{\Delta S_v + \Delta S_m}{R}\right)$, $Q = \Delta H_v + \Delta H_m$

と表される．これは，fcc の純金属の原子が空孔拡散機構によって拡散する場合の拡散係数である．一方，格子間拡散機構によって原子が拡散する場合は幾何学的因子 γ とジャンプ頻度 w を掛け合わせて,

$$D = \gamma a_0^2 \nu_D \exp\left(\frac{\Delta S_m}{R}\right)\exp\left(-\frac{\Delta H_m}{RT}\right) \tag{1.131}$$

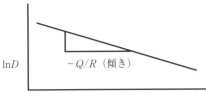

図 1.64　拡散係数と温度の関係

と書ける．

次に，拡散係数の温度および圧力依存性について考える．拡散係数の温度依存性については式(1.130)および(1.131)とも対数で書き直すと，

$$\ln D = \ln D_0 - \frac{Q}{RT} \tag{1.132}$$

となり，縦軸を $\ln D$，横軸を $1/T$ としてプロットすると図 1.64 のようになる．

拡散係数の圧力依存性については，式(1.130)を $a_0^2 \nu_D$ で割り，対数を取って温度 T を一定にして圧力 P で微分すると，

$$\left(\frac{\partial \ln(D/a_0^2 \nu_D)}{\partial P}\right)_T = -\frac{1}{RT}\left[\left(\frac{\partial \Delta G_v}{\partial P}\right)_T + \left(\frac{\partial \Delta G_m}{\partial P}\right)_T\right]$$

$$= -\frac{1}{RT}(\Delta V_v + \Delta V_m) = -\frac{\Delta V_a}{RT} \tag{1.133}$$

ΔV_v；空孔の微分モル体積(通常≒0.15 mol)，ΔV_m；活性錯体の微分モル体積(通常≒0.55 mol)，ΔV_a；活性化体積(activation volume)

となる．

さらに話を進めるためには，希薄合金の相関効果(correlation effect)について述べねばならないが，ここでは省略することにする．詳細は Shcmaltzried[32]等の文献を参考にされたい．

次に，拡散の原子論的な取り扱いとして二，三の例を示すことにする．

1) ガスの拡散係数

1気圧，25℃の水素中では，平均分子速度が $\bar{V} = 1.3 \times 10^5$ cm/sec，平均自由行程(mean free path)[33]が $\lambda = 1.9 \times 10^{-5}$ cm であり，平均分子速度は二乗平均速度の平方根(root mean square velocity)と等しいと仮定したとき，等方性の拡散に対して拡散係数は式(1.121)より，

$$D = \frac{1}{6}\alpha^2 \Gamma$$

となる．ここで，α はジャンプ距離であり，この場合は平均自由行程 λ となる．また，Γ はジャンプ頻度であり，$\Gamma = \bar{V}/\lambda$ と表されるから，それぞれの値を代入すると拡散係数は，

$$D = \frac{1}{6}\lambda^2 \frac{\bar{V}}{\lambda} = \frac{1}{6}\lambda \bar{V} = \frac{1}{6}(1.3 \times 10^5 \text{ cm/sec})(1.9 \times 10^{-5} \text{ cm}) = 0.412 \text{ cm}^2/\text{sec}$$

となる．

2）金属中の格子間原子と空孔の平衡分子率

1000℃での銅中の格子間原子および空孔のエンタルピー ΔH が，それぞれ 210，30 kcal/mol とし，生成のエントロピーは両方とも同じであるとしたとき，欠陥の分率は式(1.127)よりアレニウス型の式に従って，

$$\text{格子間原子；} n_\text{I} = \exp\left(\frac{\Delta S_\text{I}}{R}\right)\exp\left(-\frac{\Delta H_\text{I}}{RT}\right)$$

$$\text{空孔；} n_\text{V} = \exp\left(\frac{\Delta S_\text{V}}{R}\right)\exp\left(-\frac{\Delta H_\text{V}}{RT}\right)$$

と表される．ここで，$\Delta S_\text{I あるいは V}$ および $\Delta H_\text{I あるいは V}$ はそれぞれ欠陥形成のためのエントロピーおよびエンタルピーである．いま仮定により，$\Delta S_\text{I} = \Delta S_\text{V}$ であるから，

$$\frac{n_\text{I}}{n_\text{V}} = \frac{\exp\left(-\dfrac{\Delta H_\text{I}}{RT}\right)}{\exp\left(-\dfrac{\Delta H_\text{V}}{RT}\right)}$$

となる．ここで，$\Delta H_\text{I} = 210$ kcal/mol，$\Delta H_\text{V} = 30$ kcal/mol，$T = 1273$ K，$R = 1.987 \times 10^{-3}$ kcal/mol を代入して格子間原子と空孔の欠陥の平衡分子率は，

$$\frac{n_\text{I}}{n_\text{V}} = \frac{\exp\left(-\dfrac{210}{(1.987 \times 10^{-3}) \times 1273}\right)}{\exp\left(-\dfrac{30}{(1.987 \times 10^{-3}) \times 1273}\right)} = 1.24 \times 10^{-31}$$

となり，圧倒的に空孔の欠陥数が多いことになる．

3）フェライト中の炭素の移動エントロピー

フェライト中の炭素の拡散係数 D は $-70 \sim 400$℃の範囲では，$D = 0.02 \exp(-20100/RT)$ cm²/sec である．ただし，ガス定数は cal/mol の単位で表されている．また，炭素原子の格子中の平均振動数 ν は 10^{12} Hz である．

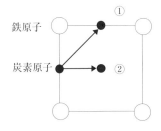

図 1.65 フェライト格子中の炭素原子の移動

フェライト中の炭素の拡散は，格子間で行われる．すなわち，拡散係数の熱力学的影響は純粋に移動のエントロピー ΔS_m およびエンタルピー ΔH_m のみであり，次式のように書ける．

$$D = \gamma a_0^2 \nu_\mathrm{D} \exp\left(\frac{\Delta S_\mathrm{m}}{R}\right) \exp\left(-\frac{\Delta H_\mathrm{m}}{RT}\right)$$

ここで，$D_0 = \gamma a_0^2 \nu_\mathrm{D} \exp\left(\frac{\Delta S_\mathrm{m}}{R}\right)$ とすると，D_0 は温度に影響を受けない．さらに，$\gamma =$ 幾何学的因子 (geometric factor)，$a_0 =$ 格子定数 $(2.787 \times 10^{-8}\,\mathrm{cm})$，$\nu_\mathrm{D} =$ デバイ振動数 $(10^{12}\,\mathrm{sec}^{-1})$，$R =$ ガス定数 $(1.987\,\mathrm{cal/mol/K})$ である．

これより，$D_0 = \gamma a_0^2 \nu_\mathrm{D} \exp\left(\frac{\Delta S_\mathrm{m}}{R}\right) = 0.02$ であるから，$\Delta S_\mathrm{m} = R \ln\left(\frac{0.02}{\gamma a_0^2 \nu_\mathrm{D}}\right)$ と書ける．

一方，拡散係数 D は，

$$D = \frac{1}{6}\alpha^2 \Gamma = \gamma a_0^2 w$$

である．フェライト中の炭素原子は，**図 1.65** のように①および②にジャンプするのが可能であるが，②の方がジャンプ距離 α が短いために起こりやすい．すなわち，$\alpha = a_0/2$ として，

$\Gamma = (\text{サイト数 4}) \times (\text{隣接が空孔の確率は希薄合金のため} \fallingdotseq 1) \times \omega = 4\omega$

$$\therefore D = \frac{1}{6}\left(\frac{a_0}{2}\right)^2 (4\omega) = \gamma a_0^2 \omega \quad \text{であるから} \quad \gamma = 1/6$$

$$\therefore \Delta S_\mathrm{m} = R \ln\left(\frac{0.02}{\gamma a_0^2 \nu_\mathrm{D}}\right) = R \ln\left(\frac{0.02}{1/6 (2.787 \times 10^{-8})^2 (10^{12})}\right) = 5.04 R$$

$$\therefore \Delta S_\mathrm{m} = 10.0\,\mathrm{cal/mol/K} = 41.84\,\mathrm{J/mol/K}$$

となる．

例題 1.20

fcc 金属の格子内，格子間拡散および拡散の圧力依存

キセノン(Xenon)およびネオン(Neon)は固体では，fcc の等方性構造である．今，キセノン中にネオン不純物($Ne < 0.01$)が存在している場合を考える．X 線データは 150 K，1 気圧中では，このネオンの不純物はキセノン格子内および格子間の位置に等しく分布しているとする．

（1）キセノン中のネオン濃度が $N_{Ne} = 0.001$ で温度が 150 K のときの拡散係数を求めよ．ただし，キセノンおよびネオンの熱力学的データ等は**表 1.5** に示されている．

（2）ネオンの拡散係数をもとに，150 K で静水圧がかけられたときの D_{Ne} の圧力依存性について，$\ln D_{Ne}$ に対して圧力 P のグラフを描くことによって示せ．また，このときの仮定についても述べよ．

計算に必要なデータ

表 1.5 キセノン(Xenon)およびネオン(Neon)の熱力学的データ

		Xe	Ne
結晶構造		fcc	fcc
格子定数	a (cm)	2.21×10^{-8}	1.60×10^{-8}
モル体積	$\bar{V}$ (cm)	36.8	13.9
融点	T_m (K)	161.2	24.5
Xe 格子中の格子間 Ne の移動エンタルピー	ΔH_m^{int} (J/mol)	—	2.30×10^4
Xe 格子中の格子間 Ne の移動エントロピー	ΔS_m^{int} (J/mol/K)	—	4.0
Xe 格子中の格子内 Ne の移動エンタルピー	ΔH_m^{sub} (J/mol)	—	6.0×10^3
Xe 格子中の格子内 Ne の移動エントロピー	ΔS_m^{sub} (J/mol/K)	—	1.5
Xe 格子上で空孔形成のエンタルピー	ΔH_V (J/mol)	1.40×10^4	—
Xe 格子上で空孔形成のエントロピー	ΔS_V (J/mol/K)	8.0	—
150 K でのデバイ振動数	$\nu_D = 3 \times 10^{12}$ Hz		

[解]

（1）拡散係数 D は，次式によって表される．

$$D = \frac{1}{6} f \Gamma a^2 \quad f: 相関因子,\ a: ジャンプ距離,\ \Gamma: ジャンプ頻度$$

Γ は次式によって表すことができる．

$$\Gamma = z \omega P_v$$

z；最近接サイトの数，ω；与えられた位置へ原子がジャンプする頻度 $(= \nu_D \exp(-\Delta G_m/RT))$，$P_v$；与えられた位置が空孔である確率

1.13 拡散の原子論的取り扱い

a) fcc 格子中の空孔による格子内拡散係数を求めるために，上記数値を用いて計算に必要な数値を計算すると，

$$f = 1 - \frac{2}{z} = 1 - \frac{2}{12} = 0.83$$

$$\Gamma = 12\nu_D \exp\left(-\frac{\Delta G_m^{sub}}{RT}\right)\exp\left(-\frac{\Delta G_v}{RT}\right)$$

$$= 12\nu_D \exp\left(\frac{\Delta S_m^{sub}+\Delta S_v}{R}\right)\exp\left(\frac{-\Delta H_m^{sub}-\Delta H_v}{RT}\right), \quad \alpha = \frac{a}{\sqrt{2}}$$

$$\therefore D_{sub} = \frac{1}{6}(0.83)12\nu_D \exp\left(\frac{\Delta S_m^{sub}+\Delta S_v}{R}\right)\exp\left(\frac{-\Delta H_m^{sub}-\Delta H_v}{RT}\right)\left(\frac{a}{\sqrt{2}}\right)^2$$

$$= \frac{1}{6}(0.83)12(3\times10^{12})\exp\left(\frac{1.5+8.0}{8.314}\right)\exp\left(\frac{-6000-14000}{8.314\times150}\right)\left(\frac{2.21\times10^{-8}}{\sqrt{2}}\right)^2$$

$$= 4.13\times10^{-10} \text{ cm}^2/\text{sec}$$

b) fcc 格子上の格子間拡散係数を求める．fcc 金属の結晶構造を**図 1.66** に示す．fcc 格子での格子間の位置は Octahedral (八面体の格子上) および Tetrahedral (四面体の格子上) サイトの2種類ある．すなわち，

単位セル中に 8 個の Octahedral サイト

4 個の Tetrahedral サイト

があり，それぞれ格子間距離 α および拡散の配位数 z は，$\alpha_{Tet}=a/2$, $z_{Tet}=6$, $\alpha_{Oct}=a/\sqrt{2}$, $z_{Oct}=12$ である．Octahedral サイトの方が空間が広いため，原子の拡散は Octahedral サイトで生じる．拡散係数は式より，

$$D = \frac{1}{6}f\Gamma\alpha^2$$

であるから，以下の数式を代入してまとめると，

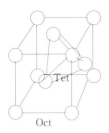

図 1.66 fcc 金属の格子間の位置
(Oct: Octahedral, Tet: Tetrahedral)

$z = 12$

$\omega = \nu_D \exp\left(-\dfrac{\Delta G_m^{int}}{RT}\right) = \nu_D \exp\left(\dfrac{\Delta S_m^{int}}{R}\right)\exp\left(-\dfrac{\Delta H_m^{int}}{RT}\right)$

$P_v = 1 - N_{Ne}^{int} = 1 - 0.0005 \approx 1$

$\alpha = \dfrac{a}{\sqrt{2}}$

$\therefore D_{int} = \dfrac{1}{6}(1)12\nu_D \exp\left(\dfrac{\Delta S_m^{int}}{R}\right)\exp\left(-\dfrac{\Delta H_m^{int}}{RT}\right)(1)\left(\dfrac{a}{\sqrt{2}}\right)^2$

$= \dfrac{1}{6}(1)12(3\times 10^{12})\exp\left(\dfrac{4}{8.314}\right)\exp\left(-\dfrac{23000}{8.314\times 150}\right)(1)\left(\dfrac{2.21\times 10^{-8}}{\sqrt{2}}\right)^2$

$= 2.3\times 10^{-11}\,\mathrm{cm^2/sec}$

となる.平衡状態は格子内あるいは格子間で保たれていると仮定すると,全体の拡散係数は,

$$\therefore D_{Ne} = \dfrac{N_{Ne}^{sub}}{N_{Ne}}D_{sub} + \dfrac{N_{Ne}^{int}}{N_{Ne}}D_{int} \tag{1.134}$$

と表すことができる.今,150 K,1気圧で含有 Ne が微量であるため,

$$\dfrac{N_{Ne}^{sub}}{N_{Ne}} = \dfrac{N_{Ne}^{int}}{N_{Ne}} = \dfrac{1}{2}$$

$\therefore D_{Ne} = \dfrac{1}{2}(D_{sub} + D_{int})$

$= \dfrac{1}{2}(4.13\times 10^{-10} + 2.3\times 10^{-11}) = 2.18\times 10^{-10}\,\mathrm{cm^2/sec}$

となりネオン(Ne)の拡散係数が求まる.

(**2**) ネオンの拡散係数を基に,150 K で静水圧が掛けられたときの D_{Ne} の圧力依存性について考えてみる.格子内拡散に対して拡散係数は,次のように書ける.

$$D_{sub} = \dfrac{1}{6}fz\nu_D \exp\left(\dfrac{-\Delta G_m^{sub} - \Delta G_v}{RT}\right)\left(\dfrac{a}{\sqrt{2}}\right)^2$$

両辺対数を取り,温度を一定として圧力 P で偏微分すると,

$$\ln D_{sub} = \ln\dfrac{1}{6}fz\nu_D - \dfrac{\Delta G_m^{sub} + \Delta G_v}{RT} + 2\ln\dfrac{a}{\sqrt{2}}$$

$$\left(\dfrac{\partial \ln D_{sub}}{\partial P}\right) = -\dfrac{1}{RT}\dfrac{\partial}{\partial P}(\Delta G_m^{sub} + \Delta G_v) = -\dfrac{1}{RT}(\Delta V_m^{sub} + \Delta V_v)$$

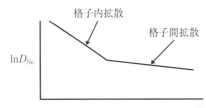

図 1.67 拡散係数の圧力依存性

となる。一方、式(1.133)の $\Delta V_m = 0.55\,\overline{V}$, $\Delta V_v = 0.15\,\overline{V}$ を上式に代入して、

$$\therefore \frac{\partial \ln D_{sub}}{\partial P} = -\frac{0.70\,\overline{V}}{RT}$$

となる。また、格子間拡散に対しても同様に行うと、

$$D_{int} = \frac{1}{6}f12\nu_D \exp\left(\frac{-\Delta G_m^{int}}{RT}\right)(1)\left(\frac{a}{\sqrt{2}}\right)^2$$

$$\ln D_{sub} = \ln\frac{1}{6}f12\nu_D - \frac{\Delta G_m^{int}}{RT} + \ln 1 + 2\ln\frac{a}{\sqrt{2}}$$

$$\left(\frac{\partial \ln D_{int}}{\partial P}\right)_T = -\frac{1}{RT}\frac{\partial}{\partial P}(\Delta G_m^{int}) = -\frac{1}{RT}(\Delta \overline{V}_m)$$

$$\left(\frac{\partial \ln D_{int}}{\partial P}\right)_T = -\frac{1}{RT}\frac{\partial}{\partial P}(\Delta G_m^{int}) = -\frac{1}{RT}(\Delta \overline{V}_m)$$

$$\therefore \frac{\partial \ln D_{int}}{\partial P} = -\frac{0.55\,\overline{V}}{RT}$$

となり、これらをグラフに表すと、**図 1.67** のようになる。

第 1 章 引用文献

1) J. Szekely : Metall. Trans. B, vol. 19B, Aug.(1988), p. 525.
2) J. Szekely, J. W. Evans and J. K. Brimacombe : *The Mathematical and Physical Modeling of Primary Metals Processing Operations,* Wiley Inter-Science(1988), p. 5.
3) A. Fick : "Über Diffusion", Poggendorff's Annalem, **94**(1855), p. 59.
4) D. A. Porter and K. E. Steerling : *Phase Transformations in Metals and Alloys,* Van Nostrand Reinhold(1981), p. 73.
5) G. H. Geiger and D. R. Poirier : *Transport Phenomena in Metallurgy,* Addison Wesley (1973), p. 496.

6) T. Z. Kattamis and M. C. Flemings : Trans. Met. AIME., vol. **233**(1965), p. 992.
7) M. C. Flemings : *Solidification Processing*, McGraw-Hill(1974), p. 328.
8) J. Crank : *The Mathematics of Diffusion*, 2nd ed., Oxford University(1975), p. 62.
9) D. J. Read and B. J. Wensch : J. Am. Ceram. Soc., **61**(1978), p. 538.
10) J. Crank : *The Mathematics of Diffusion*, 2nd ed., Oxford University(1975).
11) H. S. Carslaw and J. C. Jaeger : *Conduction of Heat in Solids*, 2nd ed., Oxford Press(1959).
12) 例えば、近藤次郎：演算子法，培風館(1956).
13) 例えば、M. Abramowitz and I. E. Stegun ed. : *Handbook of Mathematical Functions*, National Bureau of Standards, App. Math. Ser., 55, p. 297.
14) V. S. Arpcat : *Conduction Heat Transfer*, Addison-Wesley(1966), p. 199, 210.
15) G. H. Geiger and D. R. Poirier : *Transport Phenomena in Metallurgy*, Addison-Wesley, 2nd ed.(1973), p. 294.
16) R. F. Sekerka, C. L. Jeanfils and R. W. Heckel : *Lectures on the Theory of Phase Transformations*, AIME, H. I. Aaronson ed.(1975), p. 117.
17) A. D. Smigelskas and E. O. Kirkendall : Trans. AIME, **171**(1947), p. 171.
18) C. Matano : Japan Jour. Phys., **8**(1933), p.109.
19) C. Matano : Proc. Phys. Math. Soc. Japan, 15(1933), p. 40.
20) G. H. Geiger and D. R. Poirier : *Transport Phenomena in Metallurgy*, 2nd ed., Addison-Wesley(1984), p. 484.
21) L. S. Darken : Trans. AIME, **180**(1949), p. 430.
22) P. G. Shewmon : *Diffusion in Solids*, J. Williams Book Co.(1983), p. 125. 笛木和雄, 北澤宏一共訳：シュウモン 固体内の拡散，コロナ社(1976).
23) L. S. Darken : Trans. AIME, **174**(1948), p. 184.
24) D. R. Gaskell : *Introduction to Metallurgical Thermodynamics*, 2nd ed., McGraw-Hill(1981), p. 358.
25) L. Boltzmann : Ann. Phisik., **53**(1894), p. 109.
26) 近藤良夫：移動現象論(1973), p. 67.
27) V. S. Arpact : *Conduction Heat Transfer*, Addison-Wesley(1966), p. 483.
28) W. M. Rosenow, J. P. Hertnett and E. N. Ganic : *Handbook of Heat Transfer Fundamentals*, 2nd ed., McGraw-Hill(1985), p. 5-1.
29) 大中逸雄：コンピューター伝熱，凝固解析入門，丸善(1985).
30) 川井忠彦監訳：応用有言要素解析，丸善(1978).
31) G. D. Smith : *Numerical solution of partial differential equations*, Oxford Univ. Press(1965).
32) H. Schmaltzried : *Solid State Reaction*, 2nd ed., Verlay Chemie(1981).
33) G. M. Barrow : *Physical Chemistry*, 2nd ed.(1966), 藤代亮一訳：バーロー物理化学(上), 東京化学同人, p. 42.

2 反応速度

物質が反応してある生成物が生じる場合，生成物の進行は何によって律速されているのか，またこの反応がどれくらいの速度で進行し，濃度や温度にどのように影響を受けるのかを知ることは興味深いことである．

反応速度は，反応物が一定の温度である時間間隔で減少していく量，あるいは生成物の増加量で表されるのが普通であるが，多くの反応は一定の温度で一つ，二つあるいは三つの反応物の濃度の整数乗が反応速度に比例することが認められている．そこで，まず反応速度について述べた後，反応に大きく関与している吸着および蒸発の速度式についても説明する．

2.1 速度式と反応次数

AとBが反応してCが生成される場合を考える．その反応式は，a, b および c を係数として式(2.1)のように示すことができるが，この反応が進行するときの単位体積当たりの生成物の生成速度は，式(2.2)のように表すことができる．

$$a\mathrm{A} + b\mathrm{B} \rightarrow c\mathrm{C} \tag{2.1}$$

$$\frac{1}{V}\frac{dn_\mathrm{C}}{dt} = k\left(\frac{n_\mathrm{A}}{V}\right)^\alpha\left(\frac{n_\mathrm{B}}{V}\right)^\beta \quad n_\mathrm{i};\text{成分 i の量}, V;\text{体積}, t;\text{時間} \tag{2.2}$$

ここで，α および β は定数であり濃度に無関係の量である．また，k は反応速度定数と呼ばれるものである．全体積を一定とすると，式(2.2)は次のように書き直すことができる．

$$\frac{d[\mathrm{C}]}{dt} = k[\mathrm{A}]^\alpha[\mathrm{B}]^\beta = -\frac{c}{a}\frac{d[\mathrm{A}]}{dt} = -\frac{c}{b}\frac{d[\mathrm{B}]}{dt} \tag{2.3}$$

ここで，[A], [B] および [C] はそれぞれの成分の濃度であり，α および β は前述したように多くの場合は整数であり"次数"と呼ばれている．

今，式(2.4)に示す反応を考えてみる．

$$a\mathrm{A} \rightarrow \mathrm{B} \tag{2.4}$$

この反応において，生成の速度式は式(2.3)より，

$$\frac{d[\text{B}]}{dt} = k[\text{A}]^n \qquad k, n ; 定数 \tag{2.5}$$

であるから,

$$\frac{d[\text{A}]}{dt} = -a\frac{d[\text{B}]}{dt} = -ak[\text{A}]^n = -k'[\text{A}]^n \qquad k' = ak \tag{2.6}$$

と表せる.そこで,反応開始の時間を t_0 として,そのときの A の(初期)濃度を $[\text{A}]_0$, t 時間後の濃度を $[\text{A}]$ として式(2.6)を積分すると,

$$\int_{[\text{A}]_0}^{[\text{A}]} \frac{d[\text{A}]}{[\text{A}]^n} = -\int_{t_0}^{t} k' dt \qquad n = 0, 1, 2 \cdots \tag{2.7}$$

1) $n \neq 1$ のとき ; $\dfrac{1}{n-1}\left\{\dfrac{1}{[\text{A}]^{n-1}} - \dfrac{1}{[\text{A}]_0^{n-1}}\right\} = -k'(t-t_0)$ \qquad (2.8)

2) $n = 1$ のとき ; $\ln\dfrac{[\text{A}]_0}{[\text{A}]} = k'(t-t_0)$ \qquad (2.9)

となる.

反応次数 n が 0, 1 および 2 の場合の反応の例をあげると以下のものがあげられる.

① $n=0$ の場合(0 次反応)

0 次反応は,式(2.8)に $t_0=0$, $n=0$ を代入すると,

$$-1\{[\text{A}] - [\text{A}]_0\} = -k't \qquad \therefore [\text{A}]_0 - [\text{A}] = -k't$$

と表され,反応物 A が時間 t に対して直線的に反応する.0 次反応の例として,窒素と水素が高圧下でアンモニアが生成する場合($N_2 + 3H_2 \rightarrow 2NH_3$(高圧))があげられる.

② $n=1$ の場合(一次反応)

一次反応は,式(2.9)に $t_0=0$, $n=1$ を代入すると,

$$\ln\frac{[\text{A}]_0}{[\text{A}]} = k't \qquad \therefore \ln[\text{A}] - \ln[\text{A}]_0 = -k't$$

と表され,反応物 A の濃度の対数と時間が直線的に変化する.一次反応の例として,五酸化窒素の気相分解反応($N_2O_5 \rightarrow 2NO_2 + 1/2O_2$)などがあげられる.

③ $n=2$ の場合(二次反応)

二次反応は,式(2.8)に $t_0=0$, $n=2$ を代入すると,

$$\frac{1}{[\text{A}]} - \frac{1}{[\text{A}]_0} = -k't$$

と表され,反応物 A の濃度の逆数と時間 t が直線的に変化する.二次反応の例として鉄中の窒素が窒素ガスになる反応($2N[\text{Fe}] \rightarrow N_2$)があげられる.

反応次数 (n) を求める方法として,次に示す二方法がある.

1） 積分法(integral method)

所定時間経過後の濃度をプロットしていき，時間と濃度の関係をグラフに描く．すなわち，濃度 [A] を時間 t の関数として求め，濃度軸を $\log[A]$, $1/[A]$ 等にしてグラフを描き，直線(一次関数)が得られれば，濃度と時間の関係式(2.8)および(2.9)より反応次数が得られる．

2） 微分法(differential method)

濃度 [A] に対して時間 t のグラフを描き，所定時間経過後の傾き $-d[A]/dt$ を求める．$-d[A]/dt$ と [A] との関係は式(2.6)より，

$$-\frac{d[A]}{dt} = k'[A]^n$$

であるから両辺対数を取り，

$$\ln\left(-\frac{d[A]}{dt}\right) = \ln k' + n \ln[A] \tag{2.10}$$

となる．すなわち，$\ln(-d[A]/dt)$ と $\ln[A]$ の関係をグラフに描けば，その傾きから反応次数が得られる．

次に，反応速度定数 k について述べる．反応速度定数は，濃度に依存せず温度に強く依存し，次の関係式が成り立つ．

$$k = A \exp\left(-\frac{E_a}{k_B T}\right) \tag{2.11}$$

E_a；活性化エネルギー，k_B；ボルツマン定数，T；絶対温度

ここで，A は frequency factor と呼ばれ，衝突頻度から見積もることができる．さて，いくつかの例題により，実際に反応次数を求めてみることにする．

例題 2.1

スラグ中の還元速度

溶鉄中に解離した炭素によってスラグ中の FeO の還元反応は，次式のように表される．このとき，この反応は何次反応になるか，また濃度 C_{FeO} が 2.2 wt% になる時間を求めよ．なお，反応時間と溶鉄中の FeO の濃度は表 2.1 に与えられている．

表 2.1 反応時間と FeO の濃度

C_{FeO}(wt%)	20.0	11.5	9.4	7.1	4.4
時間(sec)	0	60	90	120	180

$$\text{FeO} + \underline{\text{C}}\,[\text{Fe}] = \text{Fe} + \text{CO(g)}$$

[解]

微分法を用いて反応速度定数を求めてみる．生成速度は，一般に式(2.6)より次式のように書ける．

$$-\frac{d[\text{A}]}{dt} = k'[\text{A}]^n \;\Rightarrow\; \therefore k' = \frac{1}{[\text{A}]^n}\left(-\frac{d[\text{A}]}{dt}\right)$$

あるいは，両辺対数で表して，

$$\ln\left(-\frac{d[\text{A}]}{dt}\right) = \ln k' + n\ln[\text{A}]$$

と書ける．一方，t_{m-1}，t_m の間で濃度が $[\text{A}]_{m-1}$ から $[\text{A}]_m$ に変化したとすると，

$$-\frac{d[\text{A}]}{dt} = \frac{[\text{A}]_{m-1} - [\text{A}]_m}{(t_{m-1} - t_m)}$$

と書けるから，t に対して $\ln[\text{A}]$ および $\ln(-d[\text{A}]/dt)$ を計算すると，**表2.2**のようになる．

傾き n を最小2乗法で求めるため，

$$\sum (\ln[\text{A}])^2 = 20.621$$

$$\sum (\ln[\text{A}]) = 8.963$$

$$s(x,x) = \sum (\ln[\text{A}])^2 - \left(\sum \ln[\text{A}]\right)^2 / 4 = 0.537$$

$$\sum \ln\left(-\frac{d[\text{A}]}{dt}\right) = 6.094$$

$$\sum (\ln[\text{A}])\left[\ln\left(-\frac{d[\text{A}]}{dt}\right)\right] = 14.225$$

$$s(x,y) = \sum (\ln[\text{A}])\left[\ln\left(-\frac{d[\text{A}]}{dt}\right)\right] - \sum (\ln[\text{A}])\sum \left[\ln\left(-\frac{d[\text{A}]}{dt}\right)\right]/4 = 0.570$$

表2.2 $\ln[\text{A}]$ および $\ln(-d[\text{A}]/dt)$ の計算

t	$\ln[\text{A}]$	$\ln(-d[\text{A}]/dt)$
30	2.757	2.140
75	2.347	1.435
105	2.110	1.526
150	1.749	0.993

$$\therefore \ln k' = \frac{20.621 \times 6.094 - 14.225 \times 8.963}{4 \times 20.621 - 8.963^2} = -0.854$$

$$\therefore k' = 0.426/\min$$

例えば $t = 75\,\sec$ では，$1.435 = -0.854 + n \times 2.347$ であるから，

$$n = \frac{1.435 + 0.854}{2.347} = 0.975 \approx 1$$

よって，この反応は，一次反応である．

次に，以下の仮定のもとにスラグ中の FeO の濃度 C_{FeO} が 2.2 wt% に達するまでの時間を求めてみよう．

（1） 化学反応が律速する
（2） 反応生成熱は直ちに除去されるため温度は一定である
（3） 炭素濃度 [C] は一定であり，FeO の反応は一次反応とする

式(2.9)より，

$$\ln[\text{A}]_0 - \ln[\text{A}] = k'(t - t_0)$$

であり，$[\text{A}]_0 = 20\,\text{wt\%}$，$t_0 = 0\,\sec$，$k' = 0.426$ を代入して，

$$\therefore \ln 20 - \ln 2.2 = 0.426\,t$$

よって，$t = 5.18\,\min$ を得る．

次の課題として，溶鉄の脱硫について取り上げ，他の成分が反応次数にどのように影響を与えるのかを例題によって調べてみることにする．

例題 2.2

Si 含有による溶鉄中の脱硫速度変化

2種類の溶鉄(一つは 0.8 wt%S のみを含有，もう一つは 0.8 wt%S + 0.46 wt%Si を含有)が，それぞれ 1500℃で脱硫のため硫黄(S)が含まれていないスラグと接触している．

時間に対して各々のS量を調査したところ，**表 2.3** のように Si を含有している溶鉄

表 2.3 所定時間経過後の金属中の硫黄量(wt%)

時間(分)	Si なし	0.46 wt%Si
10	0.67	0.64
20	0.56	0.50
30	0.47	0.40
40	0.40	0.32

のほうが明らかに速く硫黄濃度が減少している．そこで，① Si が別の反応式を取るのか，②脱硫の反応速度定数 k の値を高める役割をしているのか判定せよ．なお，反応式は，次のように書ける．

$$\underline{S}[Fe] + slag \rightarrow S(slag)$$

[解]

表 2.3 より縦軸を濃度 C_s，横軸を時間のグラフ(**図 2.1**)および縦軸を濃度の時間変化 $r(=dC_s/dt)$ の対数，横軸を濃度の対数のグラフ(**図 2.2**)で示す．また，各々の試料について微分法で計算された時間ごとの値を**表 2.4** に示す．なお，例えば 0 分から 10 分の濃度の時間変化を求めるには，その時間の中間点(5 分)の濃度は直線的に低下するものと仮定して，その平均値を中間点の時間で除したものとした．

生成速度は，一般に式(2.6)より次式のように書けるので，表 2.4 のデータをもとに例題 2.1 と同様に最小二乗法で反応速度定数 k と反応次数 n を求めると，次のようになる．

$$\ln\left(-\frac{dC_s}{dt}\right) = \ln k + n \ln [C_s]$$

（1） Si なしの場合

$$\ln\left(-\frac{dC_s}{dt}\right) = -3.959 + 1.174 \times \ln [C_s]$$

よって，$k = 0.0191$，$n = 1.174 \approx 1$ 　一次反応

（2） 0.46 wt%Si 含有の場合

$$\ln\left(-\frac{dC_s}{dt}\right) = -3.7525 + 1.043 \times \ln [C_s]$$

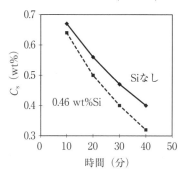

図 2.1 Si 含有有無による溶鉄中の S 濃度の経時変化

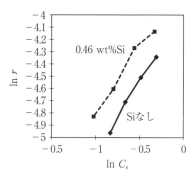

図 2.2 微分法による Si 含有有無の S 濃度 C_s と濃度の時間変化 r との関係

よって，$k = 0.0235$，$n = 1.043 \approx 1$　一次反応

これらの結果より，Si 添加によって，脱硫の反応速度定数 k が若干増加するが，添加の有無によって一次反応は変わらない．

次に積分法により，検討してみることにする．**図 2.3** のように縦軸に時間，横軸に濃度の対数を取ると両方の溶湯は直線となる．これより，Si は反応次数を変えずに共に

表 2.4　微分法により計算された濃度 C_s および濃度の時間変化 $r(= dC_s/dt)$ に対する値

試料	時間(分)	C_s(wt%S)	$r(= dC_s/dt)$	$\ln C_s$	$\ln r$
Si なし	0	0.80			
	5	0.735	0.013	−0.3079	−4.3428
	10	0.67			
	15	0.615	0.011	−0.4861	−4.5099
	20	0.56			
	25	0.515	0.009	−0.6636	−4.7105
	30	0.47			
	35	0.435	0.007	−0.8324	−4.9618
	40	0.40			
0.46 wt%Si	0	0.80			
	5	0.72	0.016	−0.3285	−4.1352
	10	0.64			
	15	0.57	0.014	−0.5621	−4.2687
	20	0.50			
	25	0.45	0.010	−0.7985	−4.6052
	30	0.40			
	35	0.36	0.008	−1.0217	−4.8283
	40	0.32			

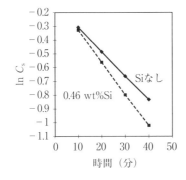

図 2.3　積分法による Si 含有有無の S 濃度と時間の関係

表 2.5 各試料の時間ごとの反応速度定数の計算結果

時間(分)	$[A]_{Siなし}$	$[A]_{0.46Si}$	$k_{Siなし}$	$k_{0.46Si}$
10	0.67	0.64	0.0177	0.0223
20	0.56	0.50	0.0178	0.0235
30	0.47	0.40	0.0177	0.0231
40	0.40	0.32	0.0173	0.0229

$n=1$ である．両方が一次反応であるなら式(2.9)より，

$$k = \frac{1}{t}\ln\left(\frac{[A]_0}{[A]}\right)$$

ただし，$[A]_0=0.8$ の関係があるから，各試料について時間ごとに反応速度定数を求めると，表 2.5 のようになる．よって，Si は脱硫の反応速度定数 k の値を増加させることにより，脱硫を促進させる．

例題 2.3
反応速度定数の誤差見積もり

下記反応式の二次不可逆の液相反応について考える．初め A と B の濃度が各々 1.0 mol/l とし，反応は反応物の 20% が消失する 30 分後に中止する．このとき，時間については 5 秒，濃度については 0.002 mol/l の誤差が考えられるとする．そのようなデータから計算される反応速度定数 k の誤差を求めよ．ただし，体積は反応中では一定と仮定する．

$$A + B \rightarrow C$$

[解]

反応式：$A + B \rightarrow C$

$[A]=[B]$ の二次の不可逆反応は次のように表される．この式を式(2.7)と同様に積分して，反応速度定数 k についてまとめると，

$$\frac{d[C]}{dt} = -\frac{d[A]}{dt} = -\frac{d[B]}{dt} = k[A][B] = k[A]^2 \quad \therefore \frac{d[A]}{dt} = -k[A]^2$$

$$\int_{[A_0]}^{[A]}\frac{d[A]}{[A]^2} = -\int_{t_0}^{t}k\,dt \quad -\frac{1}{[A]} + \frac{1}{[A]_0} = -k(t-t_0)$$

$$\therefore k = \frac{1}{t-t_0}\left(\frac{1}{[A]} - \frac{1}{[A]_0}\right)$$

となる．一般に，ある関数 $f = (a, b, c \cdots)$ に対して，

$$\Delta f = \left[\left(\frac{\partial f}{\partial a} \Delta a \right)^2 + \left(\frac{\partial f}{\partial b} \Delta b \right)^2 + \left(\frac{\partial f}{\partial c} \Delta c \right)^2 + \cdots \right]^{\frac{1}{2}} \tag{2.12}$$

と書ける．ここで，$\Delta f \equiv f$ の誤差(不確定要素)，$\Delta a \equiv a$ の誤差，…である．今求めたいものは，反応速度定数の誤差 Δk (k は，t, t_0, [A], [A]$_0$ の関数) であるから，k について各々の変数で偏微分すると，

$$\frac{\partial k}{\partial t} = -\frac{1}{(t-t_0)^2} \left(\frac{1}{[\text{A}]} - \frac{1}{[\text{A}]_0} \right)$$

$$\frac{\partial k}{\partial t_0} = \frac{1}{(t-t_0)^2} \left(\frac{1}{[\text{A}]} - \frac{1}{[\text{A}]_0} \right)$$

$$\frac{\partial k}{\partial [\text{A}]} = -\frac{1}{(t-t_0)} \frac{1}{[\text{A}]^2}$$

$$\frac{\partial k}{\partial [\text{A}]_0} = \frac{1}{(t-t_0)} \frac{1}{[\text{A}]_0^2}$$

ここで，次のように仮定する．
1) 反応が開始したときの誤差は 0 とする．
2) 反応が開始するとき，[A]$_0$ が定まるが，実験誤差は [A] の測定値のみに含まれるものとする．

以上の仮定のほかに代入する値としては，

$$\Delta t = 5 (\text{sec}), \quad \Delta [\text{A}] = 0.002 (\text{mol/l}), \quad \Delta t_0 = \Delta [\text{A}]_0 = 0,$$
$$[\text{A}] = 0.8 (\text{mol/l}), \quad [\text{A}]_0 = 1.0 (\text{mol/l}),$$
$$t = 1800 (\text{sec}), \quad t_0 = 0$$

が必要であり，式(2.12)に代入すると，

$$\Delta k = \left\{ \left[-\frac{1}{(t-t_0)^2} \left(\frac{1}{[\text{A}]} - \frac{1}{[\text{A}]_0} \right) \Delta t \right]^2 + \left[\frac{1}{(t-t_0)^2} \left(\frac{1}{[\text{A}]} - \frac{1}{[\text{A}]_0} \right) \Delta t_0 \right]^2 + \right.$$
$$\left. \left[-\frac{1}{(t-t_0)} \frac{1}{[\text{A}]^2} \Delta [\text{A}] \right]^2 + \left[\frac{1}{(t-t_0)} \frac{1}{[\text{A}]_0^2} \Delta [\text{A}]_0 \right]^2 \right\}^{\frac{1}{2}}$$

$$\Delta k = \left\{ \left[-\frac{1}{(1800 \text{ sec})^2} \left(\frac{1}{0.8 \text{ mol/l}} - \frac{1}{1.0 \text{ mol/l}} \right) 5 \text{ sec} \right]^2 + [0]^2 + \right.$$
$$\left. \left[-\frac{1}{1800 \text{ sec}} \left(\frac{1}{0.8 \text{ mol/l}} \right)^2 0.002 \text{ mol/l} \right]^2 + [0] \right\}^{\frac{1}{2}}$$

$$\therefore \Delta k = 1.78 \times 10^{-6} \quad \text{l/mol/sec}$$

となり，Δk を求めることができる．一方，反応速度定数は次のように書けるから値を代入して計算すると，

$$k = \frac{1}{(t-t_0)} \left(\frac{1}{[A]} - \frac{1}{[A]_0} \right) = 1.37 \times 10^{-4} \quad \text{l/mol/sec}$$

であるから，反応速度定数の誤差は，

$$\therefore 誤差 = \frac{\Delta k}{k} = \frac{1.78 \times 10^{-6}}{1.37 \times 10^{-4}} = 1.29 \times 10^{-2} = 1.29 \quad \%$$

となる．

2.2 物理吸着，化学吸着[1]

固体表面上に気体分子が吸着する場合，気体分子が固体と結び付く力が物理的なものか化学的なものかによって分類されている．前者は物理吸着(physisorption)と呼ばれ，弱い Van der Waals 力によって結合しており，例えば SiO_2 上に吸着する窒素が知られている．一方，後者は化学吸着(chemisorption)と呼ばれ，化学結合力によって結合しており，銅粉への水素の吸着が知られている．

最も多く行われる吸着試験は，一定量の吸着剤によって吸着される気体量と気体圧を一定温度で測定するもので，得られた結果は吸着等温線(adsorption isotherm)と呼ばれている．

図 2.4 は，化学吸着および物理吸着した場合の吸着等温線を示している．

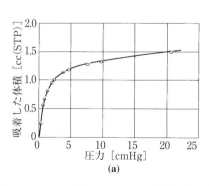
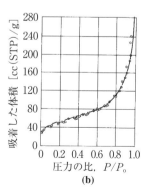

図 2.4 （a）Cu 粉末への水素の吸着等温線，（b）シリカへの窒素の吸着(バーロー[1])

（a） 化学吸着曲線(図2.4(a)[2])

銅粉末への水素の吸着を示しており，最初に吸着体積(吸着量)が急激に上昇し，次いで緩やかな曲線になる．最初に上昇するのは，表面が気体分子と結合しようとする強い傾向があるためである．次いで平たくなるのは，固体-気体の結合する力が飽和したためである．

（b） 物理吸着曲線(図2.4(b)[3])

物理吸着では，気体の圧力増加と共に勾配が増加する吸着曲線となる．すなわち，気体の圧力が少し増すごとに吸着気体量は増加し，ある限界以上に達すると，圧力が吸着される物質の蒸気圧と等しくなって凝縮が生じてほぼ垂直に上昇する．

表2.6に物理吸着と化学吸着の特徴のまとめを示す．

表2.6　物理吸着と化学吸着

物理吸着	化学吸着
・吸着熱は約10 kcal/molより小さい ・吸着は吸着物質の沸点以下の温度でのみ起こる ・吸着物質の圧の増加に伴い吸着量の増加の割合が増す ・表面上の吸着量は吸着剤より吸着物質の関数になる ・吸着過程に含まれる活性化エネルギーは大きくない ・多分子吸着が生じる	・吸着熱は約20 kcal/molより大きい ・吸着は高温で起こる ・吸着物質の圧力増加に伴い吸着量の増加の割合が減少する ・吸着量は吸着物質と吸着剤の両者に固有なものになる ・活性化過程には活性化エネルギーが含まれる ・吸着は高々単分子層である

2.3　Langmuirの吸着等温式

化学吸着における吸着過程の理論式は，1916年にI. Langmuirによって提案された．その仮定として，化学吸着過程は固体表面上への単分子膜の生成であると考える．そして，気体の圧力がPのとき，吸着分子で覆われた表面の割合をθで表すと，Langmuirの蒸発速度式(desorption rate)はθに比例すると考えられるため，

$$\text{蒸発速度} = k_1 \theta \qquad k_1；定数 \tag{2.13}$$

と書ける．また，凝縮速度は気体分子運動論より，気体圧Pと$1-\theta$(吸着分子によって覆われていない表面の割合)とに比例すると考えられるため，

$$\text{凝縮速度} = k_2 P(1-\theta) \tag{2.14}$$

と書ける．同様に k_2 は定数である．平衡状態では式(2.13)および(2.14)は等しくなるため，

$$k_1\theta = k_2P(1-\theta) \tag{2.15}$$

であり，θ で整理すると，

$$\theta = \frac{k_2P}{k_1 + k_2P} \tag{2.16}$$

あるいは，$a = k_1/k_2$ とすると，

$$\theta = \frac{P}{a+P} \tag{2.17}$$

となる．もし，P が a に比べて小さい場合，$\theta \propto P$ となり，P が大きくなるに従って分母への P の寄与が大きくなり，θ は次第に1に近づく．

2.4　Langmuir の蒸発速度式

固体表面における気体の吸着と蒸発の関係について考える．固体表面上へのガス(気体)の流れは，図 2.5 に示すように吸着と蒸発がバランスした状態になるが，吸着の方の流れ (J_+) は次式で表すことができる．

$$J_+ = \alpha C_{\text{gas}} v_+ = \alpha \left(\frac{N}{V}\right)\left(\frac{k_B T}{2\pi m}\right)^{\frac{1}{2}} \tag{2.18}$$

α；粘着係数(sticking coefficient)，C_{gas}；ガス濃度，v_+；速度，N；モル数，V；体積，m；ガスの分子量，T；絶対温度，k_B；ボルツマン定数

今，ガスは理想気体であるとして式(2.18)を書き直すと，

$$J_+ = \frac{\alpha P}{(2\pi m k_B T)^{\frac{1}{2}}} \tag{2.19}$$

となる．ガスが表面上から蒸発する場合も同様にして，

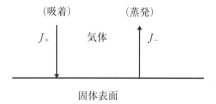

図 2.5　固体表面上でのガスの流れ

$$J_- = \frac{\alpha P_0}{(2\pi m k_B T)^{\frac{1}{2}}} \qquad P_0 : \text{表面上から蒸発するガスの圧力} \qquad (2.20)$$

と書ける．式(2.19)および(2.20)より全体としてのガスの流れは，

$$J_{\text{net}} = J_+ - J_- = \frac{\alpha (P - P_0)}{(2\pi m k_B T)^{\frac{1}{2}}} \qquad (2.21)$$

となる．特別の場合として，$\alpha = 1$，$P = 0$（吸着のガス圧力が0）を式(2.21)に代入すると，

$$J_{\text{evap}} = \frac{-P_0}{(2\pi m k_B T)^{\frac{1}{2}}} \qquad (2.22)$$

となる．この式をLangmuirの蒸発速度式（Langmuir evaporation equation）と呼ぶ．ここで，いくつかの例題を解くことにする．

例題 2.4

鉄板中へのSiの侵入速度の計算

低Si含有の鉄板がSiCl$_4$中に放置されている．SiCl$_4$は，圧力が1気圧で1000℃であるとき，下式のようにSi蒸気とCl$_2$に解離し，Siは鉄板中に浸入する．下記のデータを用いてそれぞれの問いに答えよ．

反応式：SiCl$_4$(g) → Si(g) + 2Cl$_2$(g)

計算に必要なデータ

- 鉄板中のSiの拡散係数　　$D_{\text{Si}} = 10^{-8}$ cm^2/sec
- 鉄板の密度　　　　　　$\rho_{\text{Fe}} = 7.87$ g/cm^3
- 鉄板の板厚　　　　　　$l = 0.025$ cm
- 固溶限でのSiの平衡分圧　$P_{\text{Si}} = 7 \times 10^{-13}$ atm

上記反応に対してSiCl$_4$が1気圧と平衡しているSi分圧 $P = 4.8 \times 10^{-11}$ atm

（**1**）鉄中の初期Si濃度を0とし，1000℃のSiの固溶限は1 wt%とする．今，Siの固体内拡散が律速段階であるとき，鉄板中のSiの短時間の濃度分布を求めよ．

（**2**）Siの固体内拡散が律速でなく，鉄板表面上へのSiの凝縮速度が律速段階であるとき，固溶限に達するまでどれくらいの時間がかかるか．

（**3**）（1）と（2）において，SiCl$_4$の解離は速いと仮定している．もし，化学反応が遅ければ，どのようになるか反応速度式をたてよ．

[解]

(1) 拡散律速の場合，表面を $x=0$ として濃度を時間 t と距離 x (一次元) の関数 $C(x,t)$ として表し，以下の初期条件，境界条件のもとに微分方程式を立てると，

$$\frac{\partial C}{\partial t} = D\frac{\partial^2 C}{\partial x^2}$$

初期条件；$C(x, 0) = 0$
境界条件；$C(0, t) = C_{\text{surface}} = 1$ wt%
$C(\infty, t) = C_{\text{initial}} = 0$

短時間の一般解は誤差関数を用いて，

$$C(x, t) = A + B \operatorname{erf}\left(\frac{x}{2\sqrt{Dt}}\right) \quad A, B ; 定数$$

境界条件を代入して，

$$C(0, t) = A = C_{\text{surface}} = 1 \text{ wt\%}$$
$$C(\infty, t) = A + B = C_{\text{initial}} = 0 \quad \therefore B = -A = C_{\text{surface}} = 1$$
$$\therefore C(x, t) = 1 - \operatorname{erf}\left(\frac{x}{2\sqrt{Dt}}\right)$$

となる．

(2) 凝縮速度律速の場合，

式 (2.21) より，

$$J = \frac{\alpha(P - P_0)}{(2\pi mkT)^{\frac{1}{2}}} = \frac{(4.8 \times 10^{-11} - 7 \times 10^{-13} \text{ atm})(101 \times 10^3 \text{ N/m/atm})}{[2\pi(28 \times 1000 \text{ kg/mol})(8.3144 \text{ J/mol/K})(1273 \text{ K})]^{\frac{1}{2}}}$$

$$= 1.111 \times 10^{-7} \text{ mol/m}^2/\text{sec} = 1.111 \times 10^{-11} \text{ mol/cm}^2/\text{sec}$$

$$= 3.110 \times 10^{-10} \text{ g/cm}^2/\text{sec}$$

$$\therefore t = \frac{Ch\rho_{\text{Fe}}}{J} = \frac{(0.01)(0.025 \text{ cm})(7.87 \text{ g}_{\text{Fe}}/\text{cm}^3)(\text{g}_{\text{Si}}/\text{g}_{\text{Fe}})}{3.11 \times 10^{-10} \text{ g}_{\text{Si}}/\text{cm}^2/\text{sec}}$$

$$= 6.33 \times 10^6 \text{ sec} = 73.2 \text{ days}$$

(3) Si の生成速度は，$\text{SiCl}_4(\text{g}) \rightarrow \text{Si}(\text{g}) + 2\text{Cl}_2(\text{g})$ の反応式より，

$$\frac{d[\text{Si}]}{dt} = k_{\text{f}}[P(\text{SiCl}_4)] - k_{\text{b}}[P(\text{Si})][P(\text{Cl}_2)]^2$$

と書ける．Si が生成すると直ちに鉄中に拡散するので，$P(\text{Si})$ は非常に小さいため右辺第 2 項は無視できる．すなわち，

$$\frac{d[\mathrm{Si}]}{dt} = k_\mathrm{f}[P(\mathrm{SiCl_4})]$$

ここで,$P(\mathrm{SiCl_4})$ は 1 気圧に保たれている.もし上記分解反応が律速段階なら,

$$J = \frac{1}{A}\frac{d[\mathrm{Si}]}{dt} = \frac{k_\mathrm{f}}{A}[P(\mathrm{SiCl_4})] \qquad A;断面積$$

と一次反応が仮定できる.ただし,k_f が与えられていないため,反応速度式 J を求めることができない.

例題 2.5

鉄板の脱窒速度

$400\,\mathrm{cm} \times 100\,\mathrm{cm} \times 1\,\mathrm{cm}$ の鉄板(初期窒素濃度 C_i は $100\,\mathrm{ppm}$)を脱窒させるため,$1000\,\mathrm{K}$ の炉内に放置されている.そのとき,鉄中に解離した窒素が分子状になる反応は,

$$\underline{\mathrm{N}}[\mathrm{Fe}] = \frac{1}{2}\mathrm{N_2}(\mathrm{gas})$$

で,$1000\,\mathrm{K}$ での平衡定数は,$k = P_{\mathrm{N_2}}^2/a_{\underline{\mathrm{N}}} = 0.02\,\mathrm{atm^{1/2}/ppm}$ である.また,炉内の窒素濃度 C_b は $5\,\mathrm{ppm}$ と一定であり,鉄中の拡散係数は $4\times10^{-7}\,\mathrm{cm^2/sec}$ で濃度に依存しないものとするとき,以下の問いに答えよ.

(1) この鉄板の脱窒に対して,微分方程式,初期条件および境界条件を設定し,全時間に対してあてはまる解を導け.ただし,分子状の窒素を形成する反応は速く律速段階ではなく,板の下方および端部からの窒素の消失は無視する.

(2) 初期濃度の 50% まで板の平均窒素密度が減少するのに要する時間を求めよ.

(3) もし窒素の拡散係数が窒素濃度によって増加するなら,(2)はどのように変わるか,(2)で求めた時間より短時間になるか長時間になるか説明せよ.

(4) 拡散および非拡散機構を考慮しながら,$t=0$ での窒素の表面フラックスを計算せよ.ただし,(1)と同様に $\mathrm{N_2}$ の形成速度は速いと仮定する.

[解]

(1) 鉄板のある時間における板厚方向の濃度分布を**図 2.6** に示す.なお,端部からの脱窒は無視するため,板厚を $L/2$ として 0(表面)から $L/2$(端部)間の窒素の拡散を考える.

一次元の微分方程式を立てると,

$$\frac{\partial C}{\partial t} = D\frac{\partial^2 C}{\partial x^2}$$

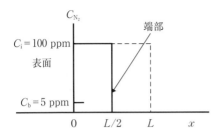

図 2.6 ある時間の板厚方向の濃度分布

初期条件；$C(x, 0) = C_i = 100$ ppm
境界条件；$C(0, t) = C_b = 5$ ppm

$$\frac{\partial C\left(\frac{L}{2}, t\right)}{\partial x} = \frac{1}{D} J\left(\frac{L}{2}, t\right) = 0$$

この一般解は，式(1.26)の無限級数解を修正して，

$$\frac{C(x,t) - C_b}{C_i - C_b} = \frac{4}{\pi} \sum_{j=0}^{\infty} \frac{1}{2j+1} \sin \frac{(2j+1)\pi x}{L} \exp\left[-\left(\frac{(2j+1)\pi}{L}\right)^2 Dt\right] \quad 0 \leq x \leq L/2$$

となる．

(2) 上式を平均濃度を用いて表すと，式(1.27)を修正して，

$$\frac{\overline{C}(x,t) - C_b}{C_i - C_b} = \frac{8}{\pi^2} \sum_{j=0}^{\infty} \frac{1}{(2j+1)^2} \exp\left[-\left(\frac{(2j+1)\pi}{L}\right)^2 Dt\right]$$

と書け，1%の誤差内で第1項のみで近似できるには，

$$\frac{\overline{C}(x,t) - C_b}{C_i - C_b} \leq 0.8$$

である(第1章引用文献 22)参照)．上式に $\overline{C} = 50$(ppm) および初期，境界の濃度を代入して，

$$\frac{50-5}{100-5} = \frac{45}{95} = \frac{8}{\pi^2} \exp\left[-\left(\frac{\pi}{L}\right)^2 Dt\right]$$

$$-\frac{\pi^2 Dt}{L^2} = \ln\left(\frac{45\pi^2}{95 \times 8}\right)$$

$$\therefore t = -\frac{2^2}{\pi^2 \times 4 \times 10^{-7}} \ln\left(\frac{45\pi^2}{95 \times 8}\right) = 5.46 \times 10^5 \text{ sec} \cong 152 \text{ hr}$$

を得る．

（3） 与えられた拡散係数($D_N = 4 \times 10^{-7}$ cm^2/sec)を，高濃度側と低濃度側に分けて考える．

1） 拡散係数が高濃度側の場合

与えられた拡散係数が $C_N = 100$ ppm に対応するとき，濃度が減少するに従って D_N は低下するため長時間を要する．

2） 拡散係数が低濃度側の場合

与えられた拡散係数が $C_N = 5$ ppm に対応するとき，鉄中の拡散係数は常にそれより大きいため，短時間になる．

（4） $t = 0$ のとき，$x = 0$ のところでは濃度の傾きは $-\infty$ である．よって，

$$J = -D\frac{\partial C}{\partial x} = \infty$$

となるが，このときは蒸発速度が律速になる．一方，式(2.21)より，

$$J = \frac{\Delta P}{(2\pi mkT)^{\frac{1}{2}}}$$

である．また，ΔP は内部と表面での温度差による圧力変化であるため，平衡定数の関係より，

$$P = (a_\underline{N} k)^2 = \left(100 \text{ ppm} \times 0.02 \frac{\text{atm}^{\frac{1}{2}}}{\text{ppm}}\right)^2 = 4 \text{ atm} = 405.3 \times 10^3 \text{ N/m}^2$$

$$P_{eq} = \left(5 \text{ ppm} \times 0.02 \frac{\text{atm}^{\frac{1}{2}}}{\text{ppm}}\right)^2 = 0.01 \text{ atm} \fallingdotseq 0 \quad \therefore \Delta P = 405.3 \times 10^3 \text{ N/m}^2$$

$$m_{N_2} = 28.02 \times 10^{-3} \text{ kg/mol}$$

であるから，これらを蒸発速度式に代入して，

$$\therefore J = \frac{405.3 \times 10^3 \text{ N/m}^2}{(2\pi (28.02 \times 10^3 \text{ kg/mol})(8.314 \text{ J/mol/K})(1000 \text{ K}))^{\frac{1}{2}}} = 10.60 \text{ mol/m}^2/\text{sec}$$

となる．

例題 2.6

銅中の水素濃度変化

ハフニウム(Hf)の水素化物は，1000℃で次の反応に従ってハフニウムと水素ガスに分解する．

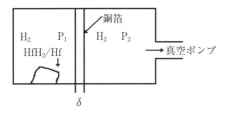

図 2.7 水素の拡散係数を測定する容器

表 2.7 固体物質の密度と各元素の原子量

元素	固体の密度 g/cm³	原子量 g/mol
銅	8.97	63.55
鉄	7.87	55.85
ハフニウム	13.3	178.49
水素	—	1.01
窒素	—	14.01

$$HfH_2(固体) \rightarrow Hf(固体) + H_2(gas) \uparrow$$

また，1000℃での平衡水素圧は2気圧である．銅中の水素の拡散係数を測定するため，図2.7に示す容器を作製した．容器は二つのチャンバーからなり，厚さ δ の銅箔で分けられている．図2.7の左側のチャンバーの水素分圧は，上記反応に従って上昇する．一方，右側のチャンバーは，真空ポンプによって 10^{-4} atm に保たれている．上記反応による水素生成速度は測定され，左側チャンバーでの反応速度定数 $k = 3.5 \times 10^{-10}$ molH$_2$/sec で0次反応であることがわかった．そこで，銅箔中の水素濃度分布が定常状態になるための銅箔の最小厚さ δ を求めよ．

ただし，チャンバーの壁を通して消失する水素量は無視することにする．また，解析に必要なデータとして下記の数値が与えられている．

計算に必要なデータ
- 左側チャンバーの体積　　　$V = 1$ cm³
- 銅中の水素の拡散係数　　　$D_H = 10^{-6}$ cm²/sec
- 銅箔の面積　　　$A = 1$ cm²
- 銅中に解離した水素 $\underline{H}$ とチャンバー内の水素ガス H$_2$ との関係式は，

$$\frac{1}{2}H_2(gas) = \underline{H}[Cu]$$

で表され，1000℃での平衡定数は $K = 1.4$ ppm/atm$^{1/2}$
気圧の単位は 1 atm = 101.325 kPa であり，固体物質の密度および原子量は**表2.7**で与えられている．

[解] ────────────

銅箔中の水素濃度が定常状態を取るためには，左側チャンバーの水素分圧が2 atm に常になっているように水素が発生しなければならない．すなわち，HfH$_2$ の分解速度が

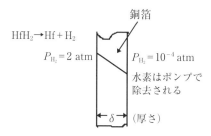

図 2.8 銅箔中の水素の流れ模式図

銅箔中の拡散速度と等しくする必要がある．つまり，$J_{拡散}=k_{分解}$ の関係が成立しなければならないので，これを式に表すと，

$$-AD\left(\frac{\partial C_H}{\partial x}\right)=-AD\frac{\Delta C_H}{\delta}=k$$

と書ける．ここで，A は断面積，ΔC_H は両方の水素の濃度差，δ は銅箔の厚さである．$1/2H_2(gas)=\underline{H}[Cu]$ の反応に対して，

$$K=\frac{[\underline{H}]}{P_{H_2}^{1/2}}$$

$$C_H=[\underline{H}]\ C_{Cu}=KP_{H_2}^{1/2}$$

$$\delta=\frac{-AD\Delta P_{H_2}}{k}=\frac{-ADK\left(P_{H_2}(右)^{\frac{1}{2}}-P_{H_2}(左)^{\frac{1}{2}}\right)C_{Cu}}{k}$$

となるから数値を代入して，

$$\delta=\frac{-(1\,cm^2)(10^{-6}\,cm^2/sec)(1.4\times10^{-6}/atm^{1/2})\left[(10^{-4})^{\frac{1}{2}}-2^{\frac{1}{2}}\,atm^{\frac{1}{2}}\right](8.93\,g/cm^3)}{(3.5\times10^{-10}\,molH_2/sec)(2\,molH/molH_2)(1.01\,g/molH)}$$

$$\therefore \delta_{min}=2.48\times10^{-2}\,cm$$

が得られた．

例題 2.7

タングステンの酸化速度

真空炉の中に直径 500 μm のタングステン線が焼鈍されている．炉が 1700 K になったとき，炉内に空気が混入して突然酸素分圧が 0.1 mmHg になった．これらの条件では，タングステンは次の反応に従って直ちに WO_3 に酸化される．

120 第 2 章 反 応 速 度

$$W(s) + \frac{3}{2}O_2(g) \rightarrow WO_3(s)$$

下記のデータが与えられているとき，仮定を定めてタングステン線が燃え尽きるまでの時間を計算せよ．

計算に必要なデータ

- 酸素の原子量 $= 16.00$ g/mol
- タングステンの原子量 $= 183.85$ g/mol
- タングステンの蒸気圧 $= \log_{10} P(\text{mmHg}) = -44000/T + 8.76 + 0.5 \log T$
- WO_3 の蒸気圧 $= \log_{10} P(\text{mmHg}) = -26400/T + 15.63$　　T；絶対温度(K)
- タングステンの比重 $= 19.32$，WO_3 の比重 $= 7.16$

[解]

タングステン線が燃え尽きるのは何に律速されているのか，与えられたデータよりタングステンの蒸発および酸化による消失について各々考える．

1) タングステンの蒸発

タングステンの蒸気圧を求めてみると，

$P_W^0 = 10^{[-44000/T + 8.76 + 0.5 \log T]}$ mmHg であるから $T = 1700$ K を代入して，

$$\therefore P_W^0 = 3.11 \times 10^{-16} \approx 0$$

となり，ほとんど生じていないことになり，タングステンの蒸発は律速していない．

2) タングステンの酸化

タングステンの酸化は，次の 4 ステップで進行し，これらの中に律速段階があると考えられる．

(a) 雰囲気から酸化物層を通して酸素の拡散

(b) 酸素の吸着(分解 $O_2(g) = \underline{O}$ (on Metal/Oxide))

(c) 酸化反応 $W(s) + \frac{3}{2}O_2(g) \rightarrow WO_3(s)$

(d) WO_3 の蒸発

ここで，(c)は題意により反応が速いため律速されないと考えられる．また，(a)および(b)は適当なデータが与えられていないため WO_3 の蒸発に律速され，その他の過程は速く進行すると仮定する．データより，1700 K での WO_3 の蒸気圧は，

$$P_{WO_3}^0 = 10^{[-26400/T + 15.63]} \text{ mmHg} = 1.26 \text{ mmHg}$$

となる．もし，炉の容積が大きく，内部の全圧が 0.48 mmHg($= 0.1$ mmHg/0.21(空気中の酸素))と仮定すると，Langmuir の吸着式によって反応を近似することができる．

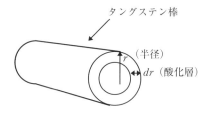

図 2.9 酸化が進んでいるタングステン棒の模式図

すなわち,

$$J_{WO_3} = \frac{-\alpha P^0_{WO_3}}{(2\pi M_{WO_3} RT)^{\frac{1}{2}}} \quad \text{mol/m}^2/\text{sec}$$

ここで,$M_{WO_3} = 183.85 + 3 \times 16.00$ g/mol,$P^0_{WO_3} = 1.26$ mmHg $= 167.99$ Pa,$\alpha = 1$(仮定)であるから,これらを式に代入して計算すると,

$$J_{WO_3} = \frac{-1(167.99 \text{ Pa})}{[2\pi(0.232 \text{ kg/mol})(8.314 \text{ J/mol/K})(1700 \text{ K})]^{\frac{1}{2}}} = -1.17 \text{ molWO}_3/\text{m}^2/\text{sec}$$

ここで,図 2.9 にようにに線の半径;r,表面積;A,体積;V,重量;m,比重;ρ,時間;t として反応速度を考えると,

$$JA = \frac{dm}{dt} = \rho \frac{dV}{dt}$$

$$dV = 2\pi r dr$$

$$\therefore \frac{2\pi r J}{\rho} = \frac{2\pi r dr}{dt}$$

$$\int_0^t dt = \frac{\rho}{J} \int_r^0 dr$$

で,$r = 2.5 \times 10^{-4}$ m であるから式を積分すると,

$$\therefore t = -\frac{\rho}{J} r = -\frac{(19.32 \text{ g/cm}^3)(10^6 \text{ cm}^3/\text{m}^3)(2.5 \times 10^{-4} \text{ m})}{(183.85 \text{ g/mol})(-1.17 \text{ mol/m}^2/\text{sec})} = 22.45 \text{ sec}$$

を得る.

例題 2.8

超伝導合金上の ZnS 層形成

(1) In-Zn 合金は,超伝導材料として図 2.10 のように上部表面を絶縁のために ZnS の薄膜で被って用いている.今,400℃で厚さ 1 cm の In-Zn 合金試料が平衡状態

にある硫黄の蒸気にさらされている．

膜の成長は，以下のステップで進行するとして，ZnS の層が 10^{-6} cm になるのに要する時間を仮定と共に示せ．

【膜成長に必要なステップ】
1） 硫黄蒸気(ガス)/膜境界での化学反応
$$Zn + 1/2 S_2 \rightarrow ZnS$$
2） ZnS 膜内での拡散による Zn の移動
3） In-Zn 合金内での Zn の移動

（2） 半導体技術者が，図 2.11 に示すように二つの温度領域を持った炉内で Ir-Zn 合金上に ZnS を物理蒸着(PVD；Physical Vapor Deposition)することを考え，800℃の炉内に ZnS を装入して蒸発させ，25℃に保たれた合金上に蒸着させる．ZnS の層厚さが 10^{-6} cm になるのに要する時間を仮定と共に示せ．ただし，ZnS は 800℃で蒸気と平衡している．計算に必要なデータを次に示す．

計算に必要なデータ

- ボルツマン定数　　$k_B = 1.38 \times 10^{-23}$ J/K
- ガス定数　　　　　$R = 8.314$ J/mol/K
- アボガドロ数　　　$N_{Av} = 6.02 \times 10^{23}$ /mol
- 原子量　　　　　　Ir：192.2 g/mol
　　　　　　　　　　Zn：65.4 g/mol
　　　　　　　　　　S：32.1 g/mol
- 密度　　　　　　　Ir-Zn：19.0 g/cm^3　　Zn：4.09 g/cm^3
- 蒸気圧　　　　　　$P_{S_2} = 10^{-2}$ atm（400℃で溶融硫黄と平衡）
　　　　　　　　　　$P_{ZnS} = 1.3 \times 10^{-4}$ atm = 13.2 N/m^2 = 132 dyn/cm^2
　　　　　　　　　　（800℃で ZnS と平衡）

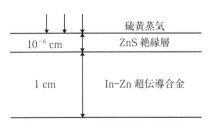

図 2.10　In-Zn 超伝導合金の膜成長

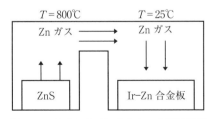

図 2.11　ZnS の Ir-Zn 合金上への物理吸着

- 拡散係数　　　　　　$P_{ZnS} = 0$ atm (500℃以下で ZnS と平衡)
　　　　　　　　　　$D_{Zn} = 8 \times 10^{-13}$ cm^2/sec (Ir-Zn 中)
　　　　　　　　　　$D'_{Zn} = 8 \times 10^{-16}$ cm^2/sec (ZnS 中)
　　　　　　　　　　$D_{Ir} = D_S \fallingdotseq 0$ (ZnS 中)
- Ir-Zn 合金の成分　　　25 at%Zn (2.02 gZn/cm^3)
- Ir-Zn 合金中の Zn の活量　　a_{Zn}(25 at%Zn) = 1
- ZnS 中の Zn の最大固溶度　　7 at%Zn = 0.192 gZn/cm^3
- ZnS 中の S, Ir および Ir-Zn 合金中の S の最大固溶度 = 0

化学反応 1/2S$_2$(ガス) + Zn → ZnS は不可逆反応であり，400℃では膜成長速度は次のように表される．

$$\frac{dx}{dt} = k P_{S_2}^{1/2} [\text{Zn}]$$

ここで，$k =$ 反応定数 $= 10^{-11}$ (cm/sec)(atm)$^{1/2}$(g/cm^3)$^{-1}$
　　　　$P_{S_2} = $ S$_2$ ガス圧 atm
　　　　[Zn] = ZnS 中の Zn の濃度 g/cm^3

[解]

(1) 膜成長には，前述した三つのプロセスが同時に進行しているが，どのプロセスが律速しているのか，各々について考えてみることにする．

1) 硫黄のガス/膜境界での化学反応 (Zn+1/2S$_2$→ZnS) が律速

Zn は ZnS 中を直ちに拡散し，膜の表面上で反応し，硫黄原子の到達を待っていると仮定すると，膜の成長速度は，

$$\frac{dx}{dt} = k P_{S_2}^{1/2} [\text{Zn}]$$
$$= 10^{-11} \times (10^{-2})^{1/2} \times 0.192$$
$$= 1.92 \times 10^{-13} \text{ cm/sec} = \text{一定}$$

であるから，$t = 0$ から t まで積分すると，

$$\int_0^t dt = \int_0^{10^{-6}} \frac{dx}{k P_{S_2}^{1/2} [\text{Zn}]} \quad \therefore t = \frac{10^{-6}}{1.92 \times 10^{-13}} \fallingdotseq 5.2 \times 10^6 \text{ sec} = 1445 \text{ hr}$$

2) ZnS 膜内での拡散による Zn の拡散律速

ZnS 膜への Zn の供給は，膜を通して拡散により行われ，Zn が表面に達すると直ちに ZnS を形成するため硫黄と反応すると仮定する．図 2.13 に時間増加による濃度変化を示す．

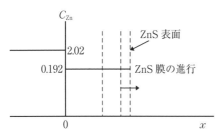
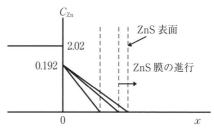

図2.12 ZnS/ガス界面化学反応律速の場合　　図2.13 ZnS膜中のZnの拡散律速の場合

これは，移動境界の問題であり，成長している領域の濃度分布は，ほとんど直線に近似できる．また，最終膜厚が 10^{-6} cm と薄いため濃度というよりむしろ原子的な分布として直線近似を仮定すると，

$$J = -D\frac{\partial C}{\partial x} = -D\frac{\Delta C}{\Delta x} = \frac{(8 \times 10^{-16}\,\text{cm}^2/\text{sec})(0.192\,\text{gZn/cm}^3)}{\Delta x}$$

$$= \frac{1.54 \times 10^{-16}}{\Delta x}\,\text{gZn/cm}^2/\text{sec}$$

$$\frac{d\Delta x}{dt} = \frac{J}{\rho_{Zn}} \quad \because \rho_{Zn} = \left(4.09\,\frac{\text{gZn}}{\text{cm}^3}\right)\left(\frac{65.4\,\text{gZn/mol}}{97.5\,\text{gZnS/mol}}\right) = 2.74\,\text{gZn/cm}^3\,\text{を代入した．}$$

$$= \frac{5.6 \times 10^{-17}}{\Delta x}\,\text{cm/sec}$$

$$\int_0^{10^{-6}} \Delta x\,d\Delta x = \int_0^t 5.6 \times 10^{-17}\,dt$$

$$\left.\frac{\Delta x^2}{2}\right|_0^{10^{-6}} = 5.6 \times 10^{-17} t \quad \Delta x = 10^{-6}\,\text{cm を代入して，}$$

$$\therefore t = 8.9 \times 10^3 \quad \text{sec} \fallingdotseq 2.5\,\text{hr}$$

これは，酸化膜成長のときに得られる放射線則と同様で膜厚が $t^{1/2}$ に比例する．

3）Ir-Zn合金内でのZnの拡散律速

Zn が Ir-Zn 合金表面に到達すると直ちに ZnS 膜を通って拡散し，雰囲気中の硫黄と反応して ZnS を形成すると仮定する．

図2.14 に，時間濃度に伴う合金内の Zn 濃度変化を示す．一次元拡散方程式より，初期および境界条件を設定して一般解を誤差関数として濃度を求める．

$$\frac{\partial C}{\partial t} = D\frac{\partial^2 C}{\partial x^2}$$

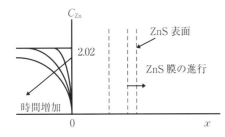

図 2.14　Ir-Zn 合金中の Zn 拡散律速の場合

初期条件：$C(x, 0) = 2.02 \text{ g/cm}^3$

境界条件：$C(0, t) = 0,\ \ C(-\infty, t) = 2.02 \text{ g/cm}^3$

$$C(x, t) = A + B\mathrm{erf}\left(\frac{x}{2\sqrt{Dt}}\right) = 2.02\,\mathrm{erf}\left(\frac{x}{2\sqrt{Dt}}\right) \quad A,\ B: 定数$$

$$J = -D\frac{\partial C}{\partial x} = -D(-2.02)\frac{2}{\sqrt{4\pi Dt}}\exp\left(\frac{x^2}{4Dt}\right)$$

$$\therefore J(0, t) = 2.02\sqrt{\frac{D}{\pi t}}$$

よって，合金から t 時間後に反応した Zn の量 Q は，$D(\text{Ir-Zn 中}) = 8 \times 10^{-13}\text{ cm}^2/\text{sec}$ を代入して

$$Q = \int_0^t J(0, t)\,dt = \int_0^t 2.02\sqrt{\frac{D}{\pi t}}\,dt = 1.02 \times 10^{-6}\int_0^t t^{-\frac{1}{2}}dt = 2.04 \times 10^{-6}\sqrt{t}\ \ \text{g/cm}^2$$

となる．一方，10^{-6} cm 厚さの ZnS を形成するのに要する量は，

$$Q = (10^{-6}\text{ cm})(4.09\text{ gZnS/cm}^3)\left(\frac{65.4\text{ gZn}}{97.5\text{ gZnS}}\right) = 2.74 \times 10^{-6}\text{ g/cm}^2$$

$$\therefore t = \left(\frac{2.74 \times 10^{-6}}{2.04 \times 10^{-6}}\right)^2 = 1.80\text{ sec}$$

となる．よって，1, 2, 3 のプロセスを比較すると，ZnS/ガス界面の化学反応に要する時間が一番長く，これが律速過程であり，10^{-6} cm の ZnS の膜厚を形成するのに要する時間は約 1445 hr である．

（**2**）式(2.21)より，

$$J = \frac{\alpha \Delta P}{\sqrt{2\pi mRT}}$$

である．ここで，$\alpha = 1$，$P_{eq} \fallingdotseq 0$ と仮定して数値を代入すると，

$$J = \frac{P}{\sqrt{2\pi mRT}} = \frac{13.2 \text{ N/m}^2}{\sqrt{2\pi(97.5 \times 10^{-3} \text{ kg/mol})(8.314 \text{ J/mol/K})(1073 \text{ K})}}$$

$$= 0.18 \frac{\text{molZn}}{\text{m}^2 \text{sec}} = 1.177 \times 10^{-3} \frac{\text{gZn}}{\text{cm}^2 \text{sec}} = \text{一定}$$

$$\therefore t = \frac{2.74 \times 10^{-6} \frac{\text{gZn}}{\text{cm}^2}}{1.177 \times 10^{-3} \frac{\text{gZn}}{\text{cm}^2 \text{sec}}} = 2.33 \times 10^{-3} \text{ sec}$$

となる.

2.5　Gibbs-Langmuir の等温式[4, 5]

2成分系(成分1, 2)の物質が2相(α, β)に分離しており，界面積をAとする．さらに，α-β界面に厚さσの疑似相(pseudo-phase)を想定し，温度Tおよび体積Vを一定とすると，Helmholtz の自由エネルギーFは次式で表される．

$$dF = \mu_1 dN_1 + \mu_2 dN_2 + \gamma_\sigma dA \tag{2.23}$$

γ_σ；界面エネルギー，μ_i；i の化学ポテンシャル，N_i；i のモル濃度
界面での Gibbs-Duhem の式は，

$$N_1^\sigma d\mu_1 + N_2^\sigma d\mu_2 + A d\gamma_\sigma = 0 \tag{2.24}$$

で表される．ここで，N_i^σ は界面中での i の過剰量である．これを，$\Gamma_i = N_i^\sigma/A$ と置いて式(2.24)を書き直すと，

$$d\gamma_\sigma = -\Gamma_1 d\mu_1 - \Gamma_2 d\mu_2 \tag{2.25}$$

となる．さらに，成分1に関して i の相対吸着(relative adsorption)を，

$$\Gamma_i^{(1)} = \Gamma_i - \frac{X_i}{X_1}\Gamma_1 \tag{2.26}$$

と定義する．ここで，X_i は i のモル分率である．$\Gamma_2^{(1)}$ と X_2 との関係を図 **2.16** に示すが，式(2.26)で $X_2 \to 0$ として飽和時の $\Gamma_2^{(1)\text{sat}}$ および X_2^c を求める．すなわち，

$$\left(\frac{\Gamma_2^{(1)}}{X_2}\right)_{X_2 \to 0} = \frac{\Gamma_2^{(1)\text{sat}}}{X_2^c} \tag{2.27}$$

となる．**表 2.8** にいくつかの二元系合金に対して，$\Gamma_2^{(1)\text{sat}}$ および X_2^c を示す．

成分2を溶質とし，2のみの単一界面であるとすると式(2.25)は，

$$d\gamma_\sigma = -\Gamma_2 d\mu_2 \tag{2.28}$$

2.5 Gibbs-Langmuir の等温式

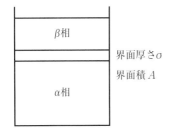

図 2.15 α-β 2 相が厚さ σ の界面で分離

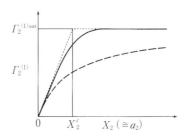

図 2.16 $\Gamma_2^{(1)}$ と X_2 との関係 (Lupis[4])

表 2.8 二元系合金の $\Gamma_2^{(1)\text{sat}}$ および X_2^c (Lupis[4])

溶媒	$(RT\Gamma_0^{-1})T\,\text{K}$ (N/m)	溶質	T (K)	ν_2^∞	$\Gamma_2^{(1)\text{sat}} \times 10^6$ (mol/m²)	$A_2^{(1)\text{sat}}$ (Å²/atom)	$X_2^c \times 10^6$
Fe	$(0.412)_{1823}$	O	1823	2500	16.1	10.3	240
		S	1823	4500	11.0	15.1	90
		Se	1823	27000	11.2	14.7	10
		Te	1823	>27000	11.1	15.0	<10
Cu	$(0.310)_{1373}$	O	1373	10000	5.7	29	20
		S	1393	14000	~11.4	~14.5	30
		Se	1423	14000	14	11.9	40
		Te	1423	7800	12	13.8	60
Ag	$(0.219)_{1253}$	O	1253	1750	4.8	34	130
Pb	$(0.118)_{973}$	O	1023	650	4.9	34	520
		S	1023	520	—	—	—
		Se	1023	350	—	—	—
		Te	973	130	0.7	240	370

$A_2^{(1)\text{sat}}(\text{Å}^2/\text{atom}) \times 6025 = 1/\Gamma_2^{(1)\text{sat}}(\text{m}^2/\text{mol})$
$1/\Gamma_1^0$ is 6.11 Å²/atom for Fe and Cu, 7.9 Å²/atom for Ag, and 11.4 Å²/atom for Pb.
$J_2 = -(d\sigma/dX_2)_{X_2 \to 0} = (RT\Gamma_4^0)\nu_2^\infty$
$X_2^c = (\Gamma_2^{(1)\text{sat}}/\Gamma_1^0)(1/\nu_2^\infty) = A_1^0/A_2^{(1)\text{sat}})(1/\nu_2^\infty)$.

となる．一方，$\mu_2 = \mu_2^0 + RT \ln a_2$ であるから，これを式(2.28)に代入すると，

$$d\gamma_\sigma = -\Gamma_2 RT d \ln a_2 \tag{2.29}$$

あるいは，

$$\Gamma_2 = -\frac{1}{RT}\frac{d\gamma_\sigma}{d \ln a_2} \tag{2.30}$$

と書ける．これが二成分系の Gibbs の吸着等温式である．

次に，凝集系について，表面上に成分 2 が空孔に吸着するとしてその反応を書くと，

$$2 + V^s = 2^s \tag{2.31}$$

となる．この反応の平衡定数は，

$$k = \frac{\Gamma_2}{a_2(\Gamma_2^{(1)\,\text{sat}} - \Gamma_2)} \tag{2.32}$$

となる．Γ_2 について書き直すと，

$$\Gamma_2 = \frac{ka_2}{1 + ka_2}\Gamma_2^{(1)\,\text{sat}} \tag{2.33}$$

となり，さらに式(2.30)に代入して，純溶媒のところから所定の濃度まで積分すると，

$$\int_{\gamma_\sigma^{\text{純溶媒}}}^{\gamma_\sigma} \gamma_\sigma = -RT\Gamma_2^{(1)\,\text{sat}} \int_{a_2=0}^{a_2} \frac{ka_2}{1+ka_2} d\ln a_2 \tag{2.34}$$

$$\therefore \gamma_\sigma^{\text{純溶媒}} - \gamma_\sigma^{X_2} = RT\Gamma_2^{(1)\,\text{sat}} \ln(1 + ka_2) \tag{2.35}$$

となる．この式は Langmuir-Gibbs の等温式あるいは Szyszkowski の式と呼ばれている．

第 2 章 引用文献

1） 藤代亮一訳：バーロー物理化学，第 10 版，東京化学同人 (1975), p.753.
2） A. F. H. Ward: Proc. Roy. Sor., **A133** (1931), p.506.
3） P. Emmett: Catalysis, vol. 1, Reinhold Pub. Corp. (1954).
 2），3）は，文献 1）の図 24.6 (p.756) より引用．
4） C. H. P. Lupis: *Chemical Thermodynamics of Materials*, North-Holland (1983), p.391.
5） F. D. Richardson: *Physical Chemistry of Melts in Metallurgy*.

相変態の速度論

　液体が凝固するときや，析出強化型合金で時効処理を施し，析出粒子が析出したりする場合，核生成(nucleation)，成長(growth)そして粗大化(coarsening)の過程をへて相変態が進行する．材料は相変態によってその諸性質に著しい変化を起こすので，変態の様相を明らかにすることは熱処理の基礎を学ぶうえにおいても重要である．これらの相変態は，熱力学的な自由エネルギーがより系が安定な方向に進行することで生じる．すなわち，系にある濃度のゆらぎが生じるとき，そのゆらぎが小さいときは系の自由エネルギーが増加してそのゆらぎが消滅する方向に進むが，かなり大きな濃度のゆらぎが生じるときには，それが析出の核となって析出が進行していく．析出の形態は，機構上以下のように分類することができる[1]．

(1) 連続析出；析出の進行とともに母相の組成が連続的に変化する析出
  ① 均一析出
  ② 不均一析出
(2) 不連続析出；2相が同時に集団(コロニーまたはnodule)をなして析出し，その成長の間，母相の溶質原子の濃度が一様に保たれる析出
(3) スピノーダル分解；核生成を必要とせず，連続的にゆらぎが大きくなるため，潜伏期(拡散によってある形態を取るためにはある期間が必要であるが，この期間のことを潜伏期と呼ぶ)を持たずに母相と整合性を保ちながら原子が再配列

　そこで，これらの析出の核生成，成長および粗大化する過程について説明する．なお，析出やスピノーダル分解は必ず拡散を伴うがMartensiteはこのような拡散を伴わないため，無拡散変態と呼ばれている．ここではMartensite変態については述べないので，他の文献[2,3]を参考にされたい．

3.1 核 生 成

　核生成(nucleation)の機構としては，①溶質濃度のゆらぎによって核が形成される均一核生成(homogeneous nucleation)と②転位や不純物原子あるいは粒界などから核が形成される不均一核生成(heterogeneous nucleation)に分類される．これらの核生成は原子が合体し，ある大きさ(臨界半径)以上になると，熱力学的に安定な方向に進むために生じる．そこで，これらの現象に対して数学的な取り扱いについて説明した後，核であ

るエンブリオの粒径分布と核生成速度の古典的な考え方である Volmer-Weber および Becker-Döring の理論について述べる．

3.1.1 均一核生成

均一核生成は，液体金属が凝固する場合等を例にとって説明されているが，実際の合金では均一核生成はほとんど起こらない．しかし，理論的な取り扱いが比較的容易であることからまずはじめに均一核生成について考える．

液体が冷却され凝固する場合，温度と固体および液体の自由エネルギー(ΔG_S および ΔG_L)の関係は**図3.1**のようになる．すなわち，温度が下がるに従って液体の自由エネルギー ΔG_L は低下し，ついに平衡温度 T_e で固体の自由エネルギー ΔG_S と等しくなる．系が平衡温度 T_e 以下に過冷されると，液体中にエンブリオ(embryo)と呼ばれる固体の核が形成される．

半径 r の球形のエンブリオが形成されたときの自由エネルギー変化 $\Delta G(r)$ は，

$$\Delta G(r) = V\Delta G_v + A\gamma \tag{3.1}$$

V；形成されたエンブリオの体積，A；表面積，ΔG_v；形成されたエンブリオの自由エネルギー，γ；エンブリオ-液体間の界面エネルギー

と表すことができる．球形エンブリオの場合，体積および表面積を半径 r の関数として表すと式(3.1)は，

$$\Delta G(r) = \frac{4}{3}\pi r^3 \Delta G_v + 4\pi r^2 \gamma \tag{3.2}$$

と書くことができる．右辺の第1項は体積エネルギーの項で，過冷されるときは常に負の値(ΔG_v が負の値)となる．一方，第2項は表面エネルギーの項であり，常に正の値(γ は正の値)となる．これを図に表すと，**図3.2**のように自由エネルギーは極大値を持

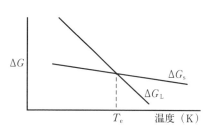

図3.1 液体と固体の自由エネルギーと温度の関係

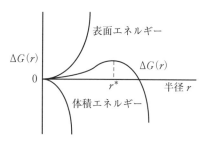

図3.2 エンブリオが発生するときの自由エネルギー

つ.

極大値を求めるために，式(3.2)を微分すると，
$$4\pi r^2 \Delta G_\mathrm{v} + 8\pi r \gamma = 0 \tag{3.3}$$
となり，臨界半径 r^* は，
$$r^* = -\frac{2\gamma}{\Delta G_\mathrm{v}} \tag{3.4}$$
となる．エンブリオの半径がこれより大きくなると，エンブリオは成長し，小さいときは自然消滅する．また，均一核生成における臨界半径での自由エネルギー ΔG^*_homo は式(3.4)を式(3.2)に代入して，
$$\Delta G^*_\mathrm{homo} = \frac{16\pi}{3} \frac{\gamma^3}{(\Delta G_\mathrm{v})^2} \tag{3.5}$$
となる．この値は，均一核生成が発生するときの臨界核の自由エネルギーである．

3.1.2 不均一核生成

図3.3のように β 相が不純物の表面上で α 相から析出したときを考える．$\gamma_{\alpha\beta}, \gamma_{\alpha\mathrm{S}}$ および $\gamma_{\beta\mathrm{S}}$ を $\alpha\beta, \alpha\mathrm{S}$(不純物)および $\beta\mathrm{S}$ 間で接している界面のエネルギーとすると，それらの関係は，
$$\gamma_{\alpha\mathrm{S}} = \gamma_{\beta\mathrm{S}} + \gamma_{\alpha\beta} \cos\theta \tag{3.6}$$
と表すことができる．ここで，不純物上に析出した β 相の接触角を θ とする．半径 r の β 相が析出したことによって生じた自由エネルギー変化は式(3.2)より，
$$\Delta G(r) = V_\beta \Delta G_\mathrm{v} + \sum_i A_i \gamma_i \tag{3.7}$$
と表すことができる．式(3.6)および(3.7)から自由エネルギーを均一核生成の場合と同様にして体積 V と表面積 A を半径 r と接触角 θ の関数で表し，均一核生成の場合と同様にして，r で微分して $\partial \Delta G/\partial r = 0$ のときの半径 r^* (臨界半径)を計算すると，

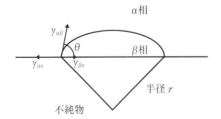

図 3.3 不純物と α 相界面に析出した析出物

$$r^* = -\frac{2\gamma_{\alpha\beta}}{\Delta G_v} \tag{3.8}$$

となり,同様に不均一核生成における臨界半径での自由エネルギー $\Delta G^*_{\text{hetero}}$ を計算して,

$$\Delta G^*_{\text{hetero}} = \frac{16}{3}\pi \frac{\gamma_{\alpha\beta}^2}{(\Delta G_v)^2}\left[\frac{(2+\cos\theta)(1-\cos\theta)^2}{4}\right] \tag{3.9}$$

$$= \Delta G^*_{\text{homo}} f(\theta) \tag{3.9'}$$

ただし,$f(\theta) = \dfrac{(2+\cos\theta)(1-\cos\theta)^2}{4}$

を得る.ここで式(3.9)を導出するため,不均一核生成の自由エネルギー ΔG_{hetero} を求めてみることにする.

参考:不均一核生成の自由エネルギーの算出

式(3.7)は書き直すと,

$$\Delta G_{\text{hetero}} = V_\beta \Delta G_v + A_{\alpha\beta}\gamma_{\alpha\beta} + A_{\beta S}\gamma_{\beta S} - A_{\beta S}\gamma_{\alpha S} \tag{I}$$

V_β;析出した β 相の体積,$A_{\alpha\beta}$;α 相と接している β 相の表面積,
$A_{\beta S}$;不純物 S と接している β 相の表面積

式(3.6)を式(I)に代入すると,

$$\Delta G_{\text{hetero}} = V_\beta \Delta G_v + A_{\alpha\beta}\gamma_{\alpha\beta} - A_{\beta S}\gamma_{\alpha\beta}\cos\theta \tag{II}$$

となる.次に β 相の体積 V_β および表面積 $A_{\alpha\beta}$ および $A_{\beta S}$ を求める.円の座標を表す式は,x, y 座標では $x^2 + y^2 = r^2$ であるから体積 V_β は,

$$V_\beta = \int_{r\cos\theta}^{r} \pi y^2 dx = \int_{r\cos\theta}^{r} \pi(r^2 - x^2)dx = \pi\left[r^2 x - \frac{x^3}{3}\right]_{r\cos\theta}^{r}$$

$$= \pi\left[\left(r^3 - \frac{r^3}{3}\right) - \left(r^3\cos\theta - \frac{r^3\cos^3\theta}{3}\right)\right] = \frac{\pi r^3}{3}(2 - 3\cos\theta + \cos^3\theta)$$

$$= \frac{4}{3}\pi r^3 \frac{(2+\cos\theta)(1-\cos\theta)^2}{4} \tag{III}$$

となる.また,$x = r\cos\theta$,$y = r\sin\theta$ と極座標で表し,$ds = \sqrt{dx^2 + dy^2}$ として表面積 $A_{\alpha\beta}$ および $A_{\beta S}$ を求めると,

$$A_{\beta S} = \pi y^2 = \pi r^2 \sin^2\theta = \pi r^2 (1 - \cos^2\theta) \tag{IV}$$

$$A_{\alpha\beta} = \int_{r}^{r\cos\theta} 2\pi y ds = 2\pi r^2 \int_{0}^{\theta} \sin\theta d\theta = 2\pi r^2 [-\cos\theta]_0^\theta = 2\pi r^2 (1 - \cos\theta) \tag{V}$$

よって,式(II)の第2項以下は式(IV)および(V)から,

$$A_{\alpha\beta}\gamma_{\alpha\beta} - A_{\beta S}\gamma_{\alpha\beta}\cos\theta = 4\pi r^2 \gamma_{\alpha\beta}\frac{2 - 2\cos\theta}{4} - 4\pi r^2 \gamma_{\alpha\beta}\frac{\cos\theta(1-\cos^2\theta)}{4}$$

$$= 4\pi r^2 \gamma_{\alpha\beta} \frac{2 - 3\cos\theta + \cos^3\theta}{4} = 4\pi r^2 \gamma_{\alpha\beta} \frac{(2+\cos\theta)(1-\cos\theta)^2}{4} \tag{VI}$$

となり，式(VI)および(III)を式(II)に代入して整理すると，

$$\Delta G_{\text{hetero}} = \left(\frac{4}{3}\pi r^3 \Delta G_{\text{v}} + 4\pi r^2 \gamma_{\alpha\beta}\right) \left[\frac{(2+\cos\theta)(1-\cos\theta)^2}{4}\right] \tag{VII}$$

を得る．式(VII)は，均一核生成の式(3.2)にθの項が入っただけであり，臨界半径での自由エネルギーは同様にして，rで微分して極大値を求めると式(3.9)になる．

ここで，接触角が極端な場合について考えてみる．

① $\theta = 180°$ のとき　　$\cos\theta = -1$ であるから $f(\theta) = 1$ ∴ $\Delta G_{\text{hetero}}^* = \Delta G_{\text{homo}}^*$

β 相は不純物と点接触している．

② $\theta = 0°$ のとき　　$\Delta G_{\text{hetero}}^* = 0$

完全に濡れた状態であり，核生成の障害がない．このとき，不純物は触媒として析出に有効に働く．

また，例えば $\theta = 10°$ のとき，$f(\theta) \sim 10^{-4}$ となり，不均一核生成の自由エネルギーは均一核生成に比べて非常に起こりやすいことを示している．

3.1.3　核生成理論

均一核生成あるいは不均一核生成が形成されるとき，エンブリオの形状分布はどのようになっており，核生成速度はどのように表されるのかについて，古典的な理論であるVolmer-Weber[4]およびBecker-Döring[5]の理論を用いて考えてみることにする．

3.1.3.1　Volmer-Weberの理論

気体から液体が核生成する場合を考えてみよう．M. Volmer と A. Weber は，エンブリオの形成がいきなり変化によって生じるのではなく，2原子の衝突から式(3.10)に従って衝突，分離を繰り返して臨界半径までエンブリオが形成されていくと考えた．

$$\begin{array}{c} \text{可逆} \\ Q_1 + Q_1 \Leftrightarrow Q_2 \\ Q_2 + Q_1 \Leftrightarrow Q_3 \\ \cdots\cdots\cdots \\ Q_i^* + Q_1 \Leftrightarrow Q_{i+1}^* \\ \text{不可逆} \end{array} \tag{3.10}$$

Q_j；j原子集まったエンブリオ，Q_i^*；i原子集まって臨界半径に達したエンブリオ

エンブリオの原子数に対する分布は，活性過程を越えていく確率で表されるので，Boltzmann分布を仮定すると，i原子集まったエンブリオの個数は，

$$n_i = N \exp\left(-\frac{\Delta G_i}{k_B T}\right) \quad i < i^* \tag{3.11}$$

$$n_i = 0 \quad i > i^* \tag{3.11'}$$

n_i；i原子集まったエンブリオの個数，N；単位体積当たりの気体中の原子の個数，ΔG_i；標準生成自由エネルギー変化

である．**図3.4**に自由エネルギーおよびエンブリオの分布状況を示す．

さて，単位時間当たり式(3.10)の

$$Q_i^* + Q_1 \Leftrightarrow Q_{i+1}^*$$

の反応に従って核を形成する頻度すなわち核生成速度Iは，

$$I = A_i^* q_\theta n_i^*$$

$$= A_i^* \frac{P}{\sqrt{2\pi m k_B T}} N \exp\left(-\frac{\Delta G_i^*}{k_B T}\right) \tag{3.12}$$

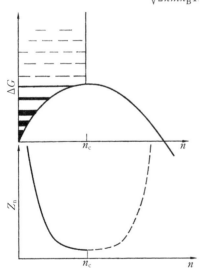

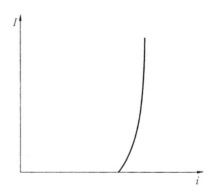

図3.4 エンブリオのサイズと分布，自由エネルギーの関係(Christian[16])
Z_n；エンブリオ数，n；原子個数，ΔG；自由エネルギー

図3.5 エンブリオ数(i)と核生成速度(I)の関係(Christian[16])

A_i^*：臨界核の表面積，q_θ：エンブリオに単位時間当たり衝突して原子が結合する確率

と表すことができる．なお，気体の場合は Langmuir の吸着式（$q_\theta = P/\sqrt{2\pi m k_B T}$）があてはまる．

核生成速度 I は Nucleation rate あるいは Nucleation current と呼ばれる．ここで，i 原子集まったエンブリオと核生成速度との関係を図で示すと**図 3.5** のようになる．

Volmer-Weber が導いた式(3.12)は，（1）臨界核形成に伴って増加する指数関数の項，（2）気体原子の衝突の頻度に比例する項からなっている．

この理論の欠点は，平衡分布が式(3.11)のように表せると仮定したことである．つまり，実際は臨界半径以上のエンブリオも収縮する可能性がある．そこで，次にこの Volmer-Weber の理論を修正した Becker-Döring の理論について述べる．

3.1.3.2　Becker-Döring の理論

Becker-Döring の理論は，エンブリオの原子数が少ない場合は，Volmer-Weber と同じであるが，**図 3.6** に示すようにエンブリオが臨界半径より大きくてもエンブリオの数がゼロにならずに存在するところが異なっている．

核生成速度については，

$$I = i_{n \to n+1} - i_{n+1 \to n} \tag{3.13}$$

のように表せる．ここで，$i_{k \to l}$ は k 原子のエンブリオが l 原子のエンブリオになる頻度である．式(3.12)と(3.13)とを比較すると，$N \exp(-\Delta G^*/k_B T)$ の指数関数項は等しいが，原子の衝突頻度の項が異なり，

$$I = N \exp\left(-\frac{\Delta G^*}{k_B T}\right) \nu_D \exp\left(-\frac{\Delta G'_a}{k_B T}\right)$$

$$= \nu_D N \exp\left(-\frac{\Delta G^* + \Delta G'_a}{k_B T}\right) \tag{3.14}$$

と表される．ここで，ν_D は Debye 振動数であり，1000 K では $k_B T/h \fallingdotseq 2 \times 10^{13}$ Hz（k_B はボルツマン定数，h はプランク定数，T は温度），$N \fallingdotseq 10^{22}/\text{cm}^3$，$\Delta G'_a$ は活性化エネルギーであり，$\exp(-\Delta G'_a/k_B T) \approx 10^{-2}$ である．よって，式(3.14)は，

$$I \approx 10^{33} \exp\left(-\frac{\Delta G^*}{k_B T}\right) \tag{3.15}$$

と書き換えることができる．

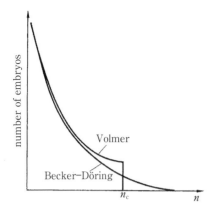

図 3.6 Volmer と Becker の核生成論に従って計算した原子個数 n とエンブリオの数の関係 (Christian[16])

また，固相変態の場合の拡散係数は，$D = \nu_D a_0^2 \exp(-\Delta G_a'/k_B T)$（ただし，$a_0$ は格子定数）として式(3.14)に代入して，

$$I = \frac{ND}{a_0^2} \exp\left(-\frac{\Delta G^*}{k_B T}\right) \tag{3.16}$$

と書ける．

さて，最後に凝固時の核生成速度について考えてみることにする．液体が平衡温度 T_e よりわずか $\Delta T (= T_e - T)$ だけ過冷されているときに均一核生成を形成すると仮定する．過冷による自由エネルギー変化 ΔG_{fusion} は，

$$\Delta G_{\text{fusion}} = \Delta H_{\text{fusion}}\left(1 - \frac{T}{T_e}\right) = \Delta H_{\text{fusion}} \frac{\Delta T}{T_e} \tag{3.17}$$

ΔH_{fusion}；溶融のエンタルピー，T；核生成の温度

と表すことができる．一方，このときの臨界自由エネルギー ΔG^* は式(3.5)に(3.17)を代入して，

$$\Delta G^* = \frac{16\pi\gamma^3}{3(\Delta G_{\text{fusion}})^2} = \frac{16\pi\gamma^3 T_e^2}{3\Delta H_{\text{fusion}}^2 \Delta T^2} = \frac{A}{\Delta T^2} \qquad A；定数 \tag{3.18}$$

となる．また，活性化エネルギー $\Delta G_a'$ は，

$$\Delta G_a' = \Delta H_a' - T\Delta S_a' \tag{3.19}$$

と表されるから，これらの式を式(3.14)に代入すると，

$$I = \nu_D N \exp\left[-\frac{(\Delta H_a' - T\Delta S_a') + A/\Delta T^2}{k_B T}\right]$$

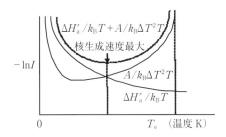

図 3.7 温度と核生成速度の関係

$$I \propto \exp\left[-\left(\frac{\Delta H'_a}{k_B T} + \frac{A}{k_B \Delta T^2 T}\right)\right] \tag{3.20}$$

となる.これを図に表すと,**図 3.7** のようになる.すなわち,過冷度が小さくなると,エンブリオの臨界半径が表面エネルギーの増加に伴って大きくなり,また過冷度が大きくなると,エンブリオに原子が接触する頻度が小さくなるため核生成速度は遅くなり,ある温度で核生成速度は最大になる.

なお,不均一核生成の場合は,核生成速度は式(3.16)より,

$$I = \frac{ND}{a_0^2} \exp\left[-\frac{\Delta G^*_{\text{homo}} f(\theta)}{k_B T}\right] \tag{3.21}$$

と表すことができる.

さて,ここで均一および不均一核生成の二,三の例題によってさらに理解を深めることにする.

例題 3.1

錫の球形均一核生成

錫の液体から固体への核生成速度は,融点以下の種々の温度で多数の小さな錫粒子を急激に過冷し,試料の体積変化を測定しそれを時間の関数(データ(1))として求めることにより得られた.

変態の際に生じる体積の自由エネルギー ΔG_v(データ(2))を用いてデータを整理することによって,測定者は均一核生成理論と本実験結果がよく一致し,球形核と仮定して表面エネルギー γ を求めることができることを示した.そこで,下記の条件の下に113℃での次の値を求めよ.

① 錫の液-固界面エネルギー
② 固体錫の核生成の臨界半径
③ 臨界半径核中の錫原子の個数

実験により得られたデータ

（1） 113℃における $\ln I$ vs $1/T$ のグラフを描いたときの傾き $= -23.8 \times 10^3$
（2） 113℃における $\Delta G_v = -10^8$ J/m^3
（3） 錫原子の半径 $r = 1.5 \times 10^{-10}$ m

[解]

① 錫の液-固界面エネルギー

均一核生成において，錫の液-固界面エネルギー γ は式(3.5)より臨界核における自由エネルギー ΔG^* および体積の自由エネルギー ΔG_v が与えられれば求めることができる．自由エネルギーと核生成速度 I との関係は式(3.14)であるから，この式より(1)の傾きを求めるには，$\ln I$ を $1/T$ で微分すれば求まる．すなわち，

$$I = \nu_D N \exp\left[-\left(\frac{\Delta G^* + \Delta G_a'}{k_B T}\right)\right]$$

$$\ln I = \ln \nu_D N - \frac{\Delta G^*}{k_B T} - \frac{\Delta G_a'}{k_B T}$$

$$\frac{\partial \ln I}{\partial (1/T)} = -\frac{\Delta G^*}{k_B} - \frac{\Delta G_a'}{k_B} = -23.8 \times 10^3$$

固体変態において，$\Delta G^* \gg \Delta G_a'$ であるから球形核に対してこの自由エネルギーおよび ΔG_v を式(3.5)に代入して，

$$\Delta G^* = 23.8 \times 10^3 k_B = \frac{16\pi \gamma^3}{3(\Delta G_v)^2}$$

$$\therefore \gamma = \left[\frac{3(23.8 \times 10^3 k_B)(-10^8)^2}{16\pi}\right]^{\frac{1}{3}} = 0.058 \text{ J/m}^2$$

となり，界面エネルギーが求まる．

② 固体錫の核生成の臨界半径

臨界半径は，式(3.4)に ΔG_v および界面エネルギーの値を代入して，

$$r^* = \frac{-2\gamma}{\Delta G_v} = \frac{-2 \times 0.058 \text{ J/m}^2}{-10^8 \text{ J/m}^3} = 1.16 \times 10^{-9} \text{ m}$$

となる．

③ 臨界半径核中の錫原子の個数

臨界半径の原子の個数を i^*，原子 1 個の体積を V_{Sn}，臨界半径の球状のエンブリオの体積を V_{Em} とすると，

$$V_{Em} = \frac{4}{3}\pi(r^*)^3 = \frac{4}{3}\pi\left(\frac{-2\gamma}{\Delta G_v}\right)^3 = V_{Sn}i^*$$

$$i^* = \frac{4}{3V_{Sn}}\pi\left(\frac{-2\gamma}{\Delta G_v}\right)^3 = \frac{4\pi}{3\left(\frac{4}{3}\pi\right)(1.5\times 10^{-10}\text{m})^3}\left(\frac{-2\times 0.058\text{ J/m}^2}{-10^8\text{ J/m}^3}\right)^3$$

$$\therefore i^* = 462 \text{ 個}$$

となり，臨界半径での錫原子個数が求まった．

例題 3.2

円柱状析出物の核生成

（1）純金属 M は，円柱として取り扱うことができる棒状の析出物が核生成することにより，固体 α から固体 β へ変態する．この金属において，エンブリオと核は表面エネルギーを最小にするある半径/長さのこのときのみ形成する．図 3.8 に示すように，この析出物の界面エネルギーは非等方である．下記のデータをもとにして，金属を 50 K 過冷したときの臨界核の大きさを求めよ．なお，以下の物性値がデータとして与えられている．

計算に必要なデータ

・平衡変態温度　　　　　　　　 $T_e = 400$ K
・変態時のエンタルピー　　　　 $\Delta H_{Tr} = 1.25\times 10^8$ J/m^3
・長さ l 方向の界面エネルギー　 $\gamma_l = 0.2$ J/m^2
・半径 r 方向の界面エネルギー　 $\gamma_r = 0.1$ J/m^2

（2）純金属 N は，系のひずみエネルギーを変える球形析出物を核生成することにより，固体 α から固体 β へ変態する．この場合，近似的にひずみエネルギーは，析出

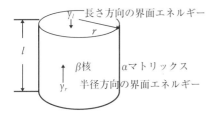

図 3.8 β 析出物に働く界面エネルギー

140　第3章　相変態の速度論

物の体積に比例すると考える．設問（1）と同様に，金属を50 K過冷したときに以下のデータを用いて核生成速度 I を求めよ．

計算に必要なデータ

- 平衡変態温度　　　　　$T_e = 400$ K
- 変態時のエンタルピー　$\Delta H_{Tr} = 5.0 \times 10^9$ J/m^3
- 界面エネルギー　　　　$\gamma_{\alpha\text{-}\beta} = 0.15$ J/m^2
- ひずみエネルギー　　　$E_{\alpha\text{-}\beta} = 2.25 \times 10^8$ J/m^2
- アボガドロ数　　　　　$N_{Av} = 6.02 \times 10^{23}$/mol
- ガス定数　　　　　　　$R = 8.31$ J/mol/K

[解]

（1）析出物の析出するときの自由エネルギーは，析出物の半径を r，長さを l として式（3.1）より次のように書ける．

$$\Delta G = \Delta G_v V + \gamma_A A$$

ここで，$\gamma_A A = 2\gamma_l \pi r^2 + 2\gamma_r \pi r l$, $V = \pi r^2 l$

半径/長さの比を β とすると，$\beta = r/l$ となり，V を書き換えると，

$$V = \pi \beta^2 l^3 \quad \text{あるいは} \quad l = \left(\frac{V}{\pi \beta^2}\right)^{\frac{1}{3}}$$

と書ける．与えられた体積に対して表面エネルギーが最小になるには，$\gamma_A A$ を β および V の関数で書き，β で微分すればよい．すなわち，

$$\gamma_A A = 2\pi \gamma_l \beta^2 \left(\frac{V}{\pi \beta^2}\right)^{\frac{2}{3}} + 2\pi \gamma_r \beta \left(\frac{V}{\pi \beta^2}\right)^{\frac{2}{3}}$$

$$= 2\pi^{\frac{1}{3}} V^{\frac{2}{3}} (\gamma_l \beta^{\frac{2}{3}} + \gamma_r \beta^{-\frac{1}{3}})$$

$$\frac{d\gamma_A A}{d\beta} = 0 = 2\pi^{\frac{1}{3}} V^{\frac{2}{3}} \left[\gamma_l \left(\frac{2}{3}\right)\beta^{-\frac{1}{3}} + \left(-\frac{1}{3}\right)\gamma_r \beta^{-\frac{4}{3}}\right]$$

$$\therefore \frac{2}{3}\gamma_l \beta^{-\frac{1}{3}} = \frac{1}{3}\gamma_r \beta^{-\frac{4}{3}}$$

のときが臨界半径であるから，r と l の関係を求めると，

$$\frac{\beta^{-\frac{1}{3}}}{\beta^{-\frac{4}{3}}} = \beta = \frac{\gamma_r}{2\gamma_l} = \frac{0.1}{2(0.2)} = \frac{1}{4} \quad \therefore \frac{r}{l} = \frac{1}{4}$$

となる．一方，式（3.17）から $\Delta G_v = \Delta H \Delta T / T_{eq}$ であり，$4r = l$ であるから，これらを ΔG に代入して，

3.1 核 生 成

と書けるから,

$$\Delta G = \Delta G_{\mathrm{v}} V + \gamma_{\mathrm{A}} A = 4\pi r^3 \Delta H \frac{\Delta T}{T_{\mathrm{eq}}} + 2\pi(\gamma_l r^2 + \gamma_r 4 r^2)$$

と書けるから,臨界半径 r^* はこれを r で微分して 0 のときの r を求めると,

$$\frac{\partial \Delta G}{\partial r} = 0 = 2\pi\left(\gamma_l 2 r^* + \gamma_r 8 r^* + 6 r^{*2} \Delta H \frac{\Delta T}{T_{\mathrm{eq}}}\right)$$

$$\therefore r^* = \frac{-(\gamma_l + 4\gamma_r) T_{\mathrm{eq}}}{3\Delta H \Delta T} = \frac{-(0.2 + 0.4)(400)}{3(1.25 \times 10^8)(-50)} = 1.28 \times 10^{-8} \,\mathrm{m}$$

の臨界半径 r^* を得る.

（2） 自由エネルギーの中にひずみエネルギーを加えて ΔG を書き直すと,

$$\Delta G = \Delta G_{\mathrm{v}} V + \gamma_{\alpha\beta} A + E_{\alpha\beta} V$$

$$= \frac{4}{3}\pi r^3 (\Delta G_{\mathrm{v}} + E_{\alpha\beta}) + 4\pi r^2 \gamma_{\alpha\beta}$$

と書くことができる.臨界半径 r^* を求めるために上式を r で微分すると,

$$\frac{\partial \Delta G}{\partial r} = 0 = 4\pi r^{*2}(\Delta G_{\mathrm{v}} + E_{\alpha\beta}) + 8\pi r^* \gamma_{\alpha\beta}$$

$$\therefore r^* = \frac{-2\gamma_{\alpha\beta}}{\Delta G_{\mathrm{v}} + E_{\alpha\beta}}$$

となる.さらに,臨界半径での自由エネルギー ΔG^* は r^* を代入して,

$$\Delta G^* = 4\pi\left[\frac{4\gamma_{\alpha\beta}^3}{(\Delta G_{\mathrm{v}} + E_{\alpha\beta})^2} - \frac{8\gamma_{\alpha\beta}^3(\Delta G_{\mathrm{v}} + E_{\alpha\beta})}{3(\Delta G_{\mathrm{v}} + E_{\alpha\beta})^3}\right]$$

$$= 16\pi\left[\frac{\gamma_{\alpha\beta}^3}{(\Delta G_{\mathrm{v}} + E_{\alpha\beta})^2} - \frac{2\gamma_{\alpha\beta}^3}{3(\Delta G_{\mathrm{v}} + E_{\alpha\beta})^2}\right] = \frac{16\pi \gamma_{\alpha\beta}^3}{3(\Delta G_{\mathrm{v}} + E_{\alpha\beta})^2}$$

となる.一方,式(3.17)にデータを代入して ΔG_{v} を計算すると,

$$\Delta G_{\mathrm{v}} = \Delta H \frac{\Delta T}{T_{\mathrm{eq}}} = (5 \times 10^9 \,\mathrm{J/m^3}) \frac{(-50\,\mathrm{K})}{(400\,\mathrm{K})} = -6.25 \times 10^8 \,\mathrm{J/m^3}$$

であるから,これらの数値を ΔG^* に代入して,

$$\Delta G^* = \frac{16\pi (0.15)^3}{3(-6.25 \times 10^8 + 2.25 \times 10^8)^2} = 3.533 \times 10^{-19} \,\mathrm{J/m^3}$$

が求まる.さらに核生成速度 I は,

$$I = \frac{ND}{a_0^2}\exp\left(-\frac{\Delta G^*}{k_{\mathrm{B}} T}\right)$$

であり,$ND/a_0^2 \approx 10^{33}\,\mathrm{sec}$ であるから数値を上式に代入して,

142　第3章　相変態の速度論

$$I \approx 10^{33} \exp\left[-\frac{3.533 \times 10^{-19}}{(1.38 \times 10^{-23})(350)}\right] \approx 17/\text{sec}$$

となり，核生成速度が求まる．

3.2　成長過程

　エンブリオのサイズが臨界半径を超えると，自由エネルギーがより安定な方向になるように核は成長していき相変態が進行する．そのときに例えば凝固が生じる場合は，変態の際には大きな熱の発生を伴うが，過程を考えるときにモデルが複雑になるためここでは等温で変態が進行すると仮定して話を進めることにする．そして，析出物の成長を考えるときにこの相変態に際して析出物の成分に変化がなく，曲率半径の影響のみ考慮した Gibbs-Thomson の方程式を導き，さらに通常の成長からいくつかの成長過程についても取り上げる．

3.2.1　Gibbs-Thomson の式[6]

　図3.9のように，体積 V，温度 T，成分 i のモル分率 N_i が一定の系内で，β 相中に α 相が析出する場合を考える．今，成分 i の n_i モルが β 相から α 相に移動して半径 r の球形の α 相が析出したとする．α 相と β 相の界面では原子の配列が乱れており，余分のエネルギー（界面エネルギー γ）を有する．β 相から α 相へ原子を dn_i モルだけ移るとしたとき，α 相に成分 i が1モル当たり移動した自由エネルギーを ΔG_i として，そのときの自由エネルギー変化 dG は，

$$dG = \Delta G_i dn_i \tag{3.22}$$

と表される．この自由エネルギーの変化によって，界面積は dA だけ増加すると考えると自由エネルギー変化は，

$$dG = \gamma dA = \gamma \frac{dA}{dV} dV = \frac{2\gamma}{r} V_m dV \tag{3.23}$$

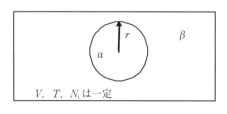

図3.9　β 相から球状の α 相が析出

となる.ここで,V_m は A 原子のモル体積である.よって,$\Delta G_i = \dfrac{2\gamma}{r} V_m$ が成り立つ.

一方,Gibbs の自由エネルギーで温度と圧力の変化がある場合は,
$$\Delta G = V\Delta P - S\Delta T \tag{3.24}$$
となるが,温度を一定と仮定しているため,
$$\Delta G_i = V\Delta P = \dfrac{2\gamma}{r} V_m \tag{3.25}$$
より,α 相の圧力は,β 相より $2\gamma/r$ だけ高いことになる.今,β 相の体積は α 相と比べて非常に大きく,その変化が無視できるとすると,P_β は α 相の表面形状に影響を受けないため,$P_\beta = (P_\alpha)_{r=\infty}$ と表すと式(3.25)から,
$$P_\alpha - (P_\alpha)_{r=\infty} = \gamma \dfrac{2}{r} \tag{3.26}$$
と書き直せる.α 相のモル体積を V_i^α としてさらに式(3.26)を書き換えると,
$$G^\alpha - (G^\alpha)_{r=\infty} = \mu_i^S - (\mu_i^\alpha)_{r=\infty} = RT \ln a_i^\alpha = \dfrac{2\gamma V_i^\alpha}{r} \tag{3.27}$$
となる.ここで,μ_i^α は α 相の i 成分の化学ポテンシャル,R はガス定数,T は温度,a_i^α は α 相の i 成分の活量である.式(3.27)を Gibbs-Thomson の式と呼ぶ.界面エネルギーにより,自由エネルギーは析出粒子の半径が大きくなるに従って安定な状態へ進行していく.

3.2.2 熱活性化された通常の成長過程

β 相の中に α 相が成長する変態を考えてみよう.図 3.10 は,β 相から α 相へ変態するときの自由エネルギーを模式的に示したものである.界面を通して β 相の中から α 相あるいは α 相から β 相へ変化する頻度 $v_{\beta\to\alpha}$,$v_{\alpha\to\beta}$ はデバイ振動数を ν_D として,

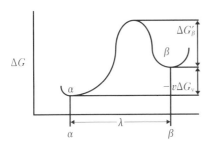

図 3.10 α 相および β 相の自由エネルギー

$$v_{\beta\to\alpha} = \nu_D \exp\left(-\frac{\Delta G'_\beta}{k_B T}\right) \tag{3.28}$$

$$v_{\alpha\to\beta} = \nu_D \exp\left(-\frac{\Delta G'_\beta - v\Delta G_v}{k_B T}\right) \tag{3.29}$$

と表すことができる．さて，界面を横切るときの距離を λ とすると成長速度 u は，

$$u = v_{net}\lambda = (v_{\beta\to\alpha} - v_{\alpha\to\beta})\lambda = \lambda\nu_D \exp\left(-\frac{\Delta G'_\beta}{k_B T}\right)\left[1 - \exp\left(\frac{v\Delta G_v}{k_B T}\right)\right] \tag{3.30}$$

と書ける．これは，Wilson-Frenkel 成長と呼ばれ，通常の熱活性化過程での成長速度に用いられる式である．さて，式(3.30)を過冷度が小さい場合および大きい場合に分けて考えてみる．

（1） 過冷度 ΔT が小さい場合

$v\Delta G_v$ が小さいため，$\exp\left(\frac{v\Delta G_v}{k_B T}\right) \approx 1 + \frac{v\Delta G_v}{k_B T}$ となる*1．

また，ΔG_v は $\Delta G_v \approx \frac{\Delta H_v \Delta T}{T_e}$，$\lambda^2 \nu_D \exp\left(-\frac{\Delta G'_\beta}{k_B T}\right) = D_e$ と表されるため，これらを式(3.30)に代入して書き換えると，

$$u = \frac{D_e}{\lambda}\frac{v\Delta H_v}{k_B T_e T}\Delta T \approx \Delta T \tag{3.31}$$

と書くことができる．これは，成長速度が変態の駆動力である過冷度と比例しており，熱力学的な因子に律速された成長(thermodynamic control of growth)であることを示している．すなわち，温度が低下すると成長速度 u が増加する．

（2） 過冷度 ΔT が大きい場合

$|v\Delta G_v| \gg |k_B T|$ であり $v\Delta G_v$ は負の値であるから，

$$1 - \exp\left(\frac{v\Delta G_v}{k_B T}\right) \approx 1$$

$$\therefore u = \frac{D_e}{\lambda} \tag{3.32}$$

---

*1　$\exp(x)$ をテイラー級数展開すると，

$$\exp(x) = 1 + x + \frac{x^2}{2!} + \frac{x^3}{3!} + \cdots + \frac{x^n}{n!} + R_n(x, 0)$$

となり，x が小さいときは二次以降の高次の項を無視して $\exp(x) \approx 1 + x$ となる．

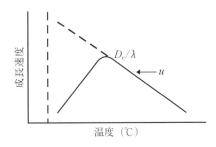

図 3.11 成長速度の温度依存性[7]

となる．これは，成長速度が物質移動律速になり，温度が低下すると物質移動は遅くなるため成長速度 u は減少する．これを図に表すと，**図 3.11** のようになる．過冷度 ΔT が小さい場合，通常の成長モデル(normal growth model)はよく一致する．一方，過冷度 ΔT が大きい場合はこのモデルは適用できない．

3.2.3　等温での核生成を結合した式

3.2.3.1　Johnson-Mehl の式[8]

次のような仮定を設けて，等温で母相からある相が核生成し，同時に成長する場合を考えてみる．

① 変態は，核生成および成長によって進行する．
② 核生成速度および成長速度 u は，時間に依存せず一定である．
③ 核生成は空間的にランダムに生じ，均一核生成である．
④ 変態した相は隣の相と衝突した後も同じように成長し，すでに析出している領域にも核生成する(下図参照)．

時間 τ での析出状況（点線）

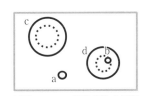
時間 $\tau+d\tau$ での析出状況（実線）

$\begin{pmatrix} \text{c, d は，既存析出物の成長} \\ \text{a, b は，新析出物である} \\ \text{b は，既存析出物内に形成} \end{pmatrix}$

今，変態した相の体積分率を X_e と定義すると，時間 $d\tau$ の間の体積分率の変化 dX_e は次のように表すことができる．

$$dX_\mathrm{e} = \frac{(d\tau \text{の間に核生成した粒子1個の体積})(d\tau \text{の間に進行した核の数})}{(試料の全体積)}$$

$$= \frac{\left\{\frac{4}{3}\pi[u(t-\tau)]^3\right\}(IV_0\,d\tau)}{V_0} \tag{3.33}$$

ここで，V_0 は試料の全体積，t および τ は時間を，u は成長速度，I は核生成速度を表す．両辺 $X_\mathrm{e}=0$ から $X_\mathrm{e}=X_\mathrm{e}$，すなわち $\tau=0$ から $\tau=t$ まで積分すると，

$$\int_0^{X_\mathrm{e}} dX_\mathrm{e} = \frac{4}{3}\pi u^3 I \int_0^t (t-\tau)^3\,d\tau \tag{3.34}$$

$$\therefore X_\mathrm{e} = \frac{\pi}{3} I u^3 t^4 \tag{3.35}$$

となる．この X_e の中には，すでに変態した物質の中でも核生成が生じていること(参考図 b)になり，この体積分率も含まれているため，拡張した体積分率(extended volume fraction)とも呼ばれている．したがって，析出物の真の体積分率を X とすると，時間 t でまだ変態していない部分の体積分率は $1-X$ であるため，dt 時間後の真の体積分率の変動量 dX と拡張した体積分率の変動量 dX_e との関係は，

$$dX = (1-X)\,dX_\mathrm{e} \tag{3.36}$$

と表される．式(3.36)を同様に $X=0$ から $X=X$，$X_\mathrm{e}=0$ から $X_\mathrm{e}=X_\mathrm{e}$ までを積分すると，

$$-\ln(1-X) = X_\mathrm{e}$$
$$\therefore X = 1 - \exp(-X_\mathrm{e}) \tag{3.37}$$

となる．式(3.37)に(3.35)を代入すると，

$$X = 1 - \exp\left(-\frac{\pi}{3} I u^3 t^4\right) \tag{3.38}$$

となる．これは，Johnson-Mehl の式と呼ばれ，再結晶した金属の成長速度式として用いられている．

3.2.3.2　Avrami の修正式[9]

一般に核生成速度は一定でなく，時間によって変化する．M. Avrami は核生成がある優先的なサイトで生じるとした．N_0 を単位体積当たりの初期核生成サイトの数，N を t 時間後に残っているサイトの数とすると，微少時間 dt の間に消失したサイトの数 dN は v を核生成サイトの消失速度として，

$$dN = -Nv\,dt \tag{3.39}$$

と表される.よって,この式を同様に積分することにより,t 時間後に残っているサイトの数 N を求めると $N = N_0 \exp(-vt)$ となる.一方,単位体積当たりの核生成速度はこの値を用いて,

$$I = -\frac{dN}{dt} = N_0 v \exp(-vt) = Nv \tag{3.40}$$

であるから,式(3.40)の t を τ に置き換えて式(3.34)に代入して体積分率 X を計算すると,

$$X = 1 - \exp\left\{\left(\frac{-8\pi N_0 u^3}{v^3}\right)\left[\exp(-vt) - 1 + vt - \frac{v^2 t^2}{2} + \frac{v^3 t^3}{6}\right]\right\} \tag{3.41}$$

となる*2.式(3.41)から,v, t が小さい場合と大きい場合に分けて考える.

① v, t が小さい場合

$\exp(-vt)$ をテイラー級数展開すると,

$$\exp(-vt) \approx 1 - vt + \frac{v^2 t^2}{2} - \frac{v^3 t^3}{6} + \frac{v^4 t^4}{24} - \frac{v^5 t^5}{5!} \cdots \tag{3.42}$$

6項目以上を無視して式(3.41)に代入すると,

$$X = 1 - \exp\left(\frac{-\pi v N_0 u^3 t^4}{3}\right) \tag{3.43}$$

となり,Johnson-Mehl の式になる.

② v, t が大きい場合

式(3.34)の exp の中が負で大きくなるため $\exp(-vt) \Rightarrow 0$ であり,I は直ちにゼロになるから,式(3.41)の { } 内は $v^3 t^3 / 6$ の値が大きく影響する.すなわち,他の項を無視すると,

$$X = 1 - \exp\left(\frac{-4\pi N_0 u^3 t^3}{3}\right) \tag{3.44}$$

となる.

---

*2 $\int_0^{X_e} dX_e = \frac{4\pi}{3} u^3 N_0 v \int_0^t \exp(-v\tau)(t-\tau)^3 d\tau$ の計算

不定積分

$$\int x^n e^{ax} dx = \frac{1}{a} x^n e^{ax} - \frac{n}{a} \int x^{n-1} e^{ax} dx \qquad a:定数$$

であるから,$t - \tau = \theta$ として右辺の積分を行う.左辺は式(3.36)および(3.37)から書き換えると式(3.41)が得られる.

Avramiは，三次元の核生成，成長過程に対して一般式を，
$$X = 1 - \exp(-kt^n) \tag{3.45}$$
で表されることを提案した．ここで，k は定数である．また n も $3 \leq n \leq 4$ の範囲にある．さらに，二次元および一次元の成長に対しても，

二次元：$2 \leq n \leq 3$

一次元：$1 \leq n \leq 2$

の範囲に n の値が存在するとした．n は変態次数と呼ばれる．変態次数は核の成長モデルを表し，一般的に大きくなるほど核の成長が多次元化するものと考えられる．

3.2.4 結晶化の Jackson モデル

気体あるいは溶体から結晶が成長する場合，物質によって表面上に成長する状態が異なることを W. K. Burton ら[10]は示した．すなわち，いくつかの結晶表面は荒れた状態 (rough) になり，またいくつかは滑らかな状態 (smooth) で成長する．このことを K. A. Jackson[11,12]は熱力学の式を用いて説明した．

結晶表面に原子が無秩序に加えられると仮定して，これらの原子が加えられることによる表面のヘルツホルツの自由エネルギーの変化 ΔF_s は次式で表される．
$$\Delta F_s = -\Delta E_0 - \Delta E_1 + T\Delta S_0 - T\Delta S_1 - P\Delta V \tag{3.46}$$
ここで，ΔE_0；液体(気体)から界面へ N_A 個の原子が加えられたことによるエネルギー変化 $= 2L_0(\eta_0/v)N_A$,

ΔE_1；表面に他の原子があることによって N_A 個の原子で増加したエネルギー変化 $= L_0(\eta_1/v)(N_A^2/N)$,

ΔS_0；固体と液体(気体)の間のエントロピー差 $= (L/T_e)N_A$,

ΔS_1；表面上の原子の無秩序さによるエントロピー $= k_B \ln W$
$= k_B N \ln[N/(N-N_A)] + k_B N_A \ln[(N-N_A)/N_A]$,

$P\Delta V$；凝集の間の体積変化に関する項 $= N_A k_B T$

さらに，L_0；変態による内部エネルギー変化，

L；潜熱 $(L = L_0 + k_B T_e)$,

η_0；表面の原子の最近接原子数，

η_1；表面上の N_A の原子が持っている最近接原子数 $(1 - 2\eta_0/v = \eta_1/v)$,

v；最近接原子全体の数，

N_A；表面上の原子の個数，

N；表面上の原子全体の占める数，

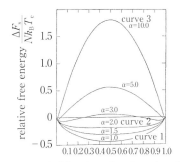

図 3.12 二元系の α と自由エネルギーの関係

k_B；ボルツマン定数，

T_e；変態温度

である．式(3.46)に値を代入して $T=T_\mathrm{e}$ で整理すると，

$$\frac{\Delta F_\mathrm{s}}{Nk_\mathrm{B}T_\mathrm{e}}=\frac{\alpha N_\mathrm{A}(N-N_\mathrm{A})}{N^2}-\ln\left(\frac{N}{N-N_\mathrm{A}}\right)-\frac{N_\mathrm{A}}{N}\ln\left(\frac{N-N_\mathrm{A}}{N_\mathrm{A}}\right) \quad (3.47)$$

$$\text{ただし，}\alpha=\frac{L_0}{k_\mathrm{B}T_\mathrm{e}}\frac{\eta}{v}$$

で表される．N_A/N に対して $\Delta F_\mathrm{s}/Nk_\mathrm{B}T_\mathrm{e}$ のグラフを種々の α に対してプロットすると図 3.12 のようになる．

① $\alpha<2$ の場合

自由エネルギー ΔF_s が $N_\mathrm{A}/N=1/2$ のときに最小になる．すなわち，固溶体において A 原子と B 原子が引き合う場合で全組成で自由エネルギーが安定である．このとき，結晶表面は微視的に見れば粗くなる(microrough)が，巨視的に見れば滑らかな表面(macrosmooth)となる(図 3.13 参照)成長方向は温度勾配によってかなり等方的である．

② $\alpha>2$ の場合

原子が少し凝集するところで自由エネルギーは最小になる．固溶体においては原子が反発し合う場合であり，N_A/N が小さいところすなわち，結晶表面のある部分で成長が始まると，そこで優先的に成長し，微視的には滑らか(microsmooth)な表面となるが，巨視的には粗く(macrorough)なり，ファセット構造を造る場合が多い．滑らかな面上に新しい層ができるためには，らせん転位などがもとになる．図 3.14 に微視的な界面を，また表 3.1 に $\alpha>2$ となる元素の例を示す．

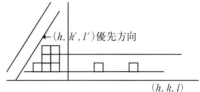

図 3.13 $\alpha<2$ の場合,界面は微視的に粗く,巨視的に滑らかである

図 3.14 $\alpha>2$ の場合,微視的界面

表 3.1 $L/k_\mathrm{B}T_\mathrm{e}>2$ の元素の例

元素	$L/k_\mathrm{B}T_\mathrm{e}$	溶融状態から ファッセットの有無
Sb	2.72	無
Ga	2.20	有
Ti	2.25	—
Ge	3.00	有
Si	3.24	無

界面が microrough ($\alpha<2$) でない場合,通常の成長の式は使えず,他のモデルを説明する.

今,純金属が過冷度 ΔT で核成長する場合を考えてみる.

a) 連続成長 (continuous growth)

$\alpha<2$ では,結晶表面は微視的に粗い状態で成長するが,この時の成長速度と界面の過冷の関係は式 (3.31) より,

$$u = k\Delta T \qquad k\text{;定数} \tag{3.48}$$

となる.

b) 側面成長 (lateral growth)

$\alpha>2$ では,結晶表面は微視的に滑らかな状態で成長し,(i) 表面核生成 (surface nucleation),(ii) らせん状成長 (spiral growth) および (iii) 双晶境界からの成長 (growth from twin intersection) に分類される.

(i) 表面核生成

滑らかな面で凝固している場合,臨界半径になるまでは不安定であり再溶解するが,それ以上になると,**図 3.15** のようにディスク状に成長していく.そのときの表面核成長速度は,

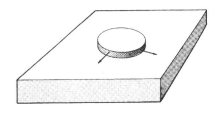

図 3.15 ディスク状に成長する核生成物
(Porter and Easterling[15])

$$u \propto \exp\left(-\frac{k_2}{\Delta T}\right) \quad k_2 ; 定数 \tag{3.49}$$

となる.

(ⅱ) らせん状成長[13]

図 3.16 のようにらせん転位があると,これを媒介として成長する.そのときのらせん状成長(spiral growth)の速度は,

$$u = k_3 \Delta T^2 \quad k_3 ; 定数 \tag{3.50}$$

となる.その他の機構として,双晶境界からの成長があるがここでは省略する(例えば文献[14]を参考にされたい).

図 3.17 に各機構に対して,界面過冷度 ΔT と成長速度の関係を示す.

ここで,核生成および成長過程に関する二,三の例題を示す.

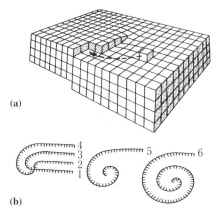

図 3.16 らせん転位における成長
(Porter and Easterling[15], Christian[16])
(a) 界面におけるらせん転位の成長
(b) らせん転位の成長のステップ

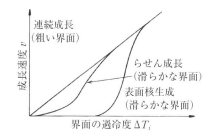

図 3.17 界面の過冷度と成長速度の関係
(Porter and Easterling[15])

例題 3.3

整合，非整合析出物の核生成（その 1）

高温では β 相，低温では α 相が安定な金属がある．β は球状の析出物を核生成することにより α 相に変態する．ある研究者は，700 K で非整合析出物が核生成すると主張し，またある研究者は，整合析出物はデータに示すようにより低い界面エネルギーを持っているが，変態相に 2×10^9 J/m³ のひずみエネルギーが生成するとき，整合析出物が核生成すると主張した．そこで，次に示すデータを用いて以下の問いに答えよ．

（1） 700 K では，どちらの核生成機構が優先するか計算によって求めよ．

（2） 700 K で 99% が変態するのに要する時間を通常の成長を仮定して求めよ．

（3） β から α への変態が 700 K で薄板で生じたとき，Johnson-Mehl の式が使える最小の板厚を仮定を立てて求めよ．

（4） 整合と非整合析出の核生成速度が等しくなる温度が存在するか，もし存在しなければ，そのことを説明せよ．もし存在するなら，その温度を求めこれらの条件下での核生成速度を計算せよ．

計算に必要なデータ

- 変態のエンタルピー　　　　　　　　　　　　　　$\Delta H_v = -10^{10}$ J/m³
- 平衡変態温度　　　　　　　　　　　　　　　　　$T_{eq} = 1000$ K
- 整合析出物の界面エネルギー　　　　　　　　　　$\gamma_{coh} = 0.321$ J/m²
- 非整合析出物の界面エネルギー　　　　　　　　　$\gamma_{incoh} = 0.9$ J/m²
- 整合析出物の単位体積当たりのひずみエネルギー　$\Delta G_\varepsilon = 2\times 10^9$ J/m³
- 非整合析出物の単位体積当たりのひずみエネルギー　$\Delta G_\varepsilon = 0$
- 通常の成長速度　　　　　　　　　　　　　　　　$u = 10^{-7}$ m/sec
- マトリックスのモル体積　　　　　　　　　　　　$V_m = 6\times 10^6$ m³/mol
- 核生成速度方程式の係数　　　　　　　　　　　　$ND/a^2 = 10^{33}$
  （整合，非整合とも等しいとする）

［解］

（1） 半径 r の球形析出物が核生成したとする．そのときの自由エネルギーは，体積エネルギー ΔG_{volume}，表面エネルギー $\Delta G_{surface}$，およびひずみエネルギー ΔG_{strain} の和であるから，

$$\Delta G = \Delta G_{volume} + \Delta G_{surface} + \Delta G_{strain}$$
$$= \frac{4}{3}\pi r^3 \Delta G_v + 4\pi r^2 \gamma + \frac{4}{3}\pi r^3 \Delta G_\varepsilon$$

と書ける．この臨界半径は r で上式を微分して，

$$\frac{\partial \Delta G}{\partial r} = 0 = 4\pi r^2 (\Delta G_\mathrm{v} + \Delta G_\varepsilon) + 8\pi r \gamma$$

$$\therefore r^* = -\frac{2\gamma}{\Delta G_\mathrm{v} + \Delta G_\varepsilon}$$

$$\Delta G^* = \frac{4}{3}\pi \left(\frac{-2\gamma}{\Delta G_\mathrm{v} + \Delta G_\varepsilon}\right)^3 (\Delta G_\mathrm{v} + \Delta G_\varepsilon) + 4\pi\gamma \left(\frac{-2\gamma}{\Delta G_\mathrm{v} + \Delta G_\varepsilon}\right)^2$$

$$= \frac{16}{3}\pi \frac{\gamma^3}{(\Delta G_\mathrm{v} + \Delta G_\varepsilon)^2}$$

式(3.13)から 700 K では，$\Delta G_\mathrm{v} = \dfrac{\Delta H}{T_\mathrm{e}} \Delta T$ と書けるから，データを代入して整合 (coherent) と非整合 (incoherent) の臨界自由エネルギーを求めると，

$$\Delta G^*_\mathrm{coh} = \frac{16}{3}\pi \frac{(0.321)^3}{\left(\dfrac{-10^{10}\times 300}{1000} + 2\times 10^9\right)^2} = 5.54 \times 10^{-19}\,\mathrm{J}$$

$$\Delta G^*_\mathrm{incoh} = \frac{16}{3}\pi \frac{(0.9)^3}{\left(-\dfrac{10^{10}\times 300}{1000}\right)^2} = 1.36 \times 10^{-18}\,\mathrm{J}$$

よって，整合析出の臨界自由エネルギーの方が低くなるため，整合析出の方が優先的である．また，そのときのそれぞれの臨界半径は，

$$r^*_\mathrm{coh} = \frac{-2\times(0.321)}{\left(\dfrac{-10^{10}\times 300}{1000} + 2\times 10^9\right)} = 6.42 \times 10^{-10}\,\mathrm{m}$$

$$r^*_\mathrm{incoh} = \frac{-2\times(0.9)}{\left(-\dfrac{10^{10}\times 300}{1000}\right)} = 6.00 \times 10^{-10}\,\mathrm{m}$$

となる．

(**2**) Johnson-Mehl の方程式より，

$$X = 1 - \exp\left(-\frac{\pi}{3} u^3 I t^4\right)$$

$$-\frac{\pi}{3} u^3 I t^4 = \ln(1-X)$$

であるから，t でまとめて数値を代入すると，

$$\therefore t = \left[\frac{\ln(1-X)}{-\frac{\pi}{3}u^3 I} \right]^{\frac{1}{4}}$$

$$= \left[\frac{\ln(1-0.99)}{-\frac{\pi}{3}(10^{-7})^3 10^{33} \exp\left(-\frac{5.54 \times 10^{-19}}{1.381 \times 10^{-23} \times 700}\right)} \right]^{\frac{1}{4}}$$

$$= 2.42 \times 10^3 \text{ sec} \fallingdotseq 40 \text{ min}$$

となる．

（3） 平均結晶粒径 $\bar{d}$ は，

$$\bar{d} \approx 2ut = 2 \times 10^{-7} \times 2.42 \times 10^3 = 4.84 \times 10^{-4} \text{ m} = 484 \text{ μm}$$

となる．もし，箔の厚さが 484 μm 以下であるならば，Johnson-Mehl の方程式を用いることはできない．

（4） $I_{\text{coh}} = I_{\text{incoh}}$（核生成方程式の係数は等しい）

$$\frac{16}{3}\pi \frac{\gamma_{\text{incoh}}^3}{(\Delta G_{\text{v}})^2} = \frac{16}{3}\pi \frac{\gamma_{\text{coh}}^3}{(\Delta G_{\text{v}} + \Delta G_{\varepsilon})^2}$$

ここで，式の展開をより簡単にするため，$\Delta G_{\text{v}} = V$，$\Delta G_{\varepsilon} = S$，$\gamma_{\text{coh}} = C$，$\gamma_{\text{incoh}} = I$ で表して書き直すと，

$$\frac{I^3}{V^2} = \frac{C^3}{(V+S)^2}$$

であるから，V で整理すると，

$$\therefore V = \frac{-2I^3 S \pm \sqrt{(2I^3 S)^2 - 4(I^3 - C^3)(I^3 S^2)}}{2(I^3 - C^3)}$$

ここで，$2I^3 S = 2 \times (0.9)^3 \times 2 \times 10^9 = 2.916 \times 10^9$

$$(2I^3 S)^2 = 8.503 \times 10^{18}$$

$$I^3 - C^3 = 6.959 \times 10^{-1}$$

$$I^3 S^2 = 2.916 \times 10^{18}$$

であるから，これらを上式に代入して V の根を求めると，

$$\therefore V = -1.649 \times 10^9 \quad \text{あるいは} \quad -2.541 \times 10^9$$

$$= \frac{-\Delta H \Delta T}{T_{\text{e}}}$$

となる.

次にこの式から ΔT を求めると,$\Delta T = VT_e/-\Delta H = -10^{-7}V = 164.9$ K あるいは 254.1 K が得られる.ところが,この中の一つは物理的におかしい値である.すなわち,$\Delta G_v + \Delta G_\varepsilon = 0$ のとき,$\Delta T = VT_e/-\Delta H = 200$ K である.よって,$\Delta T < 200$ K のときには整合析出の変態は生じないため,核生成速度は 745.9 K($= T_e - \Delta T(254.1$ K$)$)のときに等しくなる.そこで,核生成速度を求めると,

$$I = I_{\text{coh}} + I_{\text{incoh}} = 2I$$

$$= 2 \times 10^{33} \exp\left\{-\left[\frac{\frac{16}{3}\pi(0.321)^3}{\left(\frac{-10^{10} \times 254.1}{1000} + 2 \times 10^9\right)^2}\right] \Big/ (1.381 \times 10^{-23} \times 745.9)\right\}$$

$$= 2.942 \times 10^{-47}/\text{m}^3/\text{sec}$$

になる.

例題 3.4

整合,非整合析出物の核生成(その 2)

ある金属は,高温で β 相が安定であり低温では α 相が安定である.β 相は正方晶形の析出物を核生成して α 相に変態するが,その析出物は β マトリックスに整合もしくは非整合に析出することができる.マトリックスとの整合性は,熱力学的には変態の際に生じるひずみエネルギーの項によって影響を受け,そのひずみエネルギーは析出物の体積に比例する.

(1) 非整合析出物の核生成が,整合析出物より優先して生じるようになるのは過冷度 ΔT が何度以下のときに起こるのか求めよ.

(2) ΔT に対して a^*(臨界長さ),ΔG^*(臨界半径のときの自由エネルギー),I(発生頻度)を取り,$\beta \to \alpha$ 変態に対して非整合あるいは整合核生成の関係を a^*, ΔG^*, I それぞれについて同一図内にまとめよ.

(3) $\Delta G_v + \Delta G_\varepsilon > 0$ での ΔT の範囲で核生成速度について説明せよ.なお,計算に必要なデータを以下に示す.

計算に必要なデータ

- 変態のエンタルピー　　　　　　　　　　$\Delta H = 1.5 \times 10^8$ Jm^{-3}
- 平衡変態温度　　　　　　　　　　　　　$T_{\text{eq}} = 1200$ K
- 整合析出物の界面エネルギー　　　　　　$\gamma_{\text{coh}} = 0.05$ Jm^{-2}

- 非整合析出物の界面エネルギー　　　　　　　　　　　$\gamma_{\text{incoh}} = 0.40\,\text{Jm}^{-2}$
- 整合析出物の単位体積当たりのひずみエネルギー　　$\Delta G_\varepsilon = 7 \times 10^6\,\text{Jm}^{-3}$
- 非整合析出物の単位体積当たりのひずみエネルギー　$\Delta G_\varepsilon = 0$

[解]

（1）図3.18のような一辺 a の立方体の析出物を考える．ある温度での α 析出物の自由エネルギーは，

$$\Delta G = \Delta G_{\text{volume}} + \Delta G_{\text{surface}} + \Delta G_{\text{strain}}$$
$$= a^3 \Delta G_v + 6a^2 \gamma + a^3 \Delta G_\varepsilon$$

と書ける．

臨界長さ a^* は，a に関して ΔG が最大になるときであるから ΔG を a で偏微分して，そのときの根を求め，臨界長さ a^* およびそのときの自由エネルギー ΔG^* を求めると，

$$\frac{\partial \Delta G}{\partial a} = 3a^2(\Delta G_v + \Delta G_\varepsilon) + 12a\gamma = 0$$

$$\therefore a^* = \frac{-4\gamma}{\Delta G_v + \Delta G_\varepsilon}, \quad \Delta G^* = \frac{32\gamma^3}{(\Delta G_v + \Delta G_\varepsilon)^2}$$

となる．あるタイプの析出物が他に比べて優先的に析出するには，そのときの自由エネルギー ΔG^* が他に比べて低くなる．したがって，整合-非整合の遷移温度は，ある過冷度 ΔT での整合および非整合の自由エネルギー（$\Delta G^*_{\text{coh}}(\Delta T), \Delta G^*_{\text{incoh}}(\Delta T)$）は等しくなる．

すなわち，

$$\Delta G^*_{\text{coh}}(\Delta T) = \Delta G^*_{\text{incoh}}(\Delta T)$$

$$\frac{32\gamma^3_{\text{coh}}}{\left[\left(\dfrac{-\Delta H_v \Delta T}{T_{\text{eq}}}\right) + \Delta G_\varepsilon\right]^2} = \frac{32\gamma^3_{\text{incoh}}}{\left(\dfrac{-\Delta H_v \Delta T}{T_{\text{eq}}}\right)^2}$$

ここで，簡単のため $V = \Delta G_v = -\Delta H_v \Delta T / T_{\text{eq}}$，$C = \gamma_{\text{coh}}$，$IN = \gamma_{\text{incoh}}$，$\varepsilon = \Delta G_\varepsilon$ として式を書き換えると，

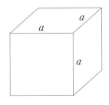

図3.18 一辺 a の析出物の模式図

$$\frac{32C^3}{(V+\varepsilon)^2} = \frac{32IN^3}{V^2}$$

$$\therefore V^2\left[1-\left(\frac{C}{IN}\right)^3\right] + 2V\varepsilon + \varepsilon^2 = 0$$

と書ける．さらに，$A = 1 - (C/IN)^3$ として，上式の根を求めると，

$$V = \frac{-2\varepsilon \pm \sqrt{4\varepsilon^2 - 4A\varepsilon^2}}{2A} = -\frac{\varepsilon}{A}(1 \pm \sqrt{1-A})$$

となる．各々の値を代入して，過冷度 ΔT を求めると，

$$\Delta T = \frac{\Delta G_\varepsilon T_{eq}}{\Delta H_v\left[1-\left(\frac{\gamma_{coh}}{\gamma_{incoh}}\right)^3\right]}\left[1 \pm \left(\frac{\gamma_{coh}}{\gamma_{incoh}}\right)^{\frac{3}{2}}\right]$$

$$= \frac{(7\times 10^6\,\mathrm{J/m^3})(1200\,\mathrm{K})}{(1.5\times 10^8\,\mathrm{J/m^3})\left[1-\left(\frac{0.05}{0.4}\right)^3\right]}\left[1 \pm \left(\frac{0.05}{0.4}\right)^{\frac{3}{2}}\right]$$

$$\therefore \Delta T = 58.6\,\mathrm{K} \quad \text{あるいは} \quad 53.6\,\mathrm{K}$$

が得られる．すなわち，整合析出物は $\Delta T < 53.6\,\mathrm{K}$ あるいは $\Delta T > 58.6\,\mathrm{K}$ でともに優先して析出するという結果が得られたが，過冷度 ΔT が小さいとき，すなわち，$\Delta G_v + \Delta G_\varepsilon > 0\,(\Delta T < 56\,\mathrm{K})$ なら $\partial G_{coh}/\partial a > 0$ となり，整合析出物は臨界長さをもたない．よって，$\Delta T = 53.6\,\mathrm{K}$ という根は物理的に不可能な値である．

この結果をまとめると，

$\Delta T < 58.6\,\mathrm{K}$ なら，非整合析出物が優先析出する

$\Delta T > 58.6\,\mathrm{K}$ なら，整合析出物が優先析出する

ΔG^* と ΔT との関係を図示すると，**図 3.19** のようになる．

さて，ここで整合および非整合析出物の臨界長さについて考察する．今，$a^*_{coh} = a^*_{incoh}$ と置くと，

$$\frac{-4\gamma_{coh}}{(\Delta G_v + \Delta G_\varepsilon)} = \frac{-4\gamma_{incoh}}{\Delta G_v}$$

の関係から ΔT を求めると，$\Delta T = 64.0\,\mathrm{K}$ となる．このときの自由エネルギーはそれぞれ，

$$\Delta G^*_{incoh} = 3.19 \times 10^{-14}\,\mathrm{J}$$
$$\Delta G^*_{coh} = 3.90 \times 10^{-15}\,\mathrm{J}$$

と異なった値となり，臨界長さが等しくても整合析出物が優先析出する．

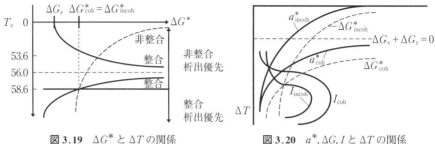

図 3.19　ΔG^* と ΔT の関係　　　図 3.20　$a^*, \Delta G, I$ と ΔT の関係

（2）　ΔT に対して，整合および非整合の $a^*, \Delta G^*$ および I をグラフにプロットすると，**図 3.20** のようになる．

（3）　①$a^*_{\text{coh}}<0$ のとき，$\Delta G_\text{v}+\Delta G_\varepsilon>0$ であり，このときは整合核生成が生じず，また I_{incoh} は小さい値である．
　　②$a^*_{\text{coh}}<a^*_{\text{incoh}}$ のとき，$\gamma_{\text{coh}}<\gamma_{\text{incoh}}$ であるから ΔT が大のときである．
　　③大きな ΔT に対しては，易動度（mobility）が減少するため，事実上 I が減少する．

例題 3.5

液体の粘性が高い物質の結晶成長速度

　液体の粘性が比較的高い物質では，結晶成長速度 u の温度依存性は**図 3.21** に示すように GeO_2 のそれと同様の形になる．そこで，次のデータを基に問いに答えよ．

計算に必要なデータ

・GeO_2　　　$T_\text{e}=1115\,\text{K}$，$\Delta H_\text{f}=1.3RT_\text{e}$
・TaNB　　　$T_\text{e}=119\,\text{K}$，$\Delta H_\text{f}=10.7RT_\text{e}$
　（TaNB = Tri-α-naphthylbennzene）

なお，解析に必要なグラフとして**図 3.22〜3.24**

（1）　図 3.21 における曲線の形について説明せよ．

（2）　多くの液体に対して，粘度 η は強く強度に依存することが知られている．図 3.22 のデータおよび Stokes-Einstein 方程式（「参考：Stokes-Einstein の式の導出」参照）によって，成長速度を制御している機構について説明せよ．

（3）　成長機構は，GeO_2 と TaNB とは同じであると考えるか．また各々観察された成長速度のどちらが簡単な機構で説明することができるか．

（4）　各々の物質に対して固-液界面の性質を述べよ．

3.2 成長過程　159

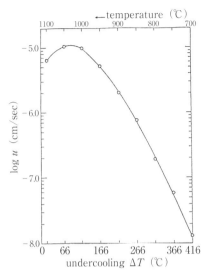

図 3.21 GeO_2 の成長速度と過冷度の関係

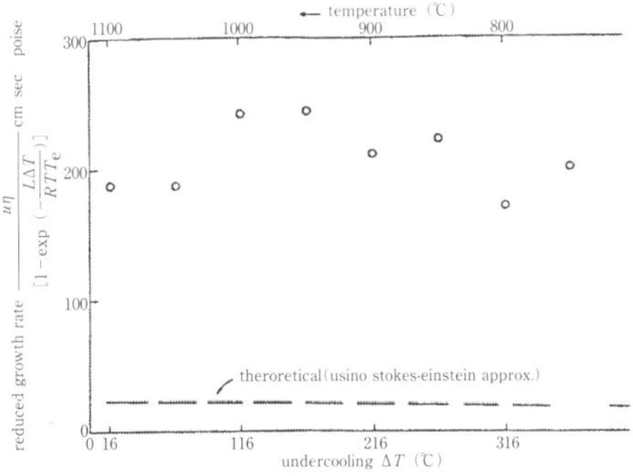

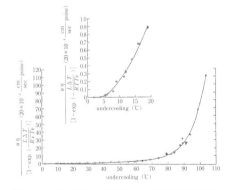

図 3.22 GeO_2 の減少した成長速度と過冷度の関係

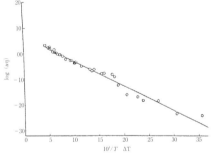

図 3.23 TαNB の低減した成長速度と過冷度の関係（図中の $L = \dfrac{v\Delta H_v R}{k_B}$ である）

図 3.24 TαNB の（成長速度×粘性）の対数と温度の関数の関係

[解]
（1）図 3.25 に α 相および β 相の自由エネルギーの関係を模式的に示す．普通成長の成長速度 u は，拡散係数を D として式(3.30)および(1.130)から次のように書くこと

> **参考：Stokes-Einstein の式の導出**
>
> 　溶液中に巨大分子が拡散する場合を考える．溶液中の分子がある間隔 dx(そのときの両端の濃度は C から $C-dC$ に変化すると仮定する)を移動するとき，分子を希薄な領域に推し進める力は両端の化学ポテンシャルの差から求められる．ここで，Henry の法則を仮定し，濃度 C および $C-dC$ に対するモル分率を X_B および X_B-dX_B とすると自由エネルギー G は k_B をボルツマン定数，T を温度として，
>
> $$G_{C-dC} - G_C = k_B T [\ln(X_B - dX_B) - \ln X_B] \quad (\text{I})$$
>
> $$\therefore \Delta G = k_B T \ln\left(\frac{X_B - dX_B}{X_B}\right) = k_B T \ln\left(1 - \frac{dX_B}{X_B}\right) = -k_B T \frac{dC}{C} \quad (\text{II})$$
>
> $$\left(\because \frac{dC}{C} \text{ が小さいときは，} \ln\left(1 - \frac{dC}{C}\right) \approx -\frac{dC}{C} \text{ となる}\right)$$
>
> となる．この自由エネルギーは距離 dx を巨大分子が移動する際に生じる仕事量に相当するため，分子を押しやる力は式(II)の両辺を dx で割り，
>
> $$\text{押しやる力} = \frac{dG}{dx} = -\frac{k_B T}{C}\frac{dC}{dx} \quad (\text{III})$$
>
> となる．この力とつり合っているのは拡散がある一定の速度に達したときに生じる摩擦力であり，分子を半径 a_0 の球，η を溶液の粘度，v を分子の速度として次のように導かれる．
>
> $$\text{摩擦力} = 6\pi a_0 \eta v = 6\pi a_0 \eta \frac{dx}{dt} \quad \text{(Geiger and Poirier[17] 参照)} \quad (\text{IV})$$
>
> 拡散速度が増していくと，式(III)および(IV)がつり合うようになる．すなわち，
>
> $$6\pi a_0 \eta \frac{dx}{dt} = -\frac{k_B T}{C}\frac{dC}{dx} \quad \therefore C\frac{dx}{dt} = -\frac{k_B T}{6\pi a_0 \eta}\frac{dC}{dx} \quad (\text{V})$$
>
> となる．Cdx/dt は分子の流れ J に相当するため，Fick の第 1 法則と式(V)を比較すると，
>
> $$D = \frac{k_B T}{6\pi a_0 \eta}$$
>
> が得られる．したがって，D と η を測定すれば巨大分子の半径 a_0 が求められる．

ができる．

$$u = \left(\frac{D}{a_0}\right)\left[1 - \exp\left(\frac{-v\Delta G_v}{k_B T}\right)\right]$$

$$= \left(\frac{D}{a_0}\right)\left[1 - \exp\left(\frac{-v\Delta H_v \Delta T}{k_B T_e T}\right)\right]$$

① もし ΔT が小さいと，$k_B T \gg \left(\dfrac{-v\Delta G_v}{k_B T}\right)$ であり，また指数関数は，テイラー級数

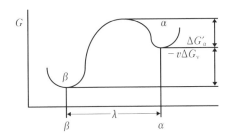

図 3.25 α および β 相の自由エネルギーの関係

展開を行い普通成長の速度式に代入すると,

$$\exp\left(\frac{-v\Delta G_v}{k_B T}\right) \approx 1 - \left(\frac{-v\Delta G_v}{k_B T}\right)$$

$$\therefore u \approx \left(\frac{D}{a_0}\right)\left(\frac{-v\Delta H_v}{k_B T_e T}\right)\Delta T$$

と書ける. 図 3.25 の曲線の ΔT が小さいところ ($\Delta T \approx 80\,°\!C$) は, 普通成長のモデルに従って, u は ΔT によって増加する.

② もし ΔT が大きいと, $v\Delta G_v \gg k_B T$ であり, また指数関数 $\exp\left(\frac{-v\Delta G_v}{k_B T}\right)$ は小さくなるため成長速度 u は,

$$u \approx \left(\frac{D}{a_0}\right) = \left(\frac{D_0}{a_0}\right)\exp\left(\frac{-\Delta G_m}{kT}\right)$$

ただし, $D = D_0 \exp\left(\frac{-\Delta G_m}{k_B T}\right)$

$$\therefore \ln u = \ln \frac{D_0}{a_0} - \frac{\Delta G_m}{k_B T}$$

すなわち, $\ln u$ が $1/T$ に比例することになり, この曲線は $\ln u$ が ΔT の増加に伴って (低温になるに従って) 減少する.

（2） Stokes-Einstein 方程式は, 次式[17]に示されている.

$$D = \frac{k_B T}{6\pi a_0 \eta}$$

この式を普通成長の式に代入すると,

$$u = \left(\frac{k_B T}{6\pi a_0^2 \eta}\right)\left[1 - \exp\left(\frac{-v\Delta H_v \Delta T}{k_B T_e T}\right)\right]$$

となり, 次のように書き直して,

$$\frac{u\eta}{\left[1-\exp\left(\dfrac{-v\Delta H_\mathrm{v}\Delta T}{k_\mathrm{B}T_\mathrm{e}T}\right)\right]} = \frac{k_\mathrm{B}T}{6\pi a_0^2 \eta}$$

となる.普通成長に対して,方程式の左側はわずかに温度依存することを示しており,これは図3.22とよく一致する.しかし,残念ながら実験結果は Stokes-Einstein 式から計算した理論値と一致しない.すなわち,実験値は計算値と比べて1桁程度高い値(白丸のプロット)となっている.この不一致について,次の2点が考えられる.

① 用いられた a_0 の値が小さすぎる.
② Stokes-Einstein 方程式は,GeO_2 の自己拡散を表すのに適切ではない.

(3) 図3.23からTαBNの成長機構は,GeO_2 と同じでない.そこで,らせん状成長[18]および表面核生成によって検討する.

らせん転位の成長速度 u_screw は,普通成長 u_normal と比較すると,式(3.50)および(3.31)から過冷度 ΔT に比例して次のように書ける.

$$u_\mathrm{screw} = f u_\mathrm{normal} \quad \text{ここで} \quad f = \frac{-a_0 \Delta H_\mathrm{v} \Delta T}{4\pi\gamma T_\mathrm{e}}$$

そこで,この式を普通成長の式に代入して整理すると,

$$\frac{f u_\mathrm{normal} \eta}{\left[1-\exp\left(\dfrac{-v\Delta H_\mathrm{v}\Delta T}{k_\mathrm{B}T_\mathrm{e}T}\right)\right]} = \left(\frac{k_\mathrm{B}T}{6\pi a^2 \eta}\right)\left(\frac{a_0 \Delta H_\mathrm{v}\Delta T}{4\pi\gamma T_\mathrm{e}}\right)$$

となる.これは,図3.23に一致しない.すなわち,TαBNはらせん転位機構によって成長しない.

次に,表面核生成による成長に対して,

$$u = \frac{AN_\mathrm{s}D}{a_0}\exp\left(\frac{-\pi a_0 \gamma^2 T_\mathrm{e}}{\Delta H_\mathrm{v}\Delta T k_\mathrm{B}T}\right)$$

あるいは,

$$u\eta = \left(\frac{AN_\mathrm{s}k_\mathrm{B}T}{6\pi a_0^2}\right)\exp\left(\frac{-\pi a_0 \gamma^2 T_\mathrm{e}}{\Delta H_\mathrm{v}\Delta T k_\mathrm{B}T}\right)$$

$$\therefore \ln u\eta = \ln\left(\frac{AN_\mathrm{s}k_\mathrm{B}T}{6\pi a_0^2}\right) - \frac{\pi a_0 \gamma^2 T_\mathrm{e}}{\Delta H_\mathrm{v}\Delta T k_\mathrm{B}T}$$

と書ける.この式は,$\ln(u\eta)$ が $1/\Delta T$ と直線関係にあることを示している.これは,図3.24に一致するため,TαBNは表面核生成によって成長する.

（ 4 ） Jackson のモデルを用いると，次のように書ける．
$$\alpha \approx \Delta S_{\mathrm{TR}}/R$$

① GeO_2 に対して，$\alpha \approx \dfrac{\Delta H_{\mathrm{f}}}{RT_{\mathrm{e}}} = \dfrac{1.3 RT_{\mathrm{e}}}{RT_{\mathrm{e}}} = 1.3$

② TαBN に対して，$\alpha \approx \dfrac{\Delta H_{\mathrm{f}}}{RT_{\mathrm{e}}} = 10.7$

よって，$GeO_2 (\alpha < 2)$ に対して，界面は microrough になる．一方，TαBN $(\alpha > 2)$ 対して，界面は microsmooth になる．

3.3 粗 大 化

析出現象は，合金の強度を向上させるために重要な過程である．その析出粒子はどのように粗大化(coarsening, ripening)していくのであろうか．2 相合金の全体の界面エネルギーが最小でない場合，2 相合金は不安定であるため析出粒子は粗大化していく．今 A-B 二元合金で球状析出粒子 β の半径 r に対する自由エネルギーを描くと**図 3.26** のようになる．

すなわち，半径の異なった析出粒子は，Gibbs-Thomson 効果によって小さなものは消失し，大きなものが粗大化していく．**図 3.27** は，原子の拡散方向を示している．半径 r_1 および r_2 の析出粒子について式(3.27)を書き直して，

$$\Delta \mu = \mu(r_1) - \mu(r_2)$$
$$= 2\gamma V_{\mathrm{molar}} \left(\dfrac{1}{r_1} - \dfrac{1}{r_2} \right) \tag{3.51}$$

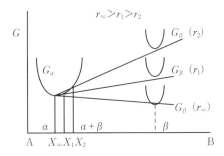

図 3.26 粒子径の違うときの自由エネルギー変化

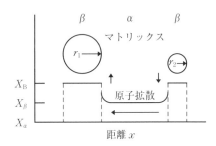

図 3.27 B 原子の析出物への拡散状況

ここで，$\mu(r_i)$ は，半径 r_i の析出粒子の化学ポテンシャルである．また，γ は界面エネルギー，V_{molar} はモル体積であり，原子量 M および密度 ρ を用いて $V_{\text{molar}} = M/\rho$ と表せる．

一方，化学ポテンシャルは，

$$\begin{aligned}\mu(r_i) &= \mu^0 + RT \ln a(r_i) \\ &= \mu^0 + RT \ln \gamma(r_i) + RT \ln C(r_i)\end{aligned} \tag{3.52}$$

である．ここで，μ^0 は標準析出粒子の化学ポテンシャル，$a(r_i)$，$\gamma(r_i)$ および $C(r_i)$ は各々半径 r_i の析出粒子の活量，活量係数および濃度である．

$r_1 = \infty$，$r_2 = a$ および活量係数 $\gamma_\infty = \gamma_a$ として式(3.51)を書き換えると，

$$\frac{C_a}{C} = \exp\left(\frac{2M\gamma}{RTa\rho}\right) \tag{3.53}$$

となる．ここで，$2M\gamma/RTa\rho < 1$ としてテイラー級数展開すると，

$$\frac{C_a}{C} = 1 + \frac{2M\gamma}{RTa\rho} \tag{3.54}$$

となる．半径 a_1 および a_2 の二つの析出粒子の場合は式(3.54)より，

$$C_{a_1} - C_{a_2} = \frac{2MC\gamma}{RT\rho}\left(\frac{1}{a_1} - \frac{1}{a_2}\right) \tag{3.55}$$

と書ける．粗大化が律速段階となって析出が進行すると仮定してFickの法則を用いると，

$$\frac{dQ}{dt} = DA\frac{(C_{a_1} - C_{a_2})}{X} = \rho 4\pi a_2^2 \frac{da_2}{dt} \tag{3.56}$$

dQ/dt；単位時間当たり移動した溶質原子の量，

A；有効界面積，X；有効拡散距離，D；拡散係数

と書ける．式(3.56)を n 個の析出粒子と平衡している式に書き直すと，

$$\rho 4\pi a^2 \frac{da}{dt} = \frac{2DCM\gamma}{RT\rho}\sum_{i=1}^{n}\left(\frac{A}{X}\right)_i\left(\frac{1}{a_i} - \frac{1}{a}\right) \tag{3.57}$$

となる．さらに，析出粒子の平均半径を $\bar{a} = \sum_{i=1}^{n}\frac{a_i}{n}$ として式(3.57)を書き直すと，

$$\frac{da}{dt} = DC\frac{2M\gamma}{RT\rho^2 a}\left(\frac{1}{\bar{a}} - \frac{1}{a}\right) \tag{3.58}$$

となる．析出粒子の平均半径 $\bar{a}$ は，時間と共に増大する．析出過程が拡散律速により粗大化する場合の平均半径は，

$$\bar{a} = \left(\frac{8DCM\gamma}{9RT\rho^2}\right)^{\frac{1}{3}} t^{\frac{1}{3}} \tag{3.59}$$

のように，$t^{\frac{1}{3}}$ に従う．さらに，a_0 を時間 $t=0$ での有効半径(mean radius)とすると，

$$\bar{a}^3 - a^3 = kt \quad k\,;\text{定数} \tag{3.60}$$

と表すことができる．この式(3.60)を Ostwald の式と呼ぶ．

例題 3.6

同素変態終了時の析出物の粒径

下記のデータをもとに冷却速度の違いによる析出物の粒子径を計算する．

（1） 金属 M は 1100 K で α と β の間で同素変態(allotropic phase transformation)が生じる．ここで，低温の相は α である．小さな過冷却においてさえ核生成サイトとして効果的に働く小さな酸化介在物 $10^8\,\text{cm}^{-3}$ を含んだ試料 M が 1200 K から 900 K に直ちに冷却される場合を考える．このとき β から α への変態終了時の粒子径はどれくらいになるか計算せよ．ただし，成長機構は，普通成長と仮定する．

（2） （1）と同数の酸化介在物を含んだ試料が 1200 K から 900 K にゆっくりと冷却された場合の変態終了時の粒子径はどれくらいになるか計算せよ．

計算に必要なデータ

- 変態のエンタルピー　　　　　　　$\Delta H = 0.6 RT_e$
- α のモル分率　　　　　　　　$\bar{V}_\alpha = 15\,\text{cm}^3\,\text{mol}^{-1}$
- α 中の格子定数　　　　　　　$a_0 = 3.2 \times 10^{-8}\,\text{cm}$
- α-β 間の表面エネルギー　　　$\gamma_{\alpha\text{-}\beta} = 40\,\text{erg}\,\text{cm}^{-2}$
- 900 K での格子拡散係数　　　　　$D = 10^{-10}\,\text{cm}^2\,\text{sec}^{-1}$
- 900 K での α-β 界面の拡散係数　$D_{\alpha\text{-}\beta} = 10^{-9}\,\text{cm}^2\,\text{sec}^{-1}$

［解］

（1） 初めに 900 K での均一核生成速度を計算する．均一核生成の際の臨界エネルギー ΔG^* は，

$$\Delta G^* = \frac{16\pi \gamma_{\alpha\beta}^3}{3\Delta G_v^2} \quad \text{ここに，} \Delta G_v = \frac{\Delta H \Delta T}{T_e}$$

$$\therefore \Delta G^* = \frac{16\pi (40\,\text{erg/cm}^2)^3 (1100\,\text{K})^2}{3(0.6)^2 (8.314 \times 10^7\,\text{erg/K/mol})^2 (1100\,\text{K})^2 (200\,\text{K})^2}$$

$$= 1.08 \times 10^{-14} \, \text{erg} \cdot \text{mol}^2/\text{cm}^6 = \left(1.08 \times 10^{-14} \frac{\text{erg} \cdot \text{mol}^2}{\text{cm}^6}\right)\left(\frac{15 \, \text{cm}^3}{\text{mol}}\right)^2$$

$$= 2.43 \times 10^{-12} \, \text{erg/nuclei}$$

である.よって,均一核生成速度は式(3.21)より,

$$I_{\text{homo}} \approx \frac{ND_{\alpha\text{-}\beta}}{a_0^2} \exp\left(-\frac{\Delta G^*}{k_B T}\right)$$

$$\approx \frac{\left[6.02 \times 10^{23} \frac{\text{atms}}{\text{mol}}\left(\frac{1}{15} \frac{\text{mol}}{\text{cm}^3}\right)\right]\left(10^{-9} \frac{\text{cm}^2}{\text{sec}}\right)}{(3.2 \times 10^{-8} \text{cm})^2} \exp\left[-\frac{2.43 \times 10^{-12} \frac{\text{erg}}{\text{nuclei}}}{\left(1.38 \times 10^{-16} \frac{\text{erg}}{\text{K} \cdot \text{mol}}\right)(900 \, \text{K})}\right]$$

$$\approx 1.248 \times 10^{20} \, (\text{atms/cm}^3/\text{sec})$$

となり,$I_{\text{homo}} \gg 10^8$ であるから,最終の粒径は均一核生成の結果によって決まる.最初の重要な近似は,粒子の衝突を無視していることである.粒子の総数は,

$$\text{粒子の総数} = (I_{\text{homo}})(\text{時間}) = \frac{V_{\text{total}}}{\bar{V}_{\text{grain}}} = \frac{1}{\left(\frac{4}{3}\pi\bar{r}^3\right)}$$

であり,平均粒径 $2\bar{r}_{\text{max}}$ は,

$$\text{粒径} = 2r = 2u(\text{時間}) = 2\bar{r}_{\text{max}}$$

と書けるから,これらより平均臨界半径 $\bar{r}_{\text{max}}$ を求めると,

$$\text{時間} = \frac{\bar{r}_{\text{max}}}{u} = \frac{1}{(I_{\text{homo}})\left(\frac{4}{3}\pi\bar{r}_{\text{max}}^3\right)} \quad \text{あるいは,} \quad \frac{4}{3}\pi\bar{r}_{\text{max}}^4 = \frac{u}{I_{\text{homo}}}$$

$$\therefore \bar{r}_{\text{max}} = \left(\frac{3u}{4\pi I}\right)^{\frac{1}{4}}$$

となる.核生成速度 I は求まっているため,成長速度を求めれば平均臨界半径 $\bar{r}_{\text{max}}$ は求めることができる.u は普通成長速度であるから式(3.30)および(3.31)から,

$$u = \frac{D_{\alpha\text{-}\beta}}{a_0}\left[1 - \exp\left(\frac{-\Delta H \Delta T}{RTT_e}\right)\right]$$

$$= \left(\frac{10^{-9} \text{cm}^2/\text{sec}}{3.2 \times 10^{-8} \text{cm}}\right)\left[1 - \exp\left(\frac{-(0.6)(1100)(300)}{(900)(1100)}\right)\right]$$

$$= 3.9 \times 10^{-3} \, \text{cm/sec}$$

となる．これを $\bar{r}_{max}$ の式に代入し，均一核生成の時間を求めると，

$$\bar{r}_{max} = \left[\frac{3(3.9 \times 10^{-3})}{4\pi(1.248 \times 10^{20})}\right]^{\frac{1}{4}} = 1.65 \times 10^{-6} \text{ cm} = 0.0165 \text{ μm (結晶粒径 0.033 μm)}$$

$$\text{時間} = \bar{r}_{max}/u = 4.23 \times 10^{-4} \text{ sec}$$

となる．仮定では，均一核生成数≫不均一核生成数とした．このことを確認するため，粒径および時間より均一核生成数を求めると，

$$\text{均一核生成数} = (I_{homo})(\text{時間}) = 5.28 \times 10^{16} \text{ nuclei/cm}^3$$
$$\gg 10^8 \text{ nuclei/cm}^3 \text{ (不均一核生成数)}$$

となり，均一核生成数の方が不均一核生成数より多くなる．したがって，急冷に対しては，均一核生成が優先する．

(2) この場合，冷却速度が遅いため不均一核生成が優先する．$\Delta G^*_{hetero} \ll \Delta G^*_{homo}$ であるから，均一核生成が生じる前に変態は事実上終了している．そのときの粒子の平均半径 $\bar{r}$ は，

$$\text{単位体積(cm}^3\text{)当たりの粒数} = 10^8/\text{cm}^3 = 1/(4/3\pi\bar{r}^3)$$

$$\therefore \bar{r} = \left(\frac{3}{4\pi 10^8}\right)^{\frac{1}{3}} = 1.337 \times 10^{-3} \text{ cm}$$

$$\text{結晶粒径} = 2\bar{r} = 0.0027 \text{ cm} = 27 \text{ μm}$$

となる．

例題 3.7

等温粒成長

等温の粒成長は純金属で生じ，非常に大きな結晶 B に隣接した小さな結晶 A は，式 (3.61) に従ってその径が変化していく．**図 3.28** に結晶 B に結晶 A が析出したときの模式図を示す．

$$r^2 - r_0^2 = 2Kt \quad r; \text{時間 } t \text{ での結晶 A の半径}, r_0; \text{初期結晶半径} \tag{3.61}$$

今，結晶 A から結晶 B に原子がジャンプするとき，系の自由エネルギーは，

$$\Delta G = -(2\gamma\bar{V})/(N_{Av}r) \tag{3.62}$$

γ；界面エネルギー，$\bar{V}$；モル分率，N_{Av}；アボガドロ数

と表される．このとき，式(3.61)を導き，式中の K の値について説明せよ．

[解]

成長速度は，界面を横切るときの距離を λ，その頻度を v として，次のように書き表

すことができる.

$$u = \lambda \nu = \frac{dr}{dt}$$

図 3.29 に結晶 A と結晶 B の自由エネルギーの関係を示すが,原子が界面を横切る頻度 λ は,

$$v_{前} = \nu_D \exp\left(-\frac{\Delta G_a}{RT}\right)$$

$$v_{後} = \nu_D \exp\left(-\frac{(\Delta G_a + \Delta G_v)}{RT}\right)$$

となり,全体の原子の移動頻度は,

$$v_{net} = v_{前} - v_{後} = \nu_D \exp\left(-\frac{\Delta G_a}{RT}\right)\left[1 - \exp\left(-\frac{\Delta G_v}{RT}\right)\right]$$

と書ける.ここで,$1-e^x$ の項を $1-e^x \approx x$ のように近似して書き換えて成長速度の式に式(3.62)と共に代入すると,

$$\therefore v_{net} \approx \nu_D \left(-\frac{\Delta G_v}{RT}\right)\exp\left(-\frac{\Delta G_a}{RT}\right)$$

と書ける.よってこの式を ΔG_v は式(3.62)に等しいとして成長速度 u の式に代入すると,

$$\therefore \frac{dr}{dt} = \lambda v_{net} = \lambda \nu_D \left(\frac{2\gamma \overline{V}}{N_{Av} rRT}\right)\exp\left(-\frac{\Delta G_a}{RT}\right)$$

となるためこれを積分すると,

$$\int_{r_0}^{r} r dr = \frac{\lambda \nu_D 2\gamma \overline{V}}{N_{Av} RT}\exp\left(-\frac{\Delta G_a}{RT}\right)\int_0^t dt$$

図 3.28 結晶 B に結晶 A が析出した模式図

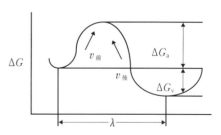

図 3.29 結晶 A と結晶 B の自由エネルギーの関係

$$\therefore r^2 - r_0^2 = 2\left[\frac{2\lambda\nu_\mathrm{D}\gamma\overline{V}}{N_\mathrm{Av}RT}\exp\left(-\frac{\Delta G_\mathrm{a}}{RT}\right)\right]t$$

となる．よって，K は式(3.61)より，

$$K = \frac{2\lambda\nu_\mathrm{D}\gamma\overline{V}}{N_\mathrm{Av}RT}\exp\left(-\frac{\Delta G_\mathrm{a}}{RT}\right)$$

と表される．

例題 3.8

銅中のコバルト析出物の粗大化速度

Livingston[19]は，銅中のコバルト析出物の粗大化速度を測定した．600℃での粗大化速度は析出物を球状と仮定して，その平均半径を $\bar{r}$，初期平均半径を $\bar{r}_0$，時間を t および定数 A として Greenwood-Wagner モデルである $\bar{r}^3 = \bar{r}_0^3 + t/A$ の関係式に従う．初期平均半径 $\bar{r}_0$ は非常に小さく，$\bar{r}^3 - \bar{r}_0^3 \approx \bar{r}^3$ と考えられる．また，10^6 秒後の $\bar{r}$ は 100 Å である．600℃での銅中のコバルトの固溶限は 0.378 at% であるとき，下記のデータを基に以下の問いに答えよ．

（1） Greenwood-Wagner モデルに基づいて界面エネルギーを求めよ．

（2） 実験で得られた界面エネルギーの測定値 200 erg/cm^2 と（1）で得られた結果を比較し，仮定したモデルの妥当性についてコメントせよ．

計算に必要なデータ

		銅	コバルト
原子量	g/mol	63.55	58.93
密度	g/cm^3	8.93	8.90
銅中の拡散係数	cm^2/sec	2×10^{-12}	10^{-12}

[解]

（1） Greenwood-Wagner の式 $\bar{r}^3 = \bar{r}_0^3 + t/A$ に従えば $\bar{r}_0$ が小さいため，

$$\bar{r}^3 \approx \left(\frac{1}{A}\right)t$$

と表すことができる．拡散律速の粗大化に対して $\bar{r}$ を求めて上式に代入すると，式(3.59)から，

$$\bar{r}^3 = \left(\frac{8\widetilde{D}CM\gamma}{9RT\rho^2}\right)t$$

170　第3章　相変態の速度論

$$\therefore A \approx \frac{t}{\bar{r}^3} = \left(\frac{9RT\rho^2}{8\widetilde{D}CM\gamma}\right)$$

$$さらに,\ \gamma = \frac{9RT\rho^2\bar{r}^3}{8\widetilde{D}CMt}$$

となる．各値は以下のとおりであるから，数値を代入して界面エネルギー γ を求めると，

$$C = 0.378\% = 0.0313\ \text{g Co/cm}^3$$
$$\widetilde{D} = N_{Cu}D_{Co} + N_{Co}D_{Cu} = 10^{-12}\ \text{cm}^2/\text{sec}$$
$$T = 873\ \text{K},\quad M = M_{Co} = 58.93\ \text{g/mol}$$
$$\bar{r} = 100\ \text{Å} = 10^{-6}\ \text{cm},\quad \rho = \rho_{Co} = 8.90\ \text{g/cm}^3$$
$$\therefore \gamma = \frac{9(8.314 \times 10^7)(873)(8.90)^2(10^{-6})^3}{8(10^{-12})(0.0313)(58.93)(10^6)} = 3.51\ \text{erg/cm}^3$$

となる．

（2）計算により求めた界面エネルギーは（1）より $\gamma_{計算} = 3.51\ \text{erg/cm}^3$ であり，測定値 $\gamma_{測定} = 200\ \text{erg/cm}^3$ と比較すると小さい．その理由として，次の二つが考えられる．

① Cu の結晶構造は fcc であるが Co は hcp 構造である．したがって，小さな析出物（100 Å 程度）は整合であり，非整合な測定値 $\gamma_{測定}$ より小さな γ を取ると考えられる．

② Greenwood-Wagner モデルは析出物が球状であると仮定している．これは，fcc マトリックス中の小さな hcp 析出物には不適切である．hcp の基底面は fcc の (111) と整合であるが，その他は非整合である．

3.4　スピノーダル分解[20,21]

母相中では 2 相分離が起こっているが，核生成がなく活性化エネルギーを必要としない変態がある．これはスピノーダル (spinodal) 分解と呼ばれ，Cu-Ni-Fe 合金等がこの分解を起こすことが知られている．二元系合金で z を格子点に隣接する格子点の数，N をサイト数として，相互作用パラメータ $\Omega = Nz(e_{AB} - (e_{AA} + e_{BB})/2)$ が正の場合，A-B 対のエネルギー e_{AB} が A-A 対および B-B 対の平均エネルギー $(e_{AA} + e_{BB})/2$ より高くて不安定であるからクラスタリングが生じ，A を主体とする相と B を主体とする 2 相に分離する．

ある温度における自由エネルギーに対する濃度曲線を図 3.30 に示す．これより，自

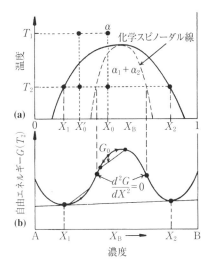

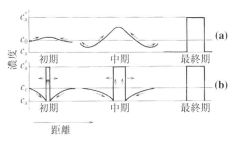

図3.31 (a)スピノーダル分解と(b)通常の析出,成長の場合の濃度分布の時間変化比較[20]

図3.30 スピノーダル分解を起こす二元系合金の(a)状態図および(b)温度 T_2 での自由エネルギー

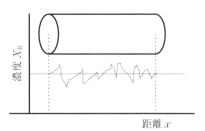

図3.32 円柱状材料の濃度のゆらぎ

由エネルギー曲線が凹から凸あるいは凸から凹の曲線に変化する変曲点(すなわち,$\partial^2 G/\partial x^2 = 0$)が存在するとき,$\partial^2 G/\partial x^2 < 0$ の領域がスピノーダル分解を起こす領域になる.この領域では,熱振動などで濃度のゆらぎが生じ,2相に分解すると自由エネルギーは低くなり,濃度差が生じるほど安定となる.

スピノーダル分解は,核生成を必要としないが拡散によって生じる.また,通常析出の場合は拡散は濃度の高い方へ進むが,スピノーダル分解では濃度の低い方へ拡散が進行する.このような拡散は up-hill diffusion と呼ばれている.図3.31は,核生成を起こす析出の場合と,不安定領域におけるスピノーダル分解を起こす場合との溶質原子の移動の方向を示したものである.次に,成分のゆらぎが生じたときの自由エネルギー変化

について，Cahn and Hilliard[22)]の連続拡散モデル(continuum diffusion model)を用いて考える．

今，断面積 A の円柱試料が温度 T_1 で熱処理されている．**図3.32**にそのときの濃度のゆらぎを示す．ひずみを無視して一次元(x軸のみ)で全自由エネルギー G_{tot} を表すと，

$$G_{\text{tot}} = A\int_0^x G(X_B)\,dx + A\int_0^x K\left[\frac{dX_B}{dx}\right]^2 dx \qquad K;\text{定数} \tag{3.63}$$

になる．右辺第1項は微小体積の自由エネルギーの総和であり，自由エネルギーを濃度 X_B の関数として表した $G(X_B)$ を $x=0$ から $x=x$ まで積分した値となる．第2項は界面エネルギーである．試料の平均濃度を $\bar{X}_B$ として，濃度のゆらぎのよる自由エネルギーの減少は，

$$\Delta G_{\text{fluctuation}} = G(X_B - \bar{X}_B) \tag{3.64}$$

となる．これをテイラー級数展開して，

$$\Delta G_{\text{fluctuation}} = G(\bar{X}_B) + (X_B - \bar{X}_B)\left[\frac{dG}{dX_B}\right]_{X_B=\bar{X}_B}$$

$$+ \frac{1}{2}(X_B - \bar{X}_B)^2 \left[\frac{d^2 G}{dX_B^2}\right]_{X_B=\bar{X}_B} + \cdots \tag{3.65}$$

となる．三次以上の高次を無視し，ゆらぎは余弦関数で近似できると仮定すると，x の位置での濃度 X_B は，

$$X_B - \bar{X}_B = A_m \cos\left(\frac{2\pi}{\lambda}x\right) \qquad \lambda;\text{波長},\ x;\text{距離},\ A_m;\text{定数} \tag{3.66}$$

と表せる．さらに $\beta = 2\pi/\lambda$ として式(3.66)に代入すると，

$$X_B - \bar{X}_B = A_m \cos(\beta x) \tag{3.67}$$

となり，これらの式より単位体積当たりの自由エネルギー G_v は体積を V として，

$$G_v = \frac{G_{\text{tot}}}{V} = G(\bar{X}_B) + \frac{A_m^2}{4}\left[\frac{d^2 G}{dX_B^2}\right]_{X_B=\bar{X}_B} + \frac{A_m^2}{2}K\beta^2 \tag{3.68}$$

となり，結局ゆらぎが生じることによる自由エネルギー変化は，

$$\Delta G_{\text{fluctuation}} = \frac{A_m^2}{4}\left[\left(\frac{d^2 G}{dX_B^2}\right)_{X_B=\bar{X}_B} + 2K\beta^2\right] \tag{3.69}$$

と表すことができる．ここで，スピノーダル領域内では，$\partial^2 G/\partial x^2 < 0$ である．さて，次に波長 λ が種々の値を取るときについて考察することにする．

(1) $\lambda \to \infty$ のとき

$\beta \to 0$ となり，初期濃度が均一である．このときスピノーダルが生じ始める点では $\partial^2 G/\partial x^2 = 0$ であるため，式(3.69)から $\Delta G_{\text{fluctuation}} = 0$ となる．

(2) $\lambda < \lambda_c$（λ_c は臨界波長(critical wavelength と呼ばれている))のとき

式(3.69)の右辺第1項と第2項とが等しいときの波長が λ_c であり，

$$\lambda_c = \left[-\frac{8\pi^2 K}{\left(\dfrac{\partial^2 G}{\partial X_B^2}\right)_{X_B = \bar{X}_B}} \right]^{\frac{1}{2}} \tag{3.70}$$

と書けるが，これ以下の波長の場合，$\Delta G_{\text{fluctuation}} > 0$ となり，熱力学的な濃度のゆらぎによりスピノーダル分解が生じない．

(3) $\lambda > \lambda_c$ のとき

直ちにスピノーダル分解が生じる．

次に，濃度のゆらぎによってひずみエネルギーが生じる場合について考えてみる．

内部にひずみが生じている場合とそうでない場合の格子間隔を，それぞれ a および a_0 とするとひずみ δ は，

$$\delta = \left(\frac{a - a_0}{a_0}\right) \tag{3.71}$$

である．ひずみエネルギーはひずみの平方に比例するため，

$$\Delta G_\varepsilon = Y\delta^2 \tag{3.72}$$

となる．ここで，Y はヤング率を E_{el}，ポアソン比を ν としたときに，$Y = E_{\text{el}}/1 - \nu$ で表せる値である．一方，Vegard 則から得た単位濃度変化に対するひずみ η は，

$$\delta = \eta(X_B - \bar{X}_B) \tag{3.73}$$

と表せる．よって，円柱結晶の総ひずみエネルギー ΔG_ε は，

$$\Delta G_\varepsilon = A \int_0^x Y\eta^2 (X_B - \bar{X}_B)^2 dx \tag{3.74}$$

となり，単位体積当たりのエネルギーは，

$$\frac{\Delta G_\varepsilon}{AX} = \frac{1}{2} A_m^2 \eta^2 Y \tag{3.75}$$

であるから，式(3.69)に加えると，

$$\Delta G_{\text{fluctuation}} = \frac{A_m^2}{4}\left[\left(\frac{\partial^2 G}{\partial X_B^2}\right)_{X_B = \bar{X}_B} + 2\eta^2 Y + 2K\beta^2\right] \tag{3.76}$$

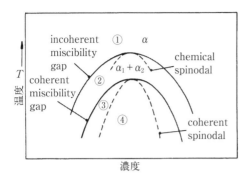

図 3.33 スピノーダル分解の状態図
①均一な α 安定，②均一な α 準安定，③均一な α 準安定で整合相が核生成，④均一な α が不安定，スピノーダル分解発生 (Porter and Easterling[15])

となる．ひずみのない場合，化学スピノーダルとして定義すると，スピノーダル曲線上では $\partial^2 G/\partial x^2 = 0$ となる．一方，ひずみのある場合，整合スピノーダル (coherent spinodal) と定義すると，スピノーダル曲線上では $(\partial^2 G/\partial X_B^2)_{X_B=\bar{X}_B} + 2\eta^2 Y = 0$ となる．また，整合スピノーダルも臨界波長を定義すると，

$$\lambda_c = \left[-\frac{8\pi^2 K}{\left(\dfrac{\partial^2 G}{\partial X_B^2}\right)_{X_B=\bar{X}_B} + 2\eta^2 Y} \right]^{\frac{1}{2}} \tag{3.77}$$

と書ける．**図 3.33** に化学スピノーダル (chemical spinodal) および整合スピノーダル (coherent spinodal) の関係を表す状態図を示す．

例題 3.9

正則溶体のスピノーダル分解

A-B 二元系合金は，固溶状態で正則溶体の挙動を取る場合，成分の違いと直線関係があるひずみ γ を① 0，② 0.06 として以下の問いに答えよ．

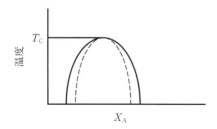

図 3.34 スピノーダルを生じる A-B 固溶体

（1） 図3.34の状態図において，consolute温度（T_C）を求めよ.
（2） 成分 $X_A = 0.25$ および $X_A = 0.40$ の溶体に対してスピノーダル温度を求めよ.
（3） （2）の成分に対して，$T = 775$ K での臨界波長はいくらになるか.
（4） A-B系で $T = 775$ K のとき，最も速い成長波長はどの組成か.
（5） $T = 775$ K で，A＝B系のどの組成が振幅因子の最大を取るか.

計算に必要なデータ

- 正則溶体の相互作用パラメータ　　$\Omega = 15$ KJ/mol
- 傾きエネルギー係数　　　　　　　$K = 10^{-9}$ J/m
- ヤング率　　　　　　　　　　　　$E = 10^{11}$ Pa
- ポアソン比　　　　　　　　　　　$\nu = 0.3$
- 自己拡散係数　　　　　　　　　　$D_A^* = D_B^* = 10^{-3} \exp(-100\,KJ/RT)$ m^2/sec
- 原子量　　　　　　　　　　　　　$M_A = 195$ g/mol,　$M_B = 197$ g/mol
- 密度　　　　　　　　　　　　　　$\rho_A = 21.5$ g/cm^3,　$\rho_B = 19.3$ g/cm^3

[解]

（1） ある温度における，成分 X_A 混合のと自由エネルギー ΔG^M の関係は，**図3.35** のように書ける．さて，正則溶液の混合の自由エネルギー ΔG^M は，$\Delta H = \Omega X_A X_B$, $\Delta S = -R(X_A \ln X_A + X_B \ln X_B)$ から混合の自由エネルギーは，

$$\Delta G^M = \Delta H - T\Delta S = \Omega X_A X_B + RT(X_A \ln X_A + X_B \ln X_B)$$
$$= \Omega X_A (1 - X_A) + RT[X_A \ln X_A + (1 - X_A) \ln (1 - X_A)]$$

一方，Consolute 温度では，$\partial^3 \Delta G^M / \partial X_A^3 = 0$ となる．混合の自由エネルギーを X_A で一〜三次微分して，三次微分でゼロとなる X_A を求めると，

$$\frac{\partial \Delta G^M}{\partial X_A} = \Omega(1 - 2X_A) + RT[\ln X_A - \ln(1 - X_A)]$$

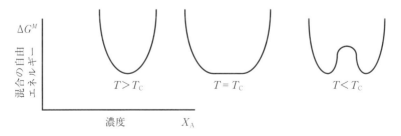

図3.35 混合の自由エネルギーと温度の関係

$$\frac{\partial^2 \Delta G^M}{\partial X_A^2} = -2\Omega + \frac{RT}{X_A} + \frac{RT}{1-X_A} = -2\Omega + \frac{RT}{X_A(1-X_A)}$$

$$\frac{\partial^3 \Delta G^M}{\partial X_A^3} = -\frac{RT}{X_A^2} + \frac{RT}{(1-X_A)^2} = RT\left(\frac{1}{1-X_A} - \frac{1}{X_A}\right)\left(\frac{1}{1-X_A} + \frac{1}{X_A}\right) = 0$$

であるから,これがゼロとなるためには,

$$\frac{1}{1-X_A} = \frac{1}{X_A} = 0.5$$

$$\therefore \left.\frac{\partial^2 \Delta G^M}{\partial X_A^2}\right|_{X_A = X_B = 0.5} = 0 = -2\Omega + 4RT \quad \therefore T = \frac{\Omega}{2R}$$

となる.各値を代入して温度を求めると,

$$T = \frac{15000 \text{ J/mol}}{2 \times 8.314 \text{ J/mol/K}} = 902 \text{ K}$$

が得られる.

(2) スピノーダル曲線の内側の領域は,系が成分のわずかなゆらぎに対しても不安定な状態である.ひずみのある系で等方な正方晶に対して安定化基準(stability criterion)は,

$$\frac{\partial^2 \Delta G^M}{\partial X_A^2} + \frac{2\eta^2 E \bar{V}}{(1-\nu)} + 2K\beta^2 \bar{V} = 0 \quad \text{J/mol}$$

と書ける.ここでβは波長であり,$\beta = 2\pi/\lambda$ となる.安定なゆらぎになる条件は$\beta = 0$ あるいは$\lambda = \infty$ のときであり上式は,

$$\frac{\partial^2 \Delta G^M}{\partial X_A^2} + \frac{2\eta^2 E \bar{V}}{(1-\nu)} = 0$$

となる.正則溶体では二次微分の値を代入して温度を求めると,

$$-2\Omega + \frac{RT_s}{X_A(1-X_A)} + \frac{2\eta^2 E \bar{V}}{(1-\nu)} = 0$$

$$\therefore T_S = \left[2\Omega - \frac{2\eta^2 E \bar{V}}{(1-\nu)}\right]\frac{X_A(1-X_A)}{R}$$

となる.ここで,$\eta = 0$ と 0.06 のときの温度を求める.

①$\eta = 0$ のとき

$$\therefore T_S = \frac{2\Omega X_A(1-X_A)}{R}$$

であるから,$X_A = 0.25$ と 0.40 を代入すると,$X_A = 0.25 \to T_S = 677$ K,$X_A = 0.40 \to$

$T_S = 866$ K となる.

②$\eta = 0.06$ のとき

$$T_S^{\text{coh}} = 2\Omega \frac{X_A(1-X_A)}{R} - \frac{X_A(1-X_A)}{R}\left(\frac{2\eta^2 E \overline{V}}{1-\nu}\right)$$

$$T_S^{\text{coh}} = T_s^{\text{chem}} - \frac{X_A(1-X_A)}{R}\left(\frac{2\eta^2 E \overline{V}}{1-\nu}\right)$$

と表され,$\overline{V} \cong (196.5 \text{ g/mol})/(19.85 \text{ g/cm}^3) = 9.90 \text{ cm}^3/\text{mol}$ および他の数値を代入して,$X_A = 0.25 \to T_S^{\text{coh}} = 449$ K,$X_A = 0.4 \to T_S^{\text{coh}} = 575$ K となる.この関係を**図 3.36** に表す.

参考までひずみのない系で固体不溶度(solid immiscibility)の最高温度を求める.これは,$X_A = X_B = 0.5$ で生じ,ひずみの寄与 $2\eta^2 E \overline{V}/(1-\nu)$ を consolute 温度($T = 902$ K)から引くと,

$$T = 902 - \frac{1 \text{ J/mol}}{4(8.314)}\left[\frac{2(0.06)^2(10^{11} \text{ N/m}^2)(10^{-6} \text{ m}^3/\text{cm}^3)(9.56 \text{ cm}^3/\text{mol})}{0.7}\right]$$

$$\therefore T_s^{\text{coh}} = 606 \text{ K}$$

よって,ひずみのある系でスピノーダル分解が生じる最高温度は 606 K である.

(**3**) 臨界波長 $\lambda_C = 2\pi/\beta_C$ は,ゆらぎの安定限界から計算することができる.安定ゆらぎに対しては,次式が成り立つ.

$$\frac{\partial^2 \Delta G^M}{\partial X_A^2} + \frac{2\eta^2 E \overline{V}}{(1-\nu)} + 2K\beta^2 \overline{V} < 0$$

であり,β_C は両辺がゼロのときであるから,

$$\beta_C^2 = \left[-\frac{\partial^2 \Delta G^M}{\partial X_A^2} - \frac{2\eta^2 E \overline{V}}{(1-\nu)}\right]\frac{1}{2K\overline{V}}$$

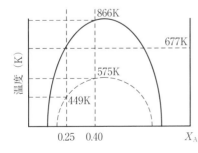

図 3.36 スピノーダル分解の状態図

$$\therefore \lambda_C = \frac{2\pi}{\beta_C} = 2\pi \left[\frac{2K\overline{V}}{2\Omega - \dfrac{RT}{X_A(1-X_A)} - \dfrac{2\eta^2 E\overline{V}}{1-\nu}} \right]^{\frac{1}{2}}$$

$$= 2\pi \left[\frac{2(10^{-9}\,\text{J/m})(9.56\,\text{cm}^3/\text{mol})(10^{-2}\,\text{m/cm})}{30000\,\text{J/mol} - (8.314\,\text{J})(775\,\text{K})/0.4(0.6\,\text{molK})} \right]^{\frac{1}{2}}$$

$$= 1.55 \times 10^{-6}\,\text{cm} = 155\,\text{Å} \quad (\eta = 0)$$

となり，$\eta = 0.06$ のときは，スピノーダル領域の外にある．

（4） 拡散方程式の一般解は，次式のように表される．

$$C - C_0 = A(\beta, t)\cos(\beta x)$$

ここで，$A(\beta, t) = A(\beta, 0)\exp[R(\beta)t]$

$$R(\beta) = -\beta^2 \frac{M}{N_A} \left\{ \frac{\partial^2 \Delta G^M}{\partial X_A^2} + \frac{2\eta^2 E\overline{V}}{1-\nu} + 2K\beta^2 \overline{V} \right\}$$

である．この式 $R(\beta)$ の次元解析を行うと，

$$\left(\frac{1}{s}\right) = \left\{ \left(\frac{\text{m}^2}{\text{Js}}\right) \left(\frac{1}{\text{m}^2}\right) \left(\frac{1}{\text{mol}^{-1}}\right) \left[\frac{\text{J}}{\text{mol}} + \left(\frac{\text{J}}{\text{m}\cdot\text{m}^2}\frac{\text{m}^3}{\text{mol}}\right) + \left(\frac{\text{J}}{\text{m}}\frac{1}{\text{m}^2}\frac{\text{m}^3}{\text{mol}}\right) \right] \right\}$$

となる．この系における最も速く成長するための波長は，拡大因子（amplification factor）$R(\beta)$ が極大のときである．すなわち，

$$\frac{\partial R(\beta)}{\partial X_A} = \frac{\partial}{\partial X_A}\left(-\frac{M}{N_V}\beta^2 \frac{\partial^2 \Delta G^M}{\partial X_A^2}\right) = -\frac{M}{N_V}\beta^2 \frac{\partial^3 \Delta G^M}{\partial X_A^3}$$

$$0 = \frac{\partial^3 \Delta G^M}{\partial X_A^3} = \frac{RT}{X_B} - \frac{RT}{X_A} \text{ から，} X_A = X_B = \frac{1}{2}$$

$$\beta_{\max} = \frac{\beta_c}{\sqrt{2}}$$

$$\therefore \lambda_{\max} = \frac{2\pi}{\beta_{\max}} = \frac{2\sqrt{2}\pi}{\beta_c} \quad \text{あるいは} \quad \lambda_{\max} = \sqrt{2}\lambda_c$$

となる．したがって，$\eta = 0$ に対して数値を代入して，

$$\therefore \lambda_{\max} = 2\sqrt{2}\pi \left[\frac{2 \times 10^{-9} \times 9.56 \times 10^{-2}}{2 \times 15000 - (8.314 \times 775)/0.5^2} \right]^{\frac{1}{2}} = 1.89 \times 10^{-6}\,\text{cm} = 189\,\text{Å}$$

となる．

（5） J. W. Cahn[23)]によれば易動度 M は相互拡散係数 $\widetilde{D}$ と次式の関係がある．

$$\widetilde{D} = \frac{M}{N_v} \frac{\partial^2 \Delta G^M}{\partial X_A^2}$$

したがって，拡大因子の式に代入すると，

$$R(\beta) = -\widetilde{D}\left[1 + \frac{2\eta^2 E \overline{V}}{G''(1-\nu)} + \frac{2K\beta^2 \overline{V}}{G''}\right]\beta^2 \qquad \text{ただし，} G'' = \frac{\partial^2 \Delta G^M}{\partial X_A^2}$$

となる．D_A，D_B を原子 A および原子 B の固有拡散係数として $\widetilde{D}$ を同位体拡散係数を用いて表すと，

$$\widetilde{D} = D_A X_B + D_B X_A = (D_A^* X_B + D_B^* X_A)\left(1 + \frac{\partial \ln \gamma_A}{\partial \ln X_A}\right)$$

であるが，正則溶体の場合，

$$\frac{\partial \ln \gamma_A}{\partial \ln X_A} = -\frac{2X_A X_B \Omega}{RT}$$

また，$D_A^* = D_B^*$ とすると，

$$\widetilde{D} = D_A^*(X_B + X_A)\left(1 - \frac{2X_A X_B \Omega}{RT}\right)$$

であるから，これを拡大因子の式に代入すると，

$$R(\beta) = -D_A^*\left(1 - \frac{2X_A X_B \Omega}{RT}\right)\left[1 + \frac{2\eta^2 E \overline{V}}{(1-\nu)\left(-2\Omega + \dfrac{RT}{X_A X_B}\right)} + \frac{2K\beta^2 \overline{V}}{\left(-2\Omega + \dfrac{RT}{X_A X_B}\right)}\right]\beta^2$$

となり，$\eta = 0$ に対して値を代入して，

$$\widetilde{D} = 2.9 \times 10^{-11} \text{ m}^2/\text{sec}$$
$$R(\beta) = 8.01 \times 10^4 /\text{sec}$$

となる．

例題 3.10

スピノーダル分解の濃度のゆらぎ

スピノーダル分解によって濃度のゆらぎが広がる速度は，試料 A のある時間における最大濃度を C_A として，次式によって表されるときに以下の問いの答えよ．

$$C_A(x, t) = C_A(x, 0)\exp(-\pi^2 Dt/\lambda^2)$$

（1）$\lambda = 0.01\,\mu\text{m}$，$D_A = 10^{-4}\exp(-85\,\text{KJ}/RT)\,\text{m}^2/\text{sec}$ のとき，室温で 10 秒から 100 秒まで 10 倍変態時間が長くなると，A の最大濃度はどれ位変化するか求めよ．

180　第 3 章　相変態の速度論

（ 2 ）　ゆらぎ波長 λ が 0.01 μm から 0.1 μm まで変化するとき，室温での 100 秒後の最大濃度を（ 1 ）の値と比較せよ．

（ 3 ）　室温で $\lambda = 0.01$ μm で 100 秒後の最大濃度を，それより 100℃ 高い温度で処理したときの最大濃度を（ 1 ）の値と比較せよ．

（ 4 ）　以上の計算により，拡散速度に最も敏感な因子は何か答えよ．

[解]

（ 1 ）　室温での拡散係数は数値を代入して，

$$D = D_A = 10^{-4} \exp[-(85 \text{ KJ})/(8.314 \text{ J/mol})(298)] \text{ m}^2/\text{sec}$$
$$= 1.26 \times 10^{-19} \text{ m}^2/\text{sec}$$

となり，$D > 0$ であるからスピノーダル分解の外側の領域にあるため，生じたゆらぎは減衰していくであろう．さて，最大濃度の式に各時間を代入して最大濃度の比を求めると，

$$\frac{C_A(10 \text{ sec})}{C_A(100 \text{ sec})} = \frac{\exp[-\pi^2 D(10 \text{ sec})/(10^{-8} \text{ m}^2)^2]}{\exp[-\pi^2 D(100 \text{ sec})/(10^{-8} \text{ m}^2)^2]} = 3.06$$

となり，10 倍の時間経過によって 3 分の 1 以下になる．

（ 2 ）　同様にして，最大濃度の式に波長 λ の値を代入して最大濃度の比を取ると，

$$\frac{C_A(0.1 \text{ μm})}{C_A(0.01 \text{ μm})} = \frac{\exp[-\pi^2 D(100 \text{ sec})/(10^{-7} \text{ m}^2)^2]}{\exp[-\pi^2 D(100 \text{ sec})/(10^{-8} \text{ m}^2)^2]} = 3.42$$

となり，波長が減少すると最大濃度 C_A は増加する．

（ 3 ）　温度が高くなると拡散係数が大きくなる．すなわち，拡散係数の式に値を代入して，

$$D(398 \text{ K}) = 10^{-4} \exp[-(85 \text{ KJ})/(8.314 \text{ J/mol})/(398)] \text{ m}^2/\text{sec}$$
$$= 6.98 \times 10^{-16} \text{ m}^2/\text{sec}$$

よって，最大濃度に値を代入して比を取ると，

$$\frac{C_A(298 \text{ K})}{C_A(398 \text{ K})} = \frac{\exp[-\pi^2 (1.26 \times 10^{-19})(100 \text{ sec})/(10^{-8} \text{ m}^2)^2]}{\exp[-\pi^2 (6.98 \times 10^{-16})(100 \text{ sec})/(10^{-8} \text{ m}^2)^2]} \approx \frac{0.2887}{0.0} \approx \infty$$

となり，温度が少し高くなると，拡散係数 D は大きく増加し，ゆらぎは直ちに消失する．$C_A(398 \text{ K})$ は事実上ゼロである．

（ 4 ）　以上の結果より C_A が拡散係数の式も併せて表すと，

$$C_A \propto \exp[A \exp(B/T)] \qquad A, B ; 定数$$

となり，温度変化に最も敏感になる．

例題 3.11

金-銀合金の濃度のゆらぎと Cahn の拡散修正式

38 at% Au-Ag 合金は 510 K では，単相の固溶体である．蒸着により Au-Ag の多層薄膜を製作した．薄膜の初期濃度は次式に従って余弦関数のように距離によって一次元で変化する．

$$C(x,0) = (38 \text{ at\%Au}) + (12 \text{ at\%Ag})\cos\beta x$$

ここで，$\beta = 2\pi/\lambda$，波長 $\lambda = 2 \times 10^{-9}$ m

各仮定のもとに試料中で一番大きな濃度差が 2 at% Au になるまで，均質化焼鈍するために要する時間を求めよ．ただし，拡散方程式の解は次式で与えられている．

$$C(x,t) = (38 \text{ at\%Au}) + (12 \text{ at\%Ag})\exp[R(\beta)t]\cos\beta x$$

また，Au-Ag 二元合金は異原子同士の結合が強い(規則化合金)．そして，負の傾きエネルギー係数 K を有している．また，計算に必要なデータを次に示す．

計算に必要なデータ

- 相互拡散係数 　　　$\widetilde{D} = 10^{-23}$ m²/sec
- 傾きエネルギー係数 　$K = -2.6 \times 10^{11}$ J/m³
- 　　　　　　　　　　$f'' = 5 \times 10^9$ J/m
- 波長 　　　　　　　$\lambda = 2 \times 10^{-9}$ m

(1) 拡散方程式として Fick の第 2 法則(下式)を用いよ．

$$\frac{\partial C}{\partial t} = \widetilde{D}\frac{\partial^2 C}{\partial x^2}$$

(2) Cahn の拡散修正式(下式)を用いよ．

$$\frac{\partial C}{\partial t} = \widetilde{D}\frac{\partial^2 C}{\partial x^2} - \frac{2K\widetilde{D}}{f''}\frac{\partial^4 C}{\partial x^4}$$

(3) (1)と(2)の違いについて述べよ．

[解]

(1) 時間 $t = 0$ での拡散方程式の解は，

$C(x,0) = C_0 + A\exp[R(\beta)t]\cos\beta x$ 　$C_0 = 38$ at%Au，$A = 12$ at%Au ともに定数として一番大きな濃度差が 2% になるためには，

$$A\exp[R(\beta)t]\cos\beta x = \pm 1 \quad \%$$

のときであり，$\cos\beta x = 1$ として時間 t で整理すると，$t = -\ln A/R(\beta)$ となる．
Fick の第 2 法則から，$R(\beta)$ を求めると，

$$\frac{\partial C}{\partial t} = AR(\beta)\exp[R(\beta)t]\cos\beta x$$

$$\frac{\partial C}{\partial x} = -A\beta R(\beta)\exp[R(\beta)t]\sin\beta x$$

$$\frac{\partial^2 C}{\partial x_2} = -A\beta^2 R(\beta)\exp[R(\beta)t]\cos\beta x$$

$$\therefore R(\beta) = -\widetilde{D}\beta^2 = -\frac{4\pi^2 \widetilde{D}}{\lambda^2} = -\frac{4\pi^2 10^{-23}\,\mathrm{m^2/sec}}{(2\times 10^{-9}\,\mathrm{m})^2} = -9.87\times 10^{-5}/\mathrm{sec}$$

よって,そのときの時間は,

$$t = \frac{-\ln 12}{-9.87\times 10^{-5}} = 2.52\times 10^4\ \mathrm{sec}$$

となる.

(2) Cahn の拡散修正式には四次微分が必要であるから,拡散方程式をさらに微分する.

$$\frac{\partial^3 C}{\partial x^3} = -A\beta^3 R(\beta)\exp[R(\beta)t]\sin\beta x$$

$$\frac{\partial^4 C}{\partial x^4} = A\beta^4 R(\beta)\exp[R(\beta)t]\cos\beta x$$

これらの式を Cahn の拡散修正式に代入して $R(\beta)$ を求めると,

$$R(\beta) = -\widetilde{D}\beta^2 - \frac{2t\widetilde{D}}{f''}\beta^4 = -\widetilde{D}\beta^2\left(1 + \frac{2K}{f''}\beta^2\right)$$

各値を代入して,

$$R(\beta) = -10^{23}\frac{4\pi^2}{(2\times 10^{-9})^2}\left[1 + \frac{2(-2.6\times 10^{-11})}{5\times 10^9}\frac{4\pi^2}{(2\times 10^{-9})^2}\right]$$

$$= -8.86\times 10^{-5}/\mathrm{sec}$$

$$\therefore t = \frac{-\ln 12}{-8.86\times 10^{-5}/\mathrm{sec}} = 2.80\times 10^4\ \mathrm{sec}$$

が得られる.

(3) Cahn の拡散修正式を用いて計算した方が時間が長くなるため,負の傾きエネルギー係数 K は均一化に対して抵抗となる.すなわち,濃度勾配がある所では,優先的に Au-Ag の最隣接間での結合が生じ,拡散係数はより小さくなるといえる.

第3章 引用文献

1) 須藤　一，田村今男，西沢泰二：金属組織学，丸善(1972)，p.132.
2) R. E. Reed-Hill : *Physical Metallurgy Principles*, Brooks/Cole Engineering Div., 2nd ed. (1973).
3) D. A. Porter and K. E. Sterling : *Phase Transformations in Metals and Alloys*, Van Nostrand Reinhold(1981).
4) M. Volmer and A. Weber : Z. Phys. Chem., **119**(1926), p.227.
5) R. Becker and W. Döring : Ann. Phys., **24**(1935), p.719.
6) C. H. P. Lupis : *Chemical Thermodynamics of Materials*, North-Holland(1983).
7) J. H. Becker : J. Appl. Phys., **29**(1958), p.1110.
8) W. A. Johnson and R. F. Mehl : Trans. AIME, **35**(1937), p.416.
9) M. Avrami : J. Chem. Phys., **7**(1939), p.1130.
10) W. K. Burton, N. Cebrera and F. C. Frank : Phil. Trans. Roy. Soc.(London), **243A**(1951), p.299.
11) K. A. Jackson : Amer. Soc. Metals(1958), p.174.
12) K. A. Jackson : *Growth and Perfection of Crystals*, R. H. Doremus, B. W. Roberts and D. Trunbull eds., Welsey New York(1958), p.319.
13) W. B. Hillig and D. Turnbull : J. Chem. Phys., **24**(1956), p.914.
14) M. C. Flemings : *Solidification Processing*, McGraw-Hill(1974), p.318.
15) D. A. Porter and K. E. Easterling : *Phase Transformations in Metals and Alloys*, Van Nostrand Reinhold(1981), p.202.
16) J. W. Christian : *The Theory of Phase Transformations in Metals and Alloys*, Pergamon Press, Oxford(1965).
17) G. H. Geiger and D. R. Poirier : *Transport Phenomena in Metallurgy*, Addison-Wesley (1973), p.70, 456.
18) M. C. Flemings : *Solidification Processing*, McGraw-Hill(1974), p.312.
19) Livingston : Trans. AIME, **215**(1959), p.566.
20) J. W. Cahn : Trans. Met. AIME, **242**(1968), p.166.
21) J. W. Cahn : Acta. Met., **9**(1961), p.795.
22) J. W. Cahn and J. E. Hilliard : J. Chem. Phys., **28**(1958), p.258.
23) J. W. Cahn : Trans. AIME, **242**(1968), p.166.

気固相反応

　気固相反応[1,2]は，例えば酸化鉄の水素還元や，ZnSの球形粒子の焙焼反応のように金属の製錬では重要な不均一系の反応である．

　気固相反応では，単に界面反応のみでなく，反応物質および生成物の物質移動や熱移動が起こり，これらの過程が逐次進行していく．この中で，ある過程の抵抗が大きくその他の過程の抵抗がそれに比べて無視できる場合，気固相反応の総括速度はその過程（律速段階）で定まってしまう．しかし，実際は二つ以上の総括速度式に寄与する場合（混合律速）が多い．また総括速度式を求めるとき，このような律速段階を仮定することなく，反応に関与すると考えられる全ての抵抗を考慮し，これらの過程が逐次的に進行するとして求める方法がある．そこでこの方法について，球形粒子が酸素や水素のような気体と反応し，①反応生成物が球形粒子表面に生成し粒子径が変化しない場合（non-shrinking particle）および②粒子径が小さくなる場合（shrinking particle）について考えることにする．

4.1　未核反応モデル[3]

　球形粒子が気体流と接触して反応するとき，球形粒子径が変化しない場合を考える．このようなものとしては以下の例のようなものが考えられるが，これらは不可逆的に進行し，反応過程として次の順序で逐次反応が進行していくものと考えられる．このときのガスの侵入，反応についての模式図を**図4.1**に示す．

①　ZnSの焙焼反応

$$2ZnS(s) + O_2(g) \rightarrow 2ZnO + 2SO_2(g) \tag{4.1}$$

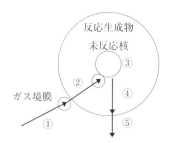

図4.1　ガスの侵入経路の模式図

186　第4章　気固相反応

② Fe_3O_4 の直接還元
$$Fe_3O_4(s) + 4H_2(g) \to 3Fe(s) + 4H_2O(g) \tag{4.2}$$
③ CaC_2 の窒化
$$CaC_2(s) + N_2(g) \to CaCN_2 + C(amorphous) \tag{4.3}$$

ガス侵入，反応におけるモデル
（1）　ガスの粒子表面ガス境膜内の拡散
（2）　反応生成物層から未反応核界面までのガスの拡散
（3）　反応生成物-未反応核界面における反応
（4）　生成したガスの反応生成物層中の拡散
（5）　生成したガスの粒子表面ガス境膜内の拡散

この中で，（3）の過程である化学反応は不可逆反応と見なされるので，その後の過程（4）および（5）については総括速度式を立てる場合に考慮する必要がない．そこで，（1），（2）および（3）について各々律速段階として速度式を求めてみることにする．

① ガス境膜内拡散律速

未反応核-反応生成界面の反応を，
$$A(g) + bB(s) \to 反応生成物 \tag{4.4}$$
としたときのガス A の濃度分布を描くと図 4.2 のようになる．ここで，気体ガス A の濃度を C_{Ag}，R は粒子半径，r_c は中心から界面までの距離を表す．**図 4.2** より粒子表面および界面でのガス A の濃度 C_{As} および C_{Ac} は共にゼロである（$C_{As} = C_{Ac} = 0$）．不可逆反応の仮定として，ガス境膜を通しての A の物質移動は，

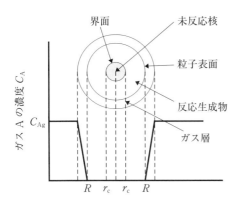

図 4.2　ガス境膜内拡散律速の濃度分布

$$J_A = -D\frac{\partial C_A}{\partial x} = -D\frac{\Delta C_A}{\Delta x} = -D\frac{\Delta C_A}{\delta} = -k_g \Delta C \tag{4.5}$$

k_g；物質移動係数, δ；ガス境膜厚さ

と表せる.

式(4.4)より，固体 B が dN_B (N_i は成分 i のモル数) だけ反応したときの気体は，bdN_A (b；定数) だけ反応に寄与する．すなわち，

$$dN_B = bdN_A \tag{4.6}$$

である．よって，時間 dt の間に単位面積当たり反応した A の量は，

$$J_A = -\frac{1}{4\pi R^2}\frac{dN_B}{dt} = -\frac{b}{4\pi R^2}\frac{dN_A}{dt} \tag{4.7}$$

と書ける．さらに k_g，ガス層のガス A の濃度 C_{Ag} は一定で粒子表面のガス A の濃度 C_{As} はゼロであるため，

$$J_A = bk_g(C_{Ag} - C_{As}) = bk_g C_{Ag} = 一定 \tag{4.8}$$

である．未反応である固体 B のモル密度を ρ_B とすると，

$$N_B = \rho_B V = \rho_B \frac{4}{3}\pi r_c^3 \tag{4.9}$$

と書けるから式(4.6)に代入して，

$$dN_B = bdN_A = 4\pi\rho_B r_c^2 dr_c \tag{4.10}$$

となる．式(4.7)，(4.8) および (4.10) より，

$$-\rho_B \frac{4\pi r_c^2}{4\pi R^2}\frac{dr_c}{dt} = bk_g C_{Ag} \tag{4.11}$$

$$-\frac{\rho_B}{R^2}\int_R^{r_c} r_c^2 dr_c = bk_g C_{Ag}\int_0^t dt \tag{4.11'}$$

$$\therefore t = \frac{\rho_B R}{3bk_g C_{Ag}}\left[1 - \left(\frac{r_c}{R}\right)^3\right] \tag{4.12}$$

となる．ここで，$\tau = \rho_B R/3bk_g C_{Ag}$, $1 - X_B = (r_c/R)^3$ として式(4.12)を書き直すと，

$$\frac{t}{\tau} = X_B = 1 - \left(\frac{r_c}{R}\right)^3 \tag{4.13}$$

となる.

② 反応生成物内拡散律速

ガス境膜内拡散律速(①)の場合と同様に未反応核‐反応生成物間の界面で式(4.4)の反応が生じるとする．このときの A の濃度分布は，**図 4.3** のようになる．ここで，各層

188　第4章　気固相反応

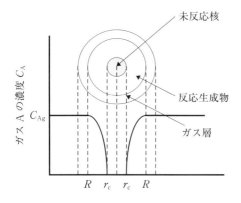

図4.3 反応生成物内拡散律速の濃度分布

中のAのフラックスQを次のように定める．

Q_{As}；$r=R$でガス境膜から粒子表面へのAのフラックス
Q_A；$r_c<r<R$で反応生成物層中を通過するAのフラックス
Q_{Ac}；$r=r_c$の界面で反応するA

さらに，反応生成物層内でAが反応して消滅したりせずに定常的にAが界面へ拡散すると仮定すると，

$$-\frac{dN_A}{dt} = 4\pi R^2 Q_{As} = 4\pi r^2 Q_A = 4\pi r_c^2 Q_{Ac} = 一定 \tag{4.14}$$

が成り立つ．ここで，Fickの第1法則より，反応生成物層中のAの有効拡散係数 (effective diffusion coefficient)をD_eとすると，

$$Q_A = D_e \frac{dC_A}{dr} \tag{4.15}$$

と書ける．式(4.14)および(4.15)より，

$$-\frac{dN_A}{dt} = 4\pi r^2 D_e \frac{dC_A}{dr} = 一定 \tag{4.16}$$

となる．式(4.16)を$r_c \leq r \leq R$の範囲で積分すると図4.3より，

$$-\frac{dN_A}{dt}\int_R^{r_c}\frac{dr}{r^2} = 4\pi D_e \int_{C_{Ag}}^0 dC_A \tag{4.17}$$

$$\therefore -\frac{dN_A}{dt}\left(\frac{1}{r_c} - \frac{1}{R}\right) = 4\pi D_e C_{Ag} \tag{4.18}$$

となる．さらにdN_Aは，式(4.10)から次式(4.19)のように表されるから，これを式

(4.18)に代入して積分すると,

$$dN_A = \frac{4\pi\rho_B r_c^2 dr_c}{b} \tag{4.19}$$

$$-\rho_B \int_R^{r_c} \left(\frac{1}{r_c} - \frac{1}{R}\right) r_c^2 dr_c = bD_e C_{Ag} \int_0^t dt \tag{4.20}$$

$$\therefore t = \frac{\rho_B R^2}{6bD_e C_{Ag}} \left[1 - 3\left(\frac{r_c}{R}\right)^2 + 2\left(\frac{r_c}{R}\right)^3\right] \tag{4.21}$$

となる.さらに,ガス境膜内の拡散律速のときと同様に,

$$\tau = \frac{\rho_B R^2}{6bD_e C_{Ag}} \tag{4.22}$$

$$1 - X_B = \left(\frac{r_c}{R}\right)^3 \tag{4.23}$$

として式(4.21)を書き直すと,

$$\frac{t}{\tau} = 1 - 3(1-X_B)^{\frac{2}{3}} + 2(1-X_B) \tag{4.24}$$

となる.なおτは,完全に反応が終了するまでの時間を表している.

③ 界面反応律速

ガス境膜内拡散律速(①)と同様に式(4.4)の反応に従うとする.このとき,界面反応が律速する場合の濃度分布は図 4.4 のようになる.すなわち,

$$C_{Ag} = C_{As} = C_{Ac} \tag{4.25}$$

である.Aの反応は一次反応であるとすると,

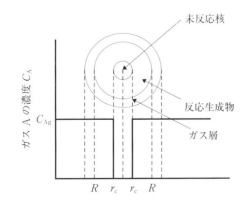

図 4.4 界面反応律速の濃度分布

$$-b\frac{dN_\mathrm{A}}{dt} = bk_\mathrm{s}C_\mathrm{Ag}4\pi r_\mathrm{c}^2 \tag{4.26}$$

と書ける．ここで，k_s は化学反応速度定数である．式(4.10)および(4.26)より，

$$-4\pi\rho_\mathrm{B}r_\mathrm{c}^2\frac{dr_\mathrm{c}}{dt} = bk_\mathrm{s}C_\mathrm{Ag}4\pi r_\mathrm{c}^2 \tag{4.27}$$

$$\therefore -\rho_\mathrm{B}\int_R^{r_\mathrm{c}} dr_\mathrm{c} = bk_\mathrm{s}C_\mathrm{Ag}\int_0^t dt \tag{4.28}$$

$$\therefore t = \frac{\rho_\mathrm{B}}{bk_\mathrm{s}C_\mathrm{Ag}}(R - r_\mathrm{c}) \tag{4.29}$$

である．①および②と同様に，τ および X_B で式(4.29)を書き直すと，

$$\frac{t}{\tau} = 1 - \frac{r_\mathrm{c}}{R} = 1 - (1 - X_\mathrm{B})^{\frac{1}{3}} \tag{4.30}$$

ただし，

$$\tau = \frac{\rho_\mathrm{B}R}{bk_\mathrm{s}C_\mathrm{Ag}} \tag{4.31}$$

となる．

さて，未核反応モデルで反応に関与すると考えられる三つの抵抗(ガス境膜，生成物層中の拡散，界面反応)を考慮し，これらの過程が逐次的に進行するとして総括反応式を求める．Ohm の法則のように単位時間当たりの反応量 V，そのときのフラックス i，および抵抗を R として，式(4.11)，(4.18)，(4.19)および(4.27)より値を求めると，

$$V = bC_\mathrm{A} \tag{4.32}$$

$$i = -\frac{1}{s}\frac{dN_\mathrm{B}}{dt} \qquad s；表面積 \tag{4.33}$$

$$R_① = \frac{1}{k_\mathrm{g}} \tag{4.34}$$

$$R_② = \frac{R(R - r_\mathrm{c})}{r_\mathrm{c}D_\mathrm{e}} \tag{4.35}$$

$$R_③ = \frac{R^2}{r_\mathrm{c}^2 k_\mathrm{s}} \tag{4.36}$$

$$\therefore i = \frac{V}{R_① + R_② + R_③} = -\frac{1}{s}\frac{dN_\mathrm{B}}{dt} = \frac{bC_\mathrm{Ag}}{\dfrac{1}{k_\mathrm{g}} + \dfrac{R(R - r_\mathrm{c})}{r_\mathrm{c}D_\mathrm{e}} + \dfrac{R^2}{r_\mathrm{c}^2 k_\mathrm{s}}} \tag{4.37}$$

さらに i を $-dr_c/dt$ で書き直すと,

$$-\frac{dr_c}{dt} = \frac{bC_{Ag}/\rho_B}{\dfrac{r_c^2}{R^2 k_g} + \dfrac{(R-r_c)r_c}{RD_e} + \dfrac{1}{k_s}} \tag{4.38}$$

となる.

4.2 反応により球形粒子が収縮する場合

球形粒子が反応によって時間経過と共に小さくなる場合を考える. **図 4.5** のように, 球形粒子がガスとの反応により粒子径が小さくなる例として,

（1） 石炭のガス化

$$2C(s) + O(g) \rightarrow 2CO(g) \tag{4.39}$$

（2） Na_2SO_3 の硫化反応

$$Na_2SO_3(s) + S(s) \rightarrow Na_2S_2O_3(s) \tag{4.40}$$

があげられる.

反応により球形粒子が収縮する場合, 4.1 節のガス侵入, 反応におけるモデル

① ガスの粒子表面ガス境膜内の拡散
② 反応生成物-未反応核界面までのガスの拡散
③ 反応生成物-未反応核界面における反応

と異なるところは, ⓐ反応により表層部の生成物がなくなるため, ②のガスの拡散がなくなること, ⓑ球形粒子径が変化するため物質移動係数 k_g の取り扱いが異なることである. すなわち, k_g は粒子半径 R の関数となる.

そこで, 物質移動係数 k_g について考える.

一般に球形粒子の場合, 物質移動係数を求めるためには Ranz-Marshall の式[4.5)]を適用する. その式を次に示す.

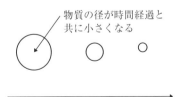

図 4.5　球形粒子径が時間経過により収縮

$$\frac{k_g d_p}{D_g} = 2 + 0.6(Sc)^{1/3}(Re)^{1/2} \tag{4.41}$$

Sc；Schmidt 数 $= \eta/\rho D_g$, η；ガスの粘度，ρ；ガスのモル密度，D_g；ガス相中の拡散係数，Re；Reynolds 数 $= d_p u \rho/\eta$，d_p；粒子直径，u；流体の速度

ここで，粒子直径および流体速度と物質移動係数の関係を整理する．

（ⅰ）粒子径 d_p および流体の速度 u が小さい場合，Reynolds 数が小さくなり，式 (4.41) の第 2 項を無視して，

$$k_g \propto 1/d_p \tag{4.42}$$

となり，Stokes の法則に従う．

（ⅱ）d_p および u が大きい場合，Reynolds 数による影響が強くなり，

$$k_g \propto u^{1/2}/d_p^{1/2} \tag{4.43}$$

となる．

流体の速度 u がゼロの場合，式 (4.41) は，

$$\frac{k_g d_p}{D_g} = 2 \tag{4.44}$$

となり，d_p（直径）$=2R$（半径）として書き直すと，

$$k_g = \frac{2D_g}{d_p} = \frac{D_g}{R} \tag{4.45}$$

となる．式 (4.7) および式 (4.11) より $r_c = R$ として式 (4.45) を代入すると，

$$-\frac{1}{4\pi R^2}\frac{dN_B}{dt} = -\rho_B \frac{4\pi R^2}{4\pi R^2}\frac{dR}{dt} = b\frac{D_g}{R} C_{Ag}$$

$$\therefore -\int_{R_0}^{R} R dR = \frac{bC_{Ag} D_g}{\rho_B}\int_0^t dt \tag{4.46}$$

$$\therefore t = \frac{\rho_B R_0^2}{2bC_{Ag} D_g}\left[1 - \left(\frac{R}{R_0}\right)^2\right] \tag{4.47}$$

と書ける．ただし，R_0 は球形粒子の初期半径である．同様に τ および X_B を用いて式 (4.47) を書き直すと，

$$\frac{t}{\tau} = 1 - (1 - X_B)^{2/3} \tag{4.48}$$

ただし，

$$\tau = \frac{\rho_0 R_0^2}{2bC_{Ag}D_g} \tag{4.49}$$

と表すことができる.

また,粒径が変化する場合は,4.1節で述べた式(4.37)の三つの抵抗($R_①$, $R_②$, $R_③$)のうち,反応生成物層内の拡散による抵抗($R_②$)はゼロになり,$r_c = R$となるため式(4.38)は,

$$-\frac{dr_c}{dt} = \frac{bC_{Ag}/\rho_B}{\dfrac{1}{k_g}+\dfrac{1}{k_s}} \tag{4.50}$$

となる.ただし,前述したようにk_gはr_cの関数である.

例題 4.1

固体炭素粒子の酸化反応

直径1 cmの固体炭素の球形粒子が流速10 m/secで1300 Kの空気と接している.そのときの化学反応は次のようになり,二酸化炭素CO_2が生成する.

$$C(s) + O_2(g) \rightarrow CO_2(g)$$

この反応は不可逆であり,炭素の表面領域で酸素と一次反応を生じる.

この粒子径で体積の99%が反応するのに22分かかった.同じ温度で同じ空気の流れで直径3 mmの球形炭素が99%反応するのにどれくらいかかるかを計算し,何が反応を律速しているのかを述べよ.ただし,反応は等温的に進行するものとする.

計算に必要なデータ

- 物質移動係数　　$k_g = 28 d_p^{-1/2}$ cm/sec
- 粒子直径　　　　$d_p = 1.0,\ 0.3$ cm
- 炭素の密度　　　$\rho_c = 0.16$ mol/cm^3
- ガス定数　　　　$R = 82.1$ atm·cm^3/K

空気は21体積%の酸素を含んでいるとする.

[解]

炭素粒子が酸化されてCO_2が反応生成物として生じてガスとして消失していくので,反応層がないため炭素中のガスの拡散を考える必要はない.

ガス境膜律速および表面反応の混合律速として式(4.50)より,

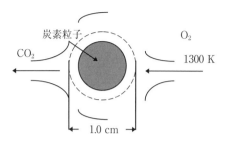

図4.6 炭素粒子に接触する酸素

$$-\frac{dr_c}{dt} = \frac{C_{O_2}/\rho_C}{\dfrac{1}{k_g}+\dfrac{1}{k_s}}$$

である．ここで，k_g はデータから，$k_g = 28 d_p^{-\frac{1}{2}}$ cm/sec $= 19.8/\sqrt{r_c}$ であるから値を代入して，

$$-\frac{dr_c}{dt} = \frac{C_{O_2}}{\rho_C}\left(\frac{\sqrt{r_c}}{19.8}+\frac{1}{k_s}\right)^{-1}$$

$$\therefore -\left(\frac{\sqrt{r_c}}{19.8}+\frac{1}{k_s}\right)dr_c = \frac{C_{O_2}}{\rho_C}dt$$

となる．一方，炭素が 99% 反応したときの粒子半径は，

$$\frac{V_C}{V} = \frac{4/3\pi r_c^3}{4/3\pi R^3} = 0.01 \qquad \therefore \frac{r_c}{R} = 0.215$$

のときであるから，初期半径 R から t 秒後に粒子半径 $r_c(=0.215R)$ まで反応したとすると，

$$-\int_R^{0.215R}\left(\frac{\sqrt{r_c}}{19.8}+\frac{1}{k_s}\right)dr_c = \frac{C_{O_2}}{\rho_C}\int_0^t dt$$

$$\therefore -\frac{2}{3}\frac{r_c^{3/2}}{19.8}\bigg|_R^{0.215R} - \frac{r_c}{k_s}\bigg|_R^{0.215R} = \left(\frac{C_{O_2}}{\rho_C}\right)t$$

となる．ここで，k_s が既知ではないので，これを求めるために半径 1.0 cm の球形粒子について以下の値を代入する．

$t = 22$ 分 $= 1320$ 秒，$R = 0.5$ cm であるから $0.215R = 0.1075$ cm

$\rho_c = 0.16$ mol/cm^3

さらに，空気中の酸素は理想気体として，

$$PV = nRT$$
$$C_{O_2} = n/V = P/RT = (0.21\text{ atm})/(82.1\text{ cm}^3\text{atm/mol·K})(1300\text{ K})$$
$$= 1.97 \times 10^{-6}\text{ mol/cm}^3$$

であるから，これらの値を代入して化学反応速度定数 k_s が求まる．

$$-\frac{2}{3}\left(\frac{1}{19.8}\right)[(0.1075\text{ cm})^{\frac{3}{2}} - (0.5\text{ cm})^{\frac{3}{2}}] - \frac{1}{k_s}(0.1075 - 0.5)$$
$$= \frac{(1.97 \times 10^{-6}\text{ mol/cm}^3)(1320\text{ sec})}{0.16\text{ mol/cm}^3}$$
$$\therefore k_s = 71$$

となり，化学反応速度定数 k_s が求まった．この値を直径 0.3 cm の球形粒子にも反応時間 t を求めるために同様に代入すると，

$$-\frac{2}{3}\left(\frac{1}{19.8}\right)\underbrace{[(0.03225\text{ cm})^{\frac{3}{2}} - (0.15\text{ cm})^{\frac{3}{2}}]}_{\text{ガス境膜律速}} - \underbrace{\frac{1}{71}(0.03225 - 0.15)}_{\text{表面反応律速}}$$
$$= \frac{(1.97 \times 10^{-6}\text{ mol/cm}^3)(t\text{ sec})}{0.16\text{ mol/cm}^3}$$
$$\therefore t = \underbrace{143\text{ sec}}_{\text{ガス境膜}} + \underbrace{135\text{ sec}}_{\text{表面反応}} = 278\text{ sec}$$

したがって，この球形粒子の反応はガス境膜および表面反応の混合律速である．

例題 4.2

チタン球形粒子の酸化

直径 200 μm の固体チタンの球形粒子が 2000 K の温度で酸素を 10^{-2} atm 含む予熱したアルゴンガス流と接している．このとき，次の反応に従ってチタンの酸化が起こる．

$$\text{Ti(s)} + \text{O}_2(\text{g}) \rightarrow \text{TiO}_2(\text{s})$$

この反応は不可逆であり，チタンの表面領域で酸素と一次反応が生じる．この球形粒子が厚さ 10 μm の酸化層を形成するのにどれくらいかかるか．また，反応律速は何であるかを確認せよ．ただし，10% のチタンが酸化物になるのに 58 分を要した．

計算に必要なデータ

- 物質移動係数　　　　$k_g = 0.2$ cm/sec
- 化学反応速度定数　　$k_s = 3.21 \times 10^4$ cm/sec

- チタンの密度　　　　　$\rho_{Ti} = 0.095$ mol/cm^3
- チタン酸化物の密度　　$\rho_{TiO_2} = 0.053$ mol/cm^3

[解]

$$Ti(s) + O_2(g) \to TiO_2(s)$$

の反応から，58分で10%Tiが酸化物になる．このときの抵抗は，ガス境膜，酸化層中の酸素の拡散，および化学反応であり，酸化物生成時間 t_{total} は，

$$t_{total} = t_{ガス境膜} + t_{酸化層中の酸素の拡散} + t_{化学反応}$$

となる．チタン粒子（直径 $R = 100$ μm）の10%が酸化物になったときの各抵抗の寄与を求める．

1) ガス境膜

式(4.12)より，

$$t_{ガス境膜} = \left(\frac{\rho_{Ti} R}{3 b k_g C_{O_2}}\right) X_B$$

ここで，$X_B = 0.1$, $\rho_{Ti} = 0.095$ mol/cm^3, $k_g = 0.2$ cm/sec, $b = 1$ であり，酸素は理想気体であると仮定して C_{O_2} を求めると，

$$C_{O_2} = \frac{n}{V} = \frac{P}{RT} = \frac{(10^{-2} \text{ atm})}{(82.1 \text{ cm}^3 \text{ atm/mol/K})(2000 \text{ K})} = 6.09 \times 10^{-8} \text{ mol/cm}^3$$

となる．以上の値を代入して $t_{ガス境膜}$ を求める．

$$t_{ガス境膜} = \frac{(0.095 \text{ mol/cm}^3)(0.01 \text{ cm})(0.1)}{3(0.2 \text{ cm/sec})(6.09 \times 10^{-8} \text{ mol/cm}^3)} = 2600 \text{ sec}$$

2) 化学反応

式(4.30)および(4.31)より，

$$t_{化学反応} = \frac{\rho_{Ti} R}{b k_s C_{O_2}} [1 - (1 - X_B)^{\frac{1}{3}}] \quad \text{ここで，} k_s = 3.21 \times 10^4 \text{ cm/sec}$$

必要な数値を代入して $t_{化学反応}$ を求める．

$$t_{化学反応} = \frac{0.095(0.01)}{(3.21 \times 10^4)(6.09 \times 10^{-8})}[1 - (0.9)^{\frac{1}{3}}] = 0.017 \text{ sec}$$

したがって，$t_{ガス境膜}$ と $t_{化学反応}$ を比較すると化学反応による抵抗は小さいため無視できる．

ガス境膜および化学反応に要する時間から，酸素が酸化物中を通るときの拡散係数 D_{eff} を求める．酸化層中の酸素の拡散に要する時間は，上記計算より全時間からガス境膜の時間を引いて，

$$t_{\text{total}} - t_{\text{ガス境膜}} = 58 \times 60 - 2600 = 880 \text{ sec} = t_{\text{酸化層中の酸素の拡散}}$$

と求められる．拡散抵抗の反応式(4.21)および(4.24)より，

$$\tau = t_{\text{酸化層中の酸素の拡散}}[1 - 3(1-X_B)^{\frac{2}{3}} + 2(1-X_B)]^{-1}$$

$$= (880 \text{ sec})[1 - 3(0.9)^{\frac{2}{3}} + 2(0.9)]^{-1} = 2.52 \times 10^5 \text{ sec}$$

$$\therefore D_{\text{eff}} = \frac{\rho_{\text{Ti}} R^2}{6bC_{O_2}\tau} = \frac{(0.095)(0.01)^2 \text{cm}^2/\text{sec}}{6(6.09 \times 10^{-8})(2.52 \times 10^5)} = 1.03 \times 10^{-4} \text{ cm}^2/\text{sec}$$

となり D_{eff} が求まる．次に，TiO_2 の層が表面から 10 μm であるから，$R = 100 \text{ μm}$ に対して $r_c = 90 \text{ μm}$ であり，そのときの X_B, $t_{\text{ガス境膜}}$ および $t_{\text{酸化層中の酸素の拡散}}$ を求めると，

$$X_B = 1 - \left(\frac{r_c}{R}\right)^3 = 1 - \left(\frac{90}{100}\right)^3 = 0.271$$

$$t_{\text{ガス境膜}} = \frac{\rho_{\text{Ti}} R}{3bk_g C_{O_2}} X_B = 7050 \text{ sec}$$

$$t_{\text{酸化層中の酸素の拡散}} = 2.52 \times 10^5 [1 - 3(1-0.271)^{\frac{2}{3}} + 2(1-0.271)]^{-1} = 7060 \text{ sec}$$

よって，この球形粒子が厚さ 10 μm の酸化物層を形成するのに要する時間は，

$$\therefore t_{\text{total}} = t_{\text{ガス境膜}} + t_{\text{酸化層中の酸素の拡散}} = 7050 + 7060 = 14110 \text{ sec} = 3.9 \text{ hr}$$

となる．

例題 4.3
鉄鉱石の水素還元

密度 $\rho_B = 4.6 \text{ g/cm}^3$，直径 $R = 5 \text{ mm}$ の鉄鉱石が水素によって還元されるとき，この過程は非核反応モデルによって近似できる．また，粒子は水分を含んでおらず，下式の反応で還元するものとする．

$$4H_2 + Fe_3O_4 \rightarrow 4H_2O + 3Fe$$

この反応は，ガス流中の水素の濃度に比例する．また，一次反応速度定数 k_s が次式で表されるとして以下の問いに答えよ．

$$k_s = 1.93 \times 10^5 \exp\left(-\frac{24000}{RT}\right) \text{ cm/sec}$$

(1) 酸化層中の水素の浸入に対する平均拡散係数として，$D_e = 0.03 \text{ cm}^3/\text{sec}$ を用いて 600℃ で酸化物から金属へ完全に還元されるのに必要な時間を求めよ．ただし，ガス定数 $R = 1.987 \text{ cal/mol/K}$ である．

(**2**) この反応は，何で律速されるか，また粒子径によって律速段階はどのようになるか考察せよ．

[解]

(**1**) 未核反応モデルにおいては aA + bB = cC + dD の反応の場合の反応式は式 (4.37) より，

$$-\frac{1}{S}\frac{dN_B}{dt} = \frac{bC_A}{\frac{1}{k_g} + \frac{R(R-r_c)}{r_c D_e} + \frac{R^2}{r_c^2 k_s}}$$

と書ける．ここで，ガス境膜での抵抗はない．すなわち，$k_g = \infty$ と仮定して上式を書き換えると，

$$-\frac{1}{S}\frac{dN_{Fe_3O_4}}{dt} = \frac{\frac{1}{4}C_{H_2}}{\frac{R(R-r_c)}{r_c D_e} + \frac{R^2}{r_c^2 k_s}}$$

となる．また鉄鉱石の Fe_3O_4 のモル数は $N_{Fe_3O_4} = \frac{4}{3}\pi r_c^3 \rho_{Fe_3O_4}$ であるから両辺を微分して，$dN_{Fe_3O_4} = 4\pi r_c^2 \rho_{Fe_3O_4} dr_c$ および表面積 $S = 4\pi r_c^2$ を上式に代入すると，

$$-\frac{1}{4\pi r_c^2} 4\pi r_c^2 \rho_{Fe_3O_4} \frac{dr_c}{dt} = \frac{\frac{1}{4}C_{H_2}}{\frac{R(R-r_c)}{r_c D_e} + \frac{R^2}{r_c^2 k_s}}$$

$$-\frac{dr_c}{dt} = \frac{\frac{C_{H_2}}{4\rho_{Fe_3O_4}}}{\frac{r_c(R-r_c)}{RD_e} + \frac{1}{k_s}}$$

と書ける．鉄鉱石が完全に反応するには，$r_c = R$ から $r_c = 0$ まで積分すると，

$$-\int_R^0 \left[\frac{(R-r_c)r_c}{RD_e} + \frac{1}{k_s}\right] dr_c = \frac{C_{H_2}}{4\rho_{Fe_3O_4}} \int_0^t dt$$

$$\frac{1}{RD_e}\left(\frac{R^3}{2} - \frac{R^3}{3}\right) + \frac{R}{k_s} = \frac{C_{H_2}}{4\rho_{Fe_3O_4}} t$$

$$\therefore t = \left(\frac{R}{k_s} + \frac{R^2}{6D_e}\right)\frac{4\rho_{Fe_3O_4}}{C_{H_2}}$$

となる．この式に $k_s = 1.93 \times 10^5 \exp\left[-\dfrac{24000}{(1.987)(873)}\right] = 0.19$ cm/sec, $\rho_{Fe_3O_4} = (4.6)/(232) = 1.98 \times 10^{-2}$ mol/cm^3 および 1 気圧として $C_{H_2} = n/V = P/RT = (1\,\text{atm})/(82.06)(873) = 1.395 \times 10^{-5}$ mol/cm^3, さらに $R = 0.5$ cm を代入すると，

$$t = \left[\dfrac{0.5}{0.19} + \dfrac{0.5^2}{6(0.03)}\right]\dfrac{4(1.98 \times 10^{-2})}{1.395 \times 10^{-5}} = 22825 \text{ sec} = 6.34 \text{ hr}$$

が求まる．

(2) 酸化物層中の拡散と表面での化学反応の抵抗の比を取ると，

$$\dfrac{\text{酸化物層中の拡散抵抗}}{r_c \text{での化学反応抵抗}} = \dfrac{k_s r_c}{D_e} = \dfrac{0.19 r_c}{0.03} = 6.3 r_c \text{ cm}$$

となる．上式から相対抵抗は非核層の半径 r_c に依存する．すなわち，r_c が小さいときは化学反応律速となる．半径 r_c が 0.158 より大きい場合および小さい場合の抵抗は，

ⅰ) $r_c > 0.158$ cm のとき

酸化物層中の拡散抵抗 > 化学反応の抵抗

ⅱ) $r_c \leqq 0.158$ cm のとき

化学反応の抵抗 > 酸化物層中の拡散抵抗

となる．

例題 4.4

大砲の球形弾丸の腐食

ペンシルバニア州のルイスブルグ (Lewsburg) 市の Brown 通りの端に南北戦争の記念碑 (青銅の将軍と大砲および鉄製の球形弾丸) が建っている．この記念碑が建てられた 1868 年当時の弾丸の半径は 12.1 cm であった．ところが，風雨にさらされて腐食し，さらに 10 年ごとに表面の腐食物を落とすため，1998 年では，12 cm になっている．この弾丸が完全に消失するのは西暦何年であるか．

[解]

弾丸の半径を小さくするのに律速している過程は，三つ考えられる．すなわち，ガス境膜，酸化物層中の酸素の拡散および表面での酸化反応である．

① ガス境膜律速；腐食が非常にゆっくりと起こっているため，弾丸表面に酸素が到達するのに要する時間でこの反応が律速しているとは考えられない．

② 酸化物層中の酸素の拡散；腐食層はポーラスであり，10 年ごとに腐食層を取り除かれており，これも律速過程とは思われない．

③ 表面での酸化反応；下式のような酸化反応が律速過程と考えられる．

$$4\text{Fe} + 3\text{O}_2(\text{g}) = 2\text{Fe}_2\text{O}_3(腐食物)$$

$$t_{化学反応} = \tau_{化学反応}\left(1 - \frac{r_c}{R}\right)$$

$$t_{化学反応} = 1998 - 1868 = 130\ 年$$

$$\tau_{化学反応} = \frac{130\ 年}{\left(1 - \dfrac{12}{12.1}\right)} \approx 15730\ 年$$

したがって，弾丸は $15730 + 1998 = 17728$ 年(西暦)に消失する．

例題 4.5

球形粒子および平板の酸化

固体 B の球形粒子が A のガス流と接しており，次の化学反応が生じる．

$$\text{A}(ガス) + \text{B}(固体) \rightarrow \text{C}(固体)$$

反応は不可逆であり，粒子の大きさは反応によって変化しないとして以下の問いに答えよ．

（**1**）直径 5 mm の B の球形粒子が A のガス流中で 30 分放置されると，体積の 58% が C に変化した．同じ温度のガス濃度およびガス流速で直径 3 mm の B の球形粒子では 30 分で 80% が C に変化した．同じ条件で直径 1 mm のものが完全に C になるには何分かかるか．

（**2**）今，固体 B が粒子ではなく，図 4.7 に示すような平板と考える．ガス境膜が律速していると仮定して，B から C に変化する時間 τ(関係式のみ)を求めよ．平板の大きさは，時間によって変化せず，y/L は非常に大きいと仮定する．

[解]

（**1**）律速段階は，1 過程であると仮定して，各律速段階について 3 mm および 5

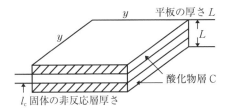

図 4.7 固体 B が平板のときのある時間の酸化物層

mm での試験結果を反応式に代入して未知の数値が合うかどうかを考える．

① ガス境膜律速

反応式は，式(4.12)および(4.13)より，

$$X_B = 1 - \left(\frac{r_c}{R}\right)^3 = \frac{t}{\tau} = \left(\frac{3bk_g C_{A_g}}{\rho_B}\right)\frac{t}{R} = \frac{1}{K_G}\frac{t}{R} \qquad K_G；定数$$

と書ける．この式に 3 mm および 5 mm の値を代入すると，

$$2R = 3 \text{ mm に対して，} K_{G_1} = \frac{t}{X_B R} = \frac{30}{(0.80)(0.15)} = 250$$

$$2R = 5 \text{ mm に対して，} K_{G_2} = \frac{t}{X_B R} = \frac{30}{(0.58)(0.25)} = 207$$

よって，$K_{G_1} \neq K_{G_2}$ のためガス境膜律速ではない．

② 酸化物層の拡散律速

反応式は，式(4.24)より，

$$\frac{t}{\tau} = 1 - 3(1-X_B)^{\frac{2}{3}} + 2(1-X_B)，\quad \tau = \frac{\rho_B R^2}{6bD_e C_A} = K_D R^2 \qquad K_D；定数$$

$$\therefore K_D = \frac{t}{R^2[1 - 3(1-X_B)^{\frac{2}{3}} + 2(1-X_B)]}$$

と書ける．この式に 3 mm および 5 mm の値を代入すると，

$$2R = 3 \text{ mm に対して，} K_{D_1} = \frac{30}{(0.15)^2[1-3(1-0.8)^{\frac{2}{3}}+2(1-0.8)]} = 3565$$

$$2R = 5 \text{ mm に対して，} K_{D_2} = \frac{30}{(0.25)^2[1-3(1-0.58)^{\frac{2}{3}}+2(1-0.58)]} = 3051$$

よって，$K_{D_1} \neq K_{D_2}$ のため酸化物層の拡散律速ではない．

③ 化学反応律速

反応式は，式(4.30)および(4.31)より

$$\frac{t}{\tau} = 1 - (1-X_B)^{\frac{1}{3}} = \frac{bk_s C_A t}{\rho_B R} = \frac{t}{K_C R} \qquad K_C；定数$$

$$\therefore K_C = \frac{t}{R[1 - (1-X_B)^{\frac{1}{3}}]}$$

と書ける．この式に 3 mm および 5 mm の値を代入すると，

$2R = 3$ mm に対して，$K_{C_1} = \dfrac{30}{(0.15)[1-(1-0.8)^{\frac{1}{3}}]} = 482$

$2R = 5$ mm に対して，$K_{C_2} = \dfrac{30}{(0.25)[1-(1-0.58)^{\frac{1}{3}}]} = 478$

よって，$K_{C_1} \fallingdotseq K_{C_2}$ のため化学反応律速である．

そこで，$2R = 1$ mm に対して，

$$\tau_{\text{化学反応}} = \dfrac{\rho_B R}{bk_s C_A} = K_C R = 24 \text{ 分}$$

となる．

（**2**）

$$-\dfrac{1}{S}\dfrac{dN_B}{dt} = -\dfrac{b}{S}\dfrac{dN_A}{dt} = bk_g(C_{A(g)} - C_{s(g)})$$

表面積は $S = 2y^2$ であるから，

$$dN_B = \rho_B\, dN = \rho_B\, y^2 dl_C$$

$$-\dfrac{1}{2y^2}\dfrac{\rho_B\, y^2 dl_C}{dt} = bk_g C_{Ag}$$

$$-\dfrac{\rho_B}{2}\int_L^{l_C} dl_C = \int_0^t bk_g C_{Ag}\, dt$$

$$\therefore t = \dfrac{\rho_B L}{2bk_g C_{Ag}}\left(1 - \dfrac{l_C}{L}\right)$$

$$\tau = \dfrac{\rho_B L}{2bk_g C_{Ag}}$$

となる．したがって，必要な値が与えられれば τ は求めることができる．

第4章 引用文献

1） D. Levenspiel : *Chemical Reaction Engineering*, 2nd ed., Wiley (1972).
2） 近藤良夫：移動現象論 (1974), p. 146.
3） S. Yagi and D. Kunii : Chem. Eng., **19** (1955), p. 500.
4） W. E. Ranz and W. R. Marshall Jr. : Chem. Eng. Prog., **48** (1952), p. 141, 173.
5） G. H. Geiger and D. R. Poirier : *Transport Phenomena in Metallurgy*, Addison-Wesley (1973), p. 250.

非金属中での拡散

　固体中の拡散の研究は，主として金属を用いて行われてきたが，セラミックスや半導体などは電気的に特殊な性質を持っているため，金属では見られなかった現象が生じる．

　イオン性固体は，反対符号に帯電したイオン同士が近接し，同符号に帯電したイオンは離れるような配列となっており，拡散は正あるいは負に帯電した空孔あるいは格子間原子を介して行われ，しかも常に局部的な電気的中性が保たれなければならない．

　この章では，イオン性固体，セラミックスの中で生じる Frenkel および Schottky 型の欠陥構造について述べた後，イオン性固体の電気伝導度と拡散の関連性について説明[1～3]する．

5.1　格子欠陥

　イオン性固体中の構造欠陥として，①イオンが通常の位置から移動し，格子間イオンを形成する．すなわち，空格子数と格子間原子数とが等しい Frenkel 型欠陥[4]，②陽イオンと陰イオン空孔が同時に形成され，空孔の数が等しい Schottky 型欠陥[5]に分けられる．図 5.1 に Frenkel および Schottky 型欠陥の模式図を示す．

5.1.1　Frenkel 型欠陥

　Frenkel 型欠陥を形成するものとして，例えば AgBr，CaF_2 等があげられる．AgBr は，Ag 陽イオンが**図 5.1**(a)のように格子間の位置に移動し，陽イオン空孔を形成する．

　このとき，

$$Ag_{Ag} \rightarrow Ag_i^{\bullet} + V'_{Ag} \tag{5.1}$$

と書く．ここで，Ag_{Ag} は，Ag イオンの位置(小文字のところ)に Ag イオンがあることを表す．また，$Ag_i^{\bullet}$ は，格子間の位置 i に正(・)の Ag イオン(1 価のため・一つ)を，V'_{Ag} は Ag イオンの位置に負(′)の空孔(V)があることを表している．一対の Frenkel 欠陥を形成するのに必要なエネルギーを Δg_F とし，Ag イオンの全体の個数を N，空孔

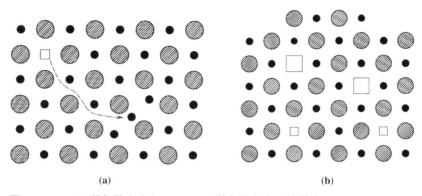

図 5.1 Frenkel 型欠陥（a）と，Schottky 型欠陥（b）の比較（Kingery, Bowen and Uhlmann[1], p.125）

▨ 陰イオン，● 陽イオン，□ 陰イオン空孔，□ 陽イオン空孔

の個数を n_v，格子間の位置にある Ag イオンの個数を n_i とすると，$[V'_{Ag}]$ および $[Ag_i^\bullet]$ を荷電された Ag イオンの位置にある空孔および格子間の位置にある Ag イオンの濃度は，

$$[V'_{Ag}] = \frac{n_v}{N}, \quad [Ag_i^\bullet] = \frac{n_i}{N} \tag{5.2}$$

と表される．

結晶体の自由エネルギー変化 ΔG は，完全結晶の自由エネルギーを ΔG_0，n 個の格子間原子および欠陥を形成するのに必要な自由エネルギー変化を $n\Delta g_F$，凝集のエントロピーを ΔS_{conf}，および温度を T とすると，

$$\Delta G = \Delta G_0 + n\Delta g_F - T\Delta S_{conf} \tag{5.3}$$

と書ける．Ag イオンが空孔を形成し，格子間の位置に入ったときの ΔS_{conf} は，n_i を格子間原子の個数，n_v を空孔の数として，

$$\Delta S_{conf} = k_B \ln\left[\frac{N!}{(N-n_i)!n_i!}\right]\left[\frac{N!}{(N-n_v)!n_v!}\right] \tag{5.4}$$

と書くことができる．対数（ln）の中を Stirling の近似[6]（$\ln N! = N\ln N - N$）および $n_i = n_v = n$ として書き換えると，

$$\Delta S_{conf} = 2k_B[N\ln N - (N-n)\ln(N-n) - n\ln n] \tag{5.5}$$

となる．式(5.5)を(5.3)に代入し，

$$\Delta G = \Delta G_0 + n\Delta g - 2k_B T \left[N \ln \frac{N}{(N-n)} - n \ln \left(\frac{N-n}{n} \right) \right] \tag{5.6}$$

となる．平衡状態では ΔG が極小値すなわち $(\partial \Delta G/\partial n)_{T,P} = 0$ であるから微分して，さらに $N - n \approx N$ として式を整理すると，

$$\frac{\partial \Delta G}{\partial n} = \Delta g - T 2 k_B \ln \left(\frac{N}{n} \right) \quad \text{あるいは} \quad \frac{n}{N} = \exp\left(-\frac{\Delta g_F}{2k_B T} \right) \tag{5.7}$$

となる．したがって，この式を式(5.2)にあてはめると，Frenkel 型欠陥の Ag イオンの位置にある空孔 $[V'_{Ag}]$ および格子間の位置にある Ag イオン $[Ag_i^{\bullet}]$ の濃度の積 k_F は

$$k_F = [Ag_i^{\bullet}][V'_{Ag}] = \exp\left(-\frac{\Delta g_F}{k_B T} \right) \tag{5.8}$$

と表される．あるいは化学量論的な AgBr に対しては，$[Ag_i^{\bullet}] = [V'_{Ag}]$ であるから，

$$[Ag_i^{\bullet}] = \exp\left(-\frac{\Delta g_F}{2k_B T} \right) \tag{5.9}$$

と表すことができる．

5.1.2 Schottky 型欠陥

Schottky 型欠陥を形成するものとして，例えば高温における KCl がある．KCl は高温では，図 5.1(b) のように K の陽イオンの空孔と Cl の陰イオンの空孔の数が等しく，次のように表される．

$$\text{null} \rightarrow V'_K + V^{\bullet}_{Cl} \tag{5.10}$$

一対の Schottky 型欠陥を形成するのに必要な自由エネルギーを Δg_S とすると，Frenkel 型欠陥の場合と同様にして，Schottky 型欠陥の陽イオンの空孔 $[V'_K]$ と陰イオンの空孔 $[V^{\bullet}_{Cl}]$ の濃度の積 k_S は

$$k_S = [V^{\bullet}_{Cl}][V'_K] = \exp\left(-\frac{\Delta g_S}{k_B T} \right) \tag{5.11}$$

となる．さらに，化学量論的な KCl に対しては，

$$[V'_K] = [V^{\bullet}_{Cl}] = \exp\left(-\frac{\Delta g_S}{2k_B T} \right) \tag{5.12}$$

となる．式(1.131)より γ を幾何学的因子，a を格子定数，w をジャンプ頻度として，カリウムの拡散係数 D_K を求めると，

$$D_K = \gamma a^2 \omega [V'_K] = \gamma a^2 \nu_D \exp\left(-\frac{\Delta g_m}{k_B T} \right) \exp\left(-\frac{\Delta g_S}{2k_B T} \right) \tag{5.13}$$

$$= \gamma a^2 \nu_D \exp\left[-\left(\frac{\Delta g_m}{k_B T} + \frac{\Delta g_S}{2k_B T}\right)\right] \quad (5.14)$$

となる。Δg_m および Δg_S のエンタルピーをそれぞれ ΔH_m および ΔH_S とすると，KCl は高温では Schottky 型，低温では Frenkel 型欠陥になるため，縦軸 $\ln D$，横軸 $1/T$ のグラフにプロットすると傾きは，

① 高温　Schottky　　傾き $= -\left(\dfrac{\Delta H_m}{k_B} + \dfrac{\Delta H_S}{2k_B}\right)$ \quad (5.15)

② 低温　Frenkel　　傾き $= -\dfrac{\Delta H_m}{k_B}$ \quad (5.16)

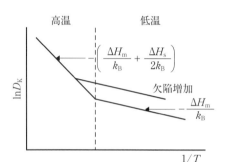

図 5.2 KCl の拡散係数と温度の関係

表 5.1 種々の材料の欠陥形成のためのエネルギー(Kingery, Bowen and Uhlmann[1], p.144)

材料	反応式	形成のエネルギー(eV)	$\exp(\Delta H_S/2k_B)$ の項
AgBr	$Ag_{Ag} \to Ag_i^{\bullet} + V'_{Ag}$	1.1	30-1500
BeO	$null \leftrightarrow V''_{Be} + V_O^{\bullet\bullet}$	~6	?
MgO	$null \leftrightarrow V''_{Mg} + V_O^{\bullet\bullet}$	~6	?
NaCl	$null \leftrightarrow V'_{Na} + V_{Cl}^{\bullet}$	2.2-2.4	5-50
LiF	$null \leftrightarrow V'_{Li} + V_F^{\bullet}$	2.4-2.7	100-500
CaO	$null \leftrightarrow V''_{Ca} + V_O^{\bullet\bullet}$	~6	?
CaF_2	$F_F \leftrightarrow V_F^{\bullet} + F'_i$	2.3-2.8	10^4
	$Ca_{Ca} \leftrightarrow V''_{Ca} + Ca_i^{\bullet\bullet}$	~7	?
	$null \leftrightarrow V''_{Ca} + 2V_F^{\bullet}$	~5.5	?
U_2O	$O_O \leftrightarrow V_O^{\bullet\bullet} + O_i''$	3.0	?
	$U_U \leftrightarrow V_U'''' + U_i^{\bullet\bullet\bullet\bullet}$	~9.5	?
	$null \leftrightarrow V_U'''' + 2V_O^{\bullet}$	~6.4	?

eV；1 eV = 96,487 Joul/mol = 23,060 cal/mol

となる．これをグラフに表すと，**図 5.2** のようになる．
　参考まで種々の材料に対して，反応式および形成のためのエネルギーを**表 5.1** に示す．

5.2　欠陥の結合

　Schottky 型あるいは Frenkel 型欠陥がイオン性固体中に存在するとき，各々の欠陥は互いに異なった電荷を持った欠陥とクーロン力によって引き付け合う．この反対の電荷を持った欠陥の静電的相互作用は，電解質の Debye-Hückel の理論[7]*1 によって示すことができる．

　例えば，Schottky 型欠陥を持った NaCl は，陽イオンおよび陰イオンの空孔が一対となった空孔対を形成することができる．すなわち，

$$V'_{Na} + V^{\bullet}_{Cl} = (V'_{Na}V^{\bullet}_{Cl}) \tag{5.17}$$

となる．ここで，$(V'_{Na}V^{\bullet}_{Cl})$ は空孔対を示している．この反応式から，

$$\frac{[(V'_{Na}V^{\bullet}_{Cl})]}{[V'_{Na}][V^{\bullet}_{Cl}]} = z \exp\left(-\frac{\Delta g_{vp}}{k_B T}\right) \tag{5.18}$$

と表せる．ここで，z は方位数で $z=6$ である．Δg_{vp} は空孔対形成のための自由エネルギーである．一方，Schottky 型欠陥の陽イオン，陰イオンの空孔濃度の積は，

$$[V'_{Na}][V^{\bullet}_{Cl}] = \exp\left(-\frac{\Delta g_S}{k_B T}\right) \tag{5.19}$$

であるため，式(5.18)および(5.19)より，

$$[(V'_{Na}V^{\bullet}_{Cl})] = z \exp\left(-\frac{\Delta g_S + \Delta g_{vp}}{k_B T}\right) \tag{5.20}$$

となる．この空孔対は溶質濃度には依存せず，温度にのみ依存する．

　NaCl に対して，空孔対形成のためのエンタルピー Δh_{vp} は，

$$-\Delta h_{vp} \approx \frac{q_i q_j}{KR} \tag{5.21}$$

である．ここで，$q_i q_j$ は有効電荷(effective charges)であり 4.8×10^{-10} esu，K は誘電

---

*1　Debye-Hückel の理論；イオンは無秩序に動くが，イオンを取り囲むのは同種のイオンよりも異種電荷を持つイオンの方が多くなりイオン雰囲気を形成する．この理論は希薄溶液の場合にのみうまく適用できる．

率(dielectric constant)であり 5.62，R は欠陥の間の距離であるから 2.82×10^{-8} cm を代入して，

$$-\Delta h_{vp} \approx \frac{(4.8 \times 10^{-10} \text{ esu})^2 \times 6.24 \times 10^{11} \text{ eV/esu}^2/\text{cm}}{5.62 \times 2.82 \times 10^{-8} \text{ cm}} = 0.9 \text{ eV} \quad (5.22)$$

となる．より厳密な計算結果は，0.6 eV となり，式(5.22)から求めた値よりいくぶん低い．

反対に電荷を持った欠陥の静電引力により，溶質と格子欠陥の結合も生じる．例えば，NaCl 中に $CaCl_2$ が添加された場合，2価の Ca イオンが Na 格子中に入り，電気的中性を保つためには Na の空孔を一つ生じさせる．この反応は，以下に示すように表される．

$$CaCl_2(s) \xrightarrow{NaCl} Ca_{Na}^{\bullet} + V'_{Na} + 2Cl_{Cl} \quad (5.23)$$

という反応が生じる．このときの系の自由エネルギーは次の結合反応によって変化する．

$$Ca_{Na}^{\bullet} + V'_{Na} = (Ca_{Na}^{\bullet} V'_{Na}) \quad (5.24)$$

$$\frac{[(Ca_{Na}^{\bullet} V'_{Na})]}{[Ca_{Na}^{\bullet}][V'_{Na}]} = z \exp\left(-\frac{\Delta g_a}{k_B T}\right) \quad (5.25)$$

ここで，Δg_a は溶質-空孔結合対形成の自由エネルギーである．溶質-空孔結合対は空孔対と異なり溶質濃度に依存する．

5.3 非化学量論のイオン性固体

いくつかの酸化物は，化学量論的(stoicheometric)な量からずれて，金属量が少なかったり(metal deficient oxide)，逆に酸素量が不足していたり(oxygen deficient oxide)する．そこで，これらの物質について酸素分圧，濃度の影響について説明する．

5.3.1 金属量が不足した酸化物

金属量が不足した酸化物として，次のようなものが挙げられる．

$$FeO_{1+x}, \quad NiO_{1+x}, \quad UO_{2+x}, \quad Co_{1-x}O, \quad Cu_{2-x}O$$

この中で例えば酸化鉄の酸化反応は，$FeO + x/2 O_2 \rightarrow FeO_{1+x}$ であるから，

$$2Fe_{Fe} + \frac{1}{2}O_2(g) = 2Fe_{Fe}^{\bullet} + O_O + V''_{Fe} \quad (5.26)$$

5.3 非化学量論のイオン性固体

$$\frac{1}{2}O_2(g) = O_O + V''_{Fe} + 2h^\bullet \tag{5.27}$$

と書ける．ここで，$h^\bullet$は欠乏している電子を表している．このときの平衡定数Kは式(5.27)より，

$$K = \frac{[O_O][V''_{Fe}][h^\bullet]^2}{P_{O_2}^{1/2}} \tag{5.28}$$

である．ここで，結晶中の酸素イオン濃度の大半は帯電していないため，$[O_O] \approx 1$と考えることができる．また，欠乏電子の数はFeの空孔数の2倍に等しいため，

$$2[V''_{Fe}] = [h^\bullet] \tag{5.29}$$

となる．式(5.29)を(5.28)に代入すると，

$$\frac{4[V''_{Fe}]^3}{P_{O_2}^{1/2}} = K = \exp\left(-\frac{\Delta g_0}{k_B T}\right) \tag{5.30}$$

となるため，鉄の拡散係数は式(1.115)および(5.30)より，

$$D_{Fe} = \gamma \nu a^2 [V''_{Fe}] \exp\left(-\frac{\Delta g_m}{k_B T}\right)$$

$$= \gamma \nu a^2 \left(\frac{1}{4}\right)^{1/3} P_{O_2}^{1/6} \exp\left(-\frac{\Delta g_m}{k_B T}\right) \exp\left(-\frac{\Delta g_0}{3k_B T}\right) \tag{5.31}$$

となる．すなわち，図5.2のように縦軸に$[V''_{Fe}]$の対数，横軸に温度の逆数のグラフおよび縦軸に拡散係数の対数，横軸に酸素分圧のグラフに示すとそれぞれ**図5.3**および**5.4**のようになる．

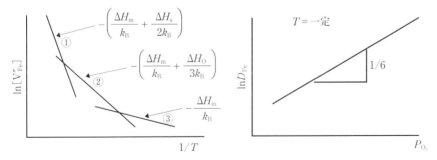

図5.3 $[V''_{Fe}]$と温度の関係を表すグラフ ①intrinsic stoicheometirc 領域，②intrinsic non-stoicheometric 領域，③extrinsic 領域

図5.4 拡散係数と酸素分圧の関係

5.3.2 酸素量が不足した酸化物

酸素量が不足した酸化物として，次のものがあげられる．

$$ZrO_{2-x}, \quad TiO_{2-x}, \quad CdO_{1-x}, \quad Nb_2O_{5-x}, \quad ZnO_{1-x}$$

この中でチタン酸化物を取り上げると，5.3.1項と同様に，

$$TiO_2 \rightarrow TiO_{2-x} + \frac{x}{2}O_2$$

であるから，

$$O_O = \frac{1}{2}O_2 + V_O^{\bullet\bullet} + 2e' \tag{5.32}$$

$$2Ti_{Ti} + O_O = \frac{1}{2}O_2 + V_O^{\bullet\bullet} + 2Ti'_{Ti} \tag{5.33}$$

と書ける．ここで，e' は結晶中に加えられた電子である．同様にして平衡定数 K を求めると，

$$K = \frac{P_{O_2}^{1/2}[V_O''][e']^2}{[O_O]} \tag{5.34}$$

であり，$[O_O] \approx 1$ および $2[V_O^{\bullet\bullet}] = [e']$ であるから式(5.34)は，結局次のように書ける．

$$K = 4[V_O^{\bullet\bullet}]^3 P_{O_2}^{1/2} = \exp\left(-\frac{\Delta g_0}{k_B T}\right) \tag{5.35}$$

同様に拡散係数 D_O を求めると，

$$D_O = \gamma \nu a^2 [V_O^{\bullet\bullet}] \exp\left(-\frac{\Delta g_m}{k_B T}\right)$$

$$= \gamma \nu a^2 \left(\frac{1}{4}\right)^{1/3} P_{O_2}^{-1/6} \exp\left(-\frac{\Delta g_m}{k_B T}\right) \exp\left(-\frac{\Delta g_0}{3 k_B T}\right) \tag{5.36}$$

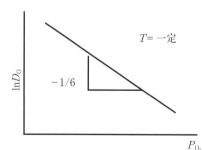

図 5.5 拡散係数と酸素分圧の関係

5.3 非化学量論のイオン性固体

となる.縦軸に $[V_O^{\bullet\bullet}]$ の対数を,横軸に温度の逆数を取ってプロットすると図5.3と同様のグラフが描けるのでそのグラフは省略する.また,図5.4のように縦軸に拡散係数を横軸に酸素分圧を取ってグラフに描くと**図5.5**のようになる.

さて,Frenkel 型欠陥を有する酸化物がガス M と平衡している.そして,このときの温度は一定であり,完全にイオン化した欠陥であると仮定する.そのときの欠陥濃度はガス分圧によってどのように変化するのかを考えてみよう.考えられる反応式としては,

① Frenkel　　　　null $= M_i^{\bullet} + V_M'$　　　$K_F = [M_i^{\bullet}][V_M']$　　　　　　(5.37)

② electronic　　　null $= e' + h^{\bullet}$　　　　$K_e = np$　　　　　　　　　(5.38) *2

③ 酸化還元　　　$M(g) = M_i^{\bullet} + e'$　　　$K_R = [M_i^{\bullet}] n P_M^{-1}$　　　　(5.39)

　　　　　　　　$M_M = M(g) + V_M' + h^{\bullet}$　　$K_O = [V_M'] p P_M$　　　　(5.40)

であり,p 型電子は正孔電子が優先するものである.また,電気的中性の条件としては,

$$n + [V_M'] = p + [M_i^{\bullet}] \tag{5.41}$$

である.K_O は他の平衡定数を用いて表されるため除去できる.結局上の式(5.37)～(5.40)に対して,四つの未知数すなわち $[M_i^{\bullet}]$,$[V_M']$,n および p となる.これは,Brower が提唱した方法[8)] によって求めることができる.

(a) ガス M の分圧 P_M が,与えられた範囲に対して式(5.33)の両サイドの一つだけが優先欠陥であると仮定する.

(b) 直線的な関係を得るため縦軸に濃度の対数,横軸に P_M のグラフを描く.

① P_M が高い場合

式(5.39)より,$[M_i^{\bullet}]$ および n が増加する.

式(5.37)および(5.38)より,$[V_M']$ および p が減少する.

そこで,式(5.41)によって $n = [M_i^{\bullet}]$ と近似できる.これを式(5.37),(5.38)および(5.39)に代入すると,

式(5.39)　$K_R = [M_i^{\bullet}] n P_M^{-1} = [M_i^{\bullet}]^2 P_M^{-1}$
　　　　　$[M_i^{\bullet}] = (K_R P_M)^{1/2}$　→　$[M_i^{\bullet}] \propto P_M^{1/2}$

式(5.37)　$K_F = [M_i^{\bullet}][V_M']$
　　　　　$[V_M'] = K_F / [M_i^{\bullet}]$　→　$[V_M'] \propto P_M^{-1/2}$

---

*2 n は電子濃度であり,p は正孔濃度である.

212　第5章　非金属中での拡散

式(5.39)　　$K_R = [M_i^\bullet] n P_M^{-1} = n^2 P_M^{-1}$
　　　　　　$n = (K_R P_M)^{1/2}$　→　$n \propto P_M^{1/2}$

式(5.38)　　$K_e = np$
　　　　　　$p = K_e/n$　→　$p \propto P_M^{1/2}$

以上の結果をグラフに表すと，**図5.6**のようになる．

② P_M が低い場合

高い場合とは逆に P および $[V_M']$ が増加し，$P = [V_M']$ となる．よって，同様の方法により，

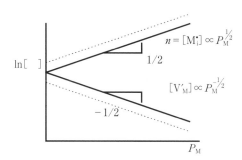

図5.6 濃度と P_M の関係

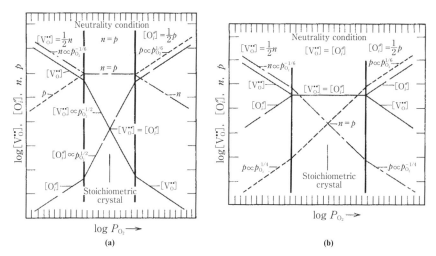

図5.7 Brouwer diagram；酸化物中の酸素の空孔欠陥と電子欠陥の濃度と酸素圧の関係（(a)：$K_i > K_f''$，(b)：$K_f'' > K_i$ の場合）(Kingery, Bowen and Uhlmann[1], p.162)

$$[V'_M] \propto P_M^{-1/2}$$
$$n = [M_i^\bullet] \propto P_M^{1/2}$$

となる．

③ P_M が中間の場合．

（ⅰ）イオン欠陥が優先する場合（$K_F < K_e$）

材料として電解質であり，この電気的中性は $[M_i^\bullet] = [V'_M]$ と近似できる．さらに，$n \propto P_M$, $p \propto P_M^{-1}$ である．

（ⅱ）電子欠陥が優先する場合（$K_F > K_e$）

材料として半導体であり，電気的中性は $n = p$ と近似できる．さらに，$[M_i] \propto P_M$, $[V'_M] \propto P_M^{-1}$ である．

以上を図に描くと**図 5.7** のようになる．これは酸素に対して各濃度をプロットした図であり，Brouwer diagram[9] と呼ばれている．

例題 5.1

固体塩化カリウムの電気伝導測定

固体塩化カリウム（KCl）の電気伝導度を測定するため，酸素が 1 ppm 以下の試料を作製した．

（1）データが純物質のレベルを示すのは，温度が何℃以上になったときか．ただし，KCl 中の K_2O の溶解度は室温で 10^{-6} 以上である．

（2）$\ln D$ と $1/T$ の関係を表すグラフで，カリウムイオンと塩素イオンの拡散係数の挙動を示せ．傾きおよび重要な温度を明記せよ．また，$\gamma a_0^2 \nu$ の値に対して，この結晶には 10^{-1} cm^2/sec を用いよ．

（3）①この結晶で，酸素イオンの拡散係数 D_O およびカリウムの拡散係数 D_{Cl} の値に影響を与える2因子を示せ．
②これらの因子を用いて，D_O および D_{Cl} のどちらが大きいか推定せよ．

計算に必要なデータ

・KCl の Schottky 平衡に対して，
$$\Delta H_s = 252 \text{ kJ/mol}$$
$$\Delta S_s = 40 \text{ kJ/mol}$$

・KCl の自己拡散に対して，
$$K^+ : \Delta H_m = 67 \text{ kJ/mol}, \quad \Delta S_m/R = 2.7$$
$$Cl^- : \Delta H_m = 97 \text{ kJ/mol}, \quad \Delta S_m/R = 4.1$$

214　第5章　非金属中での拡散

・イオン半径
$$K^+ : 1.33 \times 10^{-10} \text{ m}$$
$$Cl^- : 1.81 \times 10^{-10} \text{ m}$$
$$O^{2-} : 1.32 \times 10^{-10} \text{ m}$$

[解]

（1）伝導度が純塩化カリウム(KCl)のそれを示すとき，優先的に存在する欠陥はSchottky型(intrinsic)なものである．

$$\text{null} \leftrightarrow V'_K + V^{\bullet}_{Cl}$$

intrinsicな領域では，

$$[V'_K] = [V^{\bullet}_{Cl}] = \exp\left(-\frac{\Delta G_s}{2RT}\right)$$

$$D_{Cl} = \gamma a_0^2 \nu_D \exp\left(-\frac{\Delta G_m}{RT}\right)[V^{\bullet}_{Cl}]$$

$$= \gamma a_0^2 \nu_D \exp\left[-\left(\frac{\Delta G_m}{RT} + \frac{\Delta G_s}{2RT}\right)\right]$$

であるから，温度が低くなるに従って，欠陥の数が少なくなり，事実上，外的な(extrinsic)欠陥が優先するようになる．この場合，

$$K_2O \xrightarrow{2KCl} 2K_K + O'_{Cl} + V^{\bullet}_{Cl}$$

となる．また，extrinsicな領域では，

$$[V^{\bullet}_{Cl}] = [O'_{Cl}] \neq f(T)$$

$$D_{Cl} = \gamma a_0^2 \nu_D \exp\left(-\frac{\Delta G_m}{RT}\right)[O'_{Cl}]$$

となり，intrinsicからextrinsicへの変換温度は，$D^{\text{extrinsic}}_{Cl} = D^{\text{intrinsic}}_{Cl}$として，$T$を$[O'_{Cl}]$の関数で表すと，

$$\gamma a_0^2 \nu_D \exp\left[-\left(\frac{\Delta G_m}{RT} + \frac{\Delta G_s}{2RT}\right)\right] = \gamma a_0^2 \nu_D \exp\left[-\frac{\Delta G_m}{RT}\right][O'_{Cl}]$$

$$\exp\left(-\frac{\Delta G_s}{2RT}\right) = [O'_{Cl}]$$

$$\exp\left(\frac{\Delta S_s}{2R} - \frac{\Delta H_s}{2RT}\right) = [O'_{Cl}] \quad \therefore \frac{\Delta S_s}{2R} - \frac{\Delta H_s}{2RT} = \ln[O'_{Cl}]$$

よって，Tで整理して数値を代入すると，

5.3 非化学量論のイオン性固体　215

$$T = \frac{\Delta H_\text{s}}{\Delta S_\text{s} - 2R\ln[\text{O}'_\text{Cl}]} = \frac{252 \times 10^3 \text{ J/mol}}{40 \text{ J/mol/K} - 2(8.314 \text{ J/mol/K})\ln 10^{-6}}$$
$$= 934 \text{ K} = 661°\text{C}$$

となる．データは，661℃と770℃(融点)の温度範囲で純塩化カリウムの挙動を示す．

（2）　$D = D_0 \exp\left(-\dfrac{\Delta H}{RT}\right)$ と表されるから，

$$\ln D = \ln D_0 - \frac{\Delta H}{RT}$$

① intrinsic 領域：1043 K から 934 K

$$D_\text{K} = \gamma a_0^2 \nu_\text{D} \exp\left(\frac{\Delta S_\text{s}}{2R} + \frac{\Delta S_\text{m}}{R}\right)\exp\left(-\frac{\Delta H_\text{s}}{2RT} - \frac{\Delta H_\text{m}}{RT}\right)$$

$$\therefore \ln D_\text{K} = \ln \gamma a_0^2 \nu_\text{D} + \left(\frac{\Delta S_\text{s}}{2R} + \frac{\Delta S_\text{m}}{R}\right) - \left(\frac{\Delta H_\text{s}}{2R} + \frac{\Delta H_\text{m}}{R}\right)\frac{1}{T}$$
$$\text{傾き} \quad -2.32 \times 10^4$$

$$D_\text{Cl} = \gamma a_0^2 \nu_\text{D} \exp\left(\frac{\Delta S_\text{s}}{2R} + \frac{\Delta S_\text{m}}{R}\right)\exp\left(-\frac{\Delta H_\text{s}}{2RT} - \frac{\Delta H_\text{m}}{RT}\right)$$

$$\therefore \ln D_\text{Cl} = \ln \gamma a_0^2 \nu_\text{D} + \left(\frac{\Delta S_\text{s}}{2R} + \frac{\Delta S_\text{m}}{R}\right) - \left(\frac{\Delta H_\text{s}}{2R} + \frac{\Delta H_\text{m}}{R}\right)\frac{1}{T}$$
$$\text{傾き} \quad -2.68 \times 10^4$$

T(K)	1000/T(1/T)	$\ln D_\text{K}$	$\ln D_\text{Cl}$
1043	0.959	-19.45	-21.51
934	1.071	-22.05	-24.51

② extrinsic の領域：934 K から 298 K 以下

$$[\text{V}'_\text{K}] = \frac{K_\text{s}}{[\text{V}^\bullet_\text{Cl}]} = \frac{1}{[\text{V}^\bullet_\text{Cl}]}\exp\left(\frac{\Delta S_\text{s}}{R}\right)\exp\left(-\frac{\Delta H_\text{s}}{RT}\right) = [\text{O}'_\text{Cl}]$$

$$D_\text{K} = \frac{\gamma a_0^2 \nu_\text{D}}{[\text{O}'_\text{Cl}]}\exp\left(\frac{\Delta S_\text{s} + \Delta S_\text{m}}{R}\right)\exp\left(-\frac{\Delta H_\text{s} + \Delta H_\text{m}}{RT}\right)$$

$$\therefore \ln D_\text{K} = \ln\left(\frac{\gamma a_0^2 \nu_\text{D}}{[\text{O}'_\text{Cl}]}\right) + \frac{\Delta S_\text{s} + \Delta S_\text{m}}{R} - \left(\frac{\Delta H_\text{s} + \Delta H_\text{m}}{R}\right)\frac{1}{T}$$
$$\text{傾き} \quad -3.84 \times 10^4$$

$$D_{Cl} = \gamma a_0^2 \nu_D [O'_{Cl}] \exp\left(\frac{\Delta S_m}{R}\right) \exp\left(-\frac{\Delta H_m}{RT}\right)$$

$$\therefore \ln D_{Cl} = \ln(\gamma a_0^2 \nu_D [O'_{Cl}]) + \frac{\Delta S_m}{R} - \left(\frac{\Delta H_m}{R}\right)\frac{1}{T}$$

傾き -1.17×10^4

T(K)	$1000/T$(1/T)	$\ln D_K$	$\ln D_{Cl}$
673	1.486	-37.99	-29.35

図 5.8 に K および Cl の拡散係数と温度の逆数のグラフを示す.

（3）① 得られたデータから，D_O および D_{Cl} の値に影響を及ぼす因子は，

1）イオン半径：大きなイオンは拡散しにくく，より大きな活性化エネルギーを必要とする.

$$r_{O^{2-}} (1.32 \text{ Å}) < r_{Cl^-} (1.81 \text{ Å}) \Rightarrow D_O > D_{Cl}$$

2）結合効果：酸素イオンは常に最隣接に空孔をもつ方が安定である．すなわち，

$$V^{\bullet}_{Cl} + O'_{Cl} \rightarrow (V^{\bullet}_{Cl} O'_{Cl}) \quad \Rightarrow D_O > D_{Cl}$$

② 以上に結果から酸素の拡散係数 D_O は塩素の拡散係数 D_{Cl} より大きい.

$$D_O > D_{Cl}$$

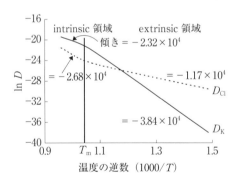

図 5.8 K および Cl について拡散係数と温度の関係と intrinsic と extrinsic の領域

例題 5.2

Frenkel 型欠陥を有した PbS の拡散

PbS は陽イオンおよび陰イオンが fcc 準格子（sublattice）上にある食塩の結晶構造（NaCl タイプ）を有している．PbS 中に優先的に存在する欠陥は Pb 準格子上の Frenkel 型欠陥である．

さらに，PbS は通常 Pb イオンを若干過剰に含んでいることが知られている．
（1）D_{Pb} と D_S はどちらが大きいと考えられるか説明せよ．
（2）Ag_2S 添加は鉛の拡散係数 D_{Pb} にどのように影響を与えるのか説明せよ．
（3）Bi_2S_3 添加は D_{Pb} にどのように影響を与えるか．
ただし，鉛および硫黄のイオン半径は，$r_{Pb^{2+}} = 1.20$ Å，$r_{S^{2-}} = 1.84$ Å である．

[解]

Pb は最密の食塩型構造を有しており，Frenkel 欠陥を優先して形成する．

$$Pb_{Pb} \rightarrow V''_{Pb} + Pb_i^{\bullet\bullet} \quad \text{すなわち，} K_F \gg K_S, \ K_{A-F}$$

それは，また非化学量論的である．

$$Pb(g) \rightarrow Pb_i^{\bullet\bullet} + 2e'$$
$$\rightarrow Pb_{Pb} + V_S^{\bullet\bullet} + 2e'$$

（1）Frenkel 欠陥が優先するので $[V''_{Pb}]$ および $[Pb_i^{\bullet\bullet}] \gg [V_S^{\bullet\bullet}]$ であり，$r_{Pb^{2+}} < r_{S^{2-}}$ である．移動エネルギーはイオン半径に比例するので，$\Delta G_{m,Pb} < \Delta G_{m,S}$ が期待できる．よって，$D_{Pb} > D_S$ である．

（2）Ag_2S は，次の式のように書ける．

$$Ag_2S \xrightarrow{2PbS} 2Ag'_{Pb} + S_S + V_S^{\bullet\bullet}$$

銀（Ag）でドープすると，$[V_S^{\bullet\bullet}]$ が増加する．すなわち，intrinsic な Schottky 平衡 $K_S = [V_S^{\bullet\bullet}][V''_{Pb}]$ に従うと，$[V''_{Pb}]$ は減少する．D_{Pb} はおそらく空孔機構であるから D_{Pb} は減少する．

（3）Bi_2S_3 は，次の式のように書ける．

$$Bi_2S_3 \xrightarrow{2PbS} 2Bi_{Pb}^{\bullet} + 3S_S + V''_{Pb}$$

$[V''_{Pb}]$ が増加するので D_{Pb} も増加する．

例題 5.3

Schottky 型欠陥を有した MgO の拡散

マグネシア（MgO）は塩化ナトリウム構造を有しており，Schottky 型欠陥が優先する．

今，純 MgO，Li_2O でドープされた MgO および Al_2O_3 でドープされた MgO の拡散係数を $D^T_{MgO}(\text{pure})$，$D^T_{MgO}(\text{Li-doped})$ および $D^T_{MgO}(\text{Al-doped})$ とする．さらに Li_2O でドープされた MgO 中の Li および Al_2O_3 でドープされた MgO 中の Al の拡散係数をそれぞれ D^T_{Li}，D^T_{Al} とする．拡散係数の大きなものから順に並べ，その理由を説明せよ．

[解]

MgO では，Schottky 型欠陥が優先するので，

$$\text{null} \longrightarrow V''_{Mg} + V^{\bullet\bullet}_{O}$$

となり，空孔機構によってカチオンが拡散する．

① 純 MgO：唯一 intrinsic な欠陥のみを含んでいる．

$$[V''_{Mg}] = \exp\left(-\frac{\Delta G_S}{k_B T}\right)$$

MgO 中の ΔG_S は高い（~8 eV）ため，高温での $[V''_{Mg}]$ のみ期待できる．

② Li_2O でドープされた MgO：$Li_2O \xrightarrow{2MgO} 2Li'_{Mg} + O_O + V^{\bullet\bullet}_O$

アニオンの空孔を生み出す．すなわち，Schottky 平衡によってカチオンの空孔形成を考えると，

$$D^T_{Li}, \quad D^T_{MgO}(\text{Li-doped}) < D^T_{MgO}(\text{pure})$$

さらに，負に荷電した Li 不純物は，カチオン空孔に反発するため，$D^T_{Li} < D^T_{MgO}$ (Li-doped) になる．

③ Al_2O_3 にドープされた MgO：$Al_2O_3 \xrightarrow{3MgO} 2Al^{\bullet}_{Mg} + 3O_O + V''_{Mg}$

カチオンの空孔を生み出し，カチオン拡散を促進する．また，D_{Al} は溶質-空孔の結合 ($Al^{\bullet}_{Mg} Ml^{\bullet}_{Mg} V''_{Mg}$) によって，より促進するであろう．すなわち，

$$D^T_{Al} > D^T_{Mg}(\text{Al-doped}) > D^T_{Mg}(\text{pure})$$

となる．以上の①，②および③から拡散係数の大きい順に並べると，

$$D^T_{Al} > D^T_{Mg}(\text{Al-doped}) > D^T_{Mg}(\text{pure}) > D^T_{MgO}(\text{Li-doped}) > D^T_{Li}$$

となる．

例題 5.4

ZnO の優先拡散機構

（1） 図 5.9 は 800 K における ZnO 中の Zn 分圧と Zn の拡散係数の関係を示したグラフである．この温度で ZnO に対して優先的な拡散機構を示せ．

（2） 室温から融点（2248 K）までの ZnO 中の D_{Zn} の温度依存性を Zn 蒸気圧 $P_{Zn} = 10^5$ kPa としてグラフにプロットせよ．ただし，ZnO は不純物が含まれていないと仮定する．さらに，$\gamma a^2 \nu_D = 10^{-1}$ cm^2/sec とする．

5.3 非化学量論のイオン性固体　219

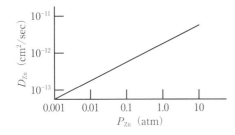

図 5.9　Zn の分圧と拡散係数の関係

計算に必要なデータ

	ΔH(eV)	$\Delta S/R$
Frenkel 欠陥	2.6	9.0
Zn 結合	2.0	2.0
移動	0.7	2.7

[解]

（1）図 5.9 から，D_{Zn} は P_{Zn} が増加するに伴って増加していく．したがって，Zn の拡散は格子間機構である．なぜなら，$Zn \xrightarrow{ZnO} Zn_{Zn} + V_O^{\bullet\bullet} + 2e'$ の反応を考えると，Schottky 平衡から $[V_O^{\bullet\bullet}]$ が増加すると $[V_{Zn}'']$ が減少するからである．Zn(g) の反応式を $Zn(g) \xrightarrow{ZnO} Zn_i^{\bullet\bullet} + 2e'$ として平衡定数を求めると，

$$K_{rxn} = \frac{[Zn_i^{\bullet\bullet}][e']^2}{P_{Zn}}$$

である．一方 $[Zn_i^{\bullet\bullet}]$ と $[e']$ の関係は，$[Zn_i^{\bullet\bullet}] = 1/2[e']$ であるから値を代入して $[Zn_i^{\bullet\bullet}]$ で整理すると，

$$[Zn_i^{\bullet\bullet}] = \left(\frac{K_{rxn}}{4}\right)^{1/3} P_{Zn}^{1/3}$$

あるいは，対数を用いて

$$\ln[Zn_i^{\bullet\bullet}] = \frac{1}{3}\ln P_{Zn} + 定数（温度一定）$$

と表すことができる．さらに $D_{Zn} \propto [Zn_i^{\bullet\bullet}]$ であるから対数を取って，

$$\ln D_{Zn} \propto \frac{1}{3}\ln P_{Zn}$$

である．ところが，図 5.9 のグラフから傾きは 1/2 である．したがって，Zn(g) の反応

が

$$Zn(g) \xrightarrow{ZnO} Zn_i^{\bullet} + e' \text{ のとき, } [Zn_i^{\bullet}] = [e']$$

であり平衡定数は,

$$K_{rxn} = \frac{[Zn_i^{\bullet}][e']}{P_{Zn}} = \frac{[Zn_i^{\bullet}]^2}{P_{Zn}} \text{ あるいは対数で表すと, } \ln[Zn_i^{\bullet}] = 1/2 \ln P_{Zn} + \text{定数}$$

となり,グラフの傾きと一致する.

(**2**) ①Frenkel の場合:Zn の拡散係数に値を代入して,

$$D_{Zn} = \gamma a^2 \nu_D \exp\left(\frac{\Delta S_m}{R} + \frac{\Delta S_F}{2R}\right) \exp\left(\frac{-\Delta H_m - \Delta H_F/2}{RT}\right)$$

$$= 0.1 \exp(2.7 + 4.5) \exp\left(\frac{-0.7 - 2.6/2}{8.314 \times 10^{-5} T}\right)$$

$$\therefore D_{Zn} = 133.943 \exp\left(-\frac{24055.58}{T}\right)$$

②結合(incorporation)の場合:同様に拡散係数に数値を代入して,

$$D_{Zn} = \gamma a^2 \nu_D \exp\left(\frac{\Delta S_m}{R} + \frac{\Delta S_{in}}{2R}\right) \exp\left(\frac{-\Delta H_m - \Delta H_{in}/2}{RT}\right)$$

$$= 0.1 \exp(2.7 + 1.0) \exp\left(\frac{-0.7 - 2.0/2}{8.314 \times 10^{-5} T}\right)$$

$$\therefore D_{Zn} = 4.045 \exp\left(-\frac{20447.44}{T}\right)$$

よって,①および②で求めた Zn の拡散係数から,この交点の温度を求めると,

$$133.943 \exp\left(-\frac{24055.58}{T}\right) = 4.045 \exp\left(-\frac{20447.44}{T}\right) \text{ から } T = 1030.9 \text{ K}$$

となる.これらをグラフにプロットすると,図 5.10 のようになる.

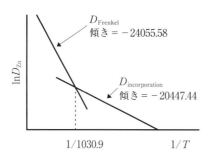

図 5.10　亜鉛の拡散係数と温度の関係

5.3 非化学量論のイオン性固体　221

例題 5.5
CaF₂ の拡散および NaF 添加の影響

　CaF₂ において，優先的に生じる欠陥はアニオン準格子上に Frenkel の対ができることである．重要なカチオン欠陥はカルシウムの空孔である．事実上，Ca の格子内原子はない．CaF₂ 中の NaF の溶解度は共晶温度で数パーセントであるとして次の問いに答えよ．

（1）　純 CaF₂ 中で D_{Ca} と D_F のどちらが大きいか．
（2）　CaF₂ 中の NaF 固溶体に対して，溶質結合反応および NaF に関して飽和時の平衡定数を示せ．
（3）　NaF を添加すると，D_{Ca} および D_F がどのように変化するか示せ．
（4）　D_{Na} は D_{Ca} の大きいか小さいかを判定せよ．

[解]

（1）　CaF₂ はカチオンの fcc 構造の中にアニオンが**図 5.11** のように入った構造をしており，単位格子の中心に大きな空洞がある．また，イオン半径は，$Ca^{2+} = 0.99$ Å，および $F^- = 1.33$ Å である．

アニオン準格子上の Frenkel 対に対して，

$$CaF_2 \rightarrow Ca_{Ca} + 2V_F^\bullet + 2F'_{int}$$
$$K_F = [F'_i]^2[V_F^\bullet]^2 \quad \text{および} \quad [F'_i] = [V_F^\bullet]$$

である．一方，カチオン準格子上の Schottky 欠陥に対して，

$$null \rightarrow V''_{Ca} + 2V_F^\bullet$$
$$K_S = [V''_{Ca}][V_F^\bullet]^2 \quad \text{および} \quad 2[V''_{Ca}] = [V_F^\bullet]$$

と表せる．これらのチャージバランスを取ると，

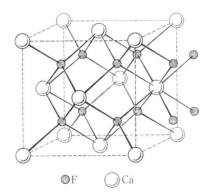

図 5.11 CaF₂ の結晶構造

$$[V_F^\bullet] = [F_i'] + 2[V_{Ca}'']$$

である．ここでは，Frenkel 対が優先欠陥であるから，

$$K_F > K_S \Rightarrow [V_F^\bullet] \approx [F_i'] \gg [V_{Ca}'']$$

となる．したがって，$D_F > D_{Ca}$ である．なぜならカルシウムの空孔濃度はフッ素の格子間および空孔と比較すると低い．

（2） NaF の反応式は，$\text{NaF} \xrightarrow{\text{CaF}_2} \text{Na}'_{Ca} + F_F + V_F^\bullet$ であり，NaF に対して飽和しているときは，

$$\text{Na}'_{Ca} + F_F + V_F^\bullet \xrightarrow{\text{CaF}_2} \text{NaF} \downarrow$$

と書けるから，この平衡定数は，

$$K = \frac{[\text{NaF}]}{[\text{Na}'_{Ca}][F_F][V_F^\bullet]} = \exp\left(-\frac{\Delta G}{RT}\right)$$

である．

（3） NaF の添加は $[V_F^\bullet]$ を高める．すなわち，Schottky 平衡定数が一定とすると，$[V_{Ca}'']$ は減少するため D_{Ca} は低くなる．一方，Frenkel 平衡定数から，$[V_F^\bullet]$ が高くなると，$[F_i']$ が減少する．したがって，フッ素の拡散係数 D_F は格子内拡散もしくは空孔拡散に依存する．

（4） $[\text{Na}'_{Ca}]$ および $[V_{Ca}'']$ は共に正に荷電しているため，お互いに反発する．Na'_{Ca} と $V_F^\bullet$ は不動欠陥を形成する．Na'_{Ca} はアニオン空孔中へジャンプして拡散することができないので欠陥は動くことができない．したがって，$D_{Ca} > D_{Na}$ となる．

例題 5.6

NiO 粉末の焼結

（1） 焼結とは，粉末から緻密な固体を形成する固体内拡散過程によって生じる．今，NiO 粉末が格子拡散で焼結速度を制御する温度で不活性なるつぼの中で焼結されている場合を考える．温度，粒径および全圧を変えることなく焼結速度を増加する方法を必要な式を記述した上で 2 通り示し，各方法がどのように焼結速度を速めるのかを説明せよ．

ただし，NiO は金属が不足している非化学量論的な組成となり，Schottky 欠陥が高温で優先的であるとする．

（2） ①縦軸に酸素の拡散係数 D_O の対数を取り，横軸に温度の逆数を取ってグラフにプロットし，二つの異なった酸素圧で室温から NiO の融点までの温度範囲で NiO 中

の酸素の拡散係数の変化を示せ．
②各領域での傾きを記述せよ．

[解]

（1） NiO は金属が不足した酸化物であるため，$Ni_{1-x}O$ と表される．したがって，反応式は，

$$\frac{1}{2}O_2 \xrightarrow{NiO} V''_{Ni} + O_O + 2h^{\bullet}$$

である．焼結の際，Ni^{2+} および O^{2-} は共に拡散しなければならない．金属が不足している酸化物に対しては，$[V''_{Ni}] \gg [V^{\bullet\bullet}_O]$ であり，酸素の拡散が律速すると仮定しても妥当である．

したがって，焼結速度を増加するためには，$[V^{\bullet\bullet}_O]$ を増加させる必要がある．
例えば，

1） カチオンドーピング

$$Li_2O \xrightarrow{NiO} 2Li'_{Li} + O_O + V^{\bullet\bullet}_O$$

2） アニオンドーピング

$$Ni_3X_2 \xrightarrow{NiO} 3Ni_{Ni} + 2X'_O + V^{\bullet\bullet}_O$$

3） 低酸素圧

$$V''_{Ni} + O_O + 2h^{\bullet} \to \frac{1}{2}O_2$$

これらは，$[V''_{Ni}]$ が減少し，Schottky 平衡によって $[V^{\bullet\bullet}_O]$ が増加する．

（2） intrinsic：

$$D_O = \gamma a^2 \nu_D [V^{\bullet\bullet}_O] \exp\left(-\frac{\Delta G_m}{RT}\right)$$

Schottky 平衡より，

$$[V^{\bullet\bullet}_O][V''_{Ni}] = [V^{\bullet\bullet}_O]^2 = K_S$$

$$[V^{\bullet\bullet}_O] = K_S^{1/2} = \exp\left(-\frac{\Delta G_S}{2RT}\right)$$

$$\therefore \ln\left(\frac{D_O}{\gamma a^2 \nu_D}\right) = \frac{-\Delta G_S/2 - \Delta G_m}{RT} = \frac{1}{R}\left(\frac{\Delta S_S}{2} + \Delta S_m\right) - \frac{1}{RT}\left(\frac{\Delta H_S}{2} + \Delta H_m\right)$$

extrinsic：

$$D_O = \gamma a^2 \nu_D [V^{\bullet\bullet}_O] \exp\left(-\frac{\Delta G_m}{RT}\right)$$

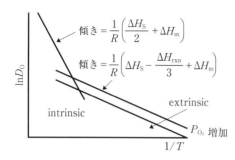

図 5.12 酸素の拡散係数と温度の関係

Schottky 平衡より,

$$[V_O^{\bullet\bullet}][V_{Ni}''] = K_S = \exp\left(-\frac{\Delta G_S}{RT}\right) \quad \text{よって,} \quad [V_O^{\bullet\bullet}] = \frac{K_S}{[Ni'']}$$

$$\frac{1}{2}O_2 \xrightarrow{NiO} V_{Ni}'' + 2h^{\bullet} + O_O$$

であるから,これより平衡定数は,

$$K_{rxn} = \frac{[V_{Ni}''][h^{\bullet}]^2[O_O]}{P_{O_2}^{1/2}} = \frac{[V_{Ni}''][h^{\bullet}]^2}{P_{O_2}^{1/2}}$$

$$[h^{\bullet}] = 2[V_{Ni}''] \quad \text{であるから,} \quad [V_{Ni}''] = \left(\frac{K_{rxn}}{4}\right)^{1/3} P_{O_2}^{1/6}$$

$$\frac{D_O}{\gamma a^2 \nu_D} = K_S \left(\frac{4}{K_{rxn}}\right)^{1/3} P_{O_2}^{-1/6} \exp\left[-\frac{\Delta G_m}{RT}\right]$$

両辺対数を取って自由エネルギーをエントロピーとエンタルピーの項に分割して式を整理すると,

$$\ln \frac{D_O}{\gamma a^2 \nu_D} = \frac{1}{3}\ln 4 - \frac{1}{6}\ln P_{O_2} + \frac{1}{R}\left[\Delta S - \frac{\Delta S_{rxn}}{3} + \Delta S_m\right] - \frac{1}{RT}\left[\Delta H - \frac{\Delta H_{rxn}}{3} + \Delta H_m\right]$$

となる.これをグラフに表すと,**図 5.12** のようになる.

例題 5.7

ハフニウムに Al, Ta を添加したときの酸化速度

図 5.13 は,純ハフニウムとその二つの合金の酸化速度を示している.各々の温度は 1000 K で酸素分圧は 100 kPa であった.

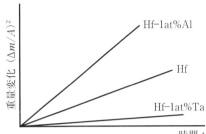

図 5.13 ハフニウムの酸化速度

すべての金属は hcp 結晶構造であるとして以下の問いに答えよ.

(1) 必要な欠陥総合反応を書き,データの説明を行え.ただし,HfO_2 中の優先欠陥は,Hf あるいは O あるいは両方の空孔であり,Al_2O_3 および Ta_2O_5 は HfO_2 と置換型固溶体を形成すると仮定する.

(2) ハフニウムの拡散係数 D_{Hf} の対数と温度の逆数の図において,二つの異なった酸素分圧で HfO_2 の融点から室温までの温度範囲で HfO_2 中のハフニウムの拡散係数 D_{Hf} の変化および各領域での傾きを示せ.ただし,HfO_2 は酸素不足の非化学量論組成である.

[解]

(1) 各々の反応式を書くと,

$$2Ta_2O_5 \xrightarrow{HfO_2} 4Ta^{\bullet}_{Hf} + 10O_O + V''''_{Hf}$$

$$Al_2O_3 \xrightarrow{HfO_2} 2Al'_{Hf} + 3O_O + V^{\bullet\bullet}_O$$

$$null \longrightarrow V''''_{Hf} + 2V^{\bullet\bullet}_O$$

となる.HfO_2 に Al_2O_3 を添加すると,$[V^{\bullet\bullet}_O]$ が増加する.したがって,酸加速度が速くなる.一方,Ta_2O_5 を添加すると,$[V''''_{Hf}]$ が増加するため Schottky 平衡より $[V^{\bullet\bullet}_O]$ は減少するため酸化速度は遅くなる.図 5.13 はこの傾向を示しており,酸素の拡散律速で酸化が進行していると考えられる.

(2) 酸化の反応式および平衡定数は,

$$O_O \to V^{\bullet\bullet}_O + \frac{1}{2}O_2(g) + 2e' \qquad K = \frac{[V^{\bullet\bullet}_O][e']^2 P^{1/2}_{O_2}}{[O_O]}$$

である.

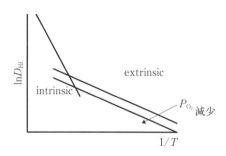

図 5.14 ハフニウムの拡散係数と温度の関係

① extrinsic：

$[O_O] \fallingdotseq 1, 2[V_O^{\bullet\bullet}] = [e']$ であるから，$4[V_O^{\bullet\bullet}]^3 P_{O_2}^{1/2} = K_O = \exp\left(-\dfrac{\Delta g_O}{kT}\right)$ となる．したがって，P_{O_2} が増加すると $[V_O^{\bullet\bullet}]$ が減少し，Schottky 平衡より $[V_{Hf}'''']$ が増加する．

② intrinsic：

Schottky 平衡より，$[V_O^{\bullet\bullet}] = 2[V_{Hf}'''']$ であるから平衡定数は，

$$K_S = [V_{Hf}''''][V_O^{\bullet\bullet}]^2 = 4[Hf'''']^3$$

となる．以上をグラフに表すと，図 5.14 になる．

第 5 章 引用文献

1) W. D. Kingery, H. K. Bowen and D. R. Uhlmann : *Introduction to Ceramics*, Wiley (1976), p. 125, 144, 162. 小松，佐多，守吉，北澤，植松訳：セラミックス材料科学入門，基礎編・応用編，内田老鶴圃 (1980・1981).
2) P. G. Shewmon : *Diffusion in Solid*, J. Williams Book Co. (1983), p. 137.
3) F. A. Kröger and H. J. Vink : *Solid State Physics*, Academic Press Inc., vol. 3 (1956), p. 307.
4) J. Frenkel : Z. Phys., **35** (1926), p. 652.
5) C. Wagner and W. Schottky : Z. Phys. Chem., **B11** (1931), p. 163.
6) 例えば，D. R. Gaskell : *Introduction to Metallurgical Thermodynamics*, 2nd ed., McGraw-Hill (1981), p. 336.
7) 藤代亮一訳：バーロー物理化学，東京化学同人，第 10 版 (1975), p. 662.
8) G. Brouwer : Philips Res. Rep., **9** (1954), p. 366.
9) P. Kofstad : *Nonstoichiometry, Electrical Conductivity and Diffusion in Binary Metal Oxides*, John Wiley & Sons, Inc. (1972).

付　　　録

付表 A.1	誤差関数とそれに関連した関数		228
付表 A.2-1	Laplace 変換表		229
付表 A.2-2	Laplace 変換表		230
付表 A.3	種々の Bi 数に対する $Bi \cot \lambda_n L - \lambda_n L = 0$ の $\lambda_n L$ の根		231
付表 A.4	計算に必要な種々の数値および物理定数		232
付表 A.5-1	単位換算表(重量または力)		233
付表 A.5-2	単位換算表(仕事量および熱量)		233
付表 A.5-3	単位換算表(圧力)		233
付表 A.5-4	単位換算表(粘度)		234
付表 A.5-5	単位換算表(熱伝導度)		234
付表 A.5-6	単位換算表(伝熱係数)		234
付表 A.5-7	単位換算表(物質移動係数)		234
付表 A.6	元素の原子量		235
付表 A.7	純金属中の拡散に関するデータ		236

付表 A.1 誤差関数とそれに関連した関数

x	$\text{erf}(x)$	$\text{erfc}(x)$	$x\exp(x^2)\text{erf}(x)$	$\sqrt{\pi}x\exp(x^2)\text{erf}(x)$
0	0	1	0	0
0.05	0.056372	0.943628	0.002826	0.005008
0.10	0.112463	0.887537	0.011359	0.020134
0.15	0.167996	0.832004	0.025773	0.045681
0.20	0.222703	0.777297	0.046358	0.082168
0.25	0.276326	0.723674	0.073537	0.130341
0.30	0.328627	0.671373	0.107873	0.191199
0.35	0.379382	0.620618	0.150088	0.266024
0.40	0.428392	0.571608	0.201089	0.356421
0.45	0.475482	0.524518	0.261994	0.464372
0.50	0.520500	0.479500	0.334168	0.592297
0.55	0.563323	0.436677	0.419270	0.743138
0.60	0.603856	0.396144	0.519315	0.920461
0.65	0.642029	0.357971	0.636733	1.128580
0.70	0.677801	0.322199	0.774470	1.372712
0.75	0.711156	0.288844	0.936088	1.659173
0.80	0.742101	0.257899	1.125904	1.995613
0.85	0.770668	0.229332	1.349162	2.391327
0.90	0.796908	0.203092	1.612238	2.857618
0.95	0.820891	0.179109	1.922914	3.408277
1.00	0.842701	0.157299	2.290699	4.060158
1.10	0.880205	0.119795	3.246929	5.755033
1.20	0.910314	0.089686	4.610590	8.172059
1.30	0.934008	0.065992	6.580390	11.66344
1.40	0.952285	0.047715	9.464816	16.77595
1.50	0.966105	0.033895	13.74922	24.36987
1.60	0.976348	0.023652	20.20777	35.81735
1.70	0.983790	0.016210	30.09278	53.33808
1.80	0.989091	0.010909	45.45931	80.57454
1.90	0.992790	0.007210	69.72910	123.5916
2.00	0.995322	0.004678	108.6855	192.6400
2.10	0.997021	0.002979	172.2512	305.3073
2.20	0.998137	0.001863	277.7142	492.2357
2.30	0.998857	0.001143	455.6685	807.6513
2.40	0.999311	0.000689	761.1112	1349.035
2.50	0.999593	0.000407	1294.505	2294.450
2.60	0.999764	0.000236	2242.340	3974.445
2.70	0.999866	0.000134	3956.511	7012.733
2.80	0.999925	0.000075	7112.040	12605.76
2.90	0.999959	0.000041	13025.57	23087.23
3.00	0.999978	0.000022	24308.72	43086.08

付表 A.2-1 Laplace 変換表

$U(s) = \int_0^\infty e^{-pt} u(t) \, dt$ および $q = \sqrt{\dfrac{s}{D}}$，D, x および t は常に正

	$U(s)$		$u(t)$
1	$\dfrac{1}{s}$		1
2	$\dfrac{1}{s^{v+1}}$	$v > -1$	$\dfrac{t^v}{\Gamma(v+1)}$
3	$\dfrac{1}{s+\alpha}$		$e^{-\alpha t}$
4	$\dfrac{\omega}{s^2+\omega^2}$		$\sin \omega t$
5	$\dfrac{s}{s^2+\omega^2}$		$\cos \omega t$
6	e^{-sx}		$\dfrac{x}{2\sqrt{\pi D t^3}} e^{-\frac{x^2}{4Dt}}$
7	$\dfrac{e^{-qx}}{q}$		$\left(\dfrac{D}{\pi t}\right)^{\frac{1}{2}} e^{-\frac{x^2}{4Dt}}$
8	$\dfrac{e^{-qx}}{s}$		$\operatorname{erfc} \dfrac{x}{2\sqrt{Dt}}$
9	$\dfrac{e^{-qx}}{sq}$		$2\left(\dfrac{Dt}{\pi}\right)^{\frac{1}{2}} e^{-\frac{x^2}{4Dt}} - x \operatorname{erfc} \dfrac{x}{2\sqrt{Dt}}$
10	$\dfrac{e^{-qx}}{s^2}$		$\left(t + \dfrac{x^2}{2D}\right) \operatorname{erfc} \dfrac{x}{2\sqrt{Dt}} - x \left(\dfrac{t}{\pi D}\right)^{\frac{1}{2}} e^{-\frac{x^2}{4Dt}}$
11	$\dfrac{e^{-qx}}{s^{1+\frac{1}{2}n}}$	$n = 0, 1, 2, \cdots$	$(4t)^{\frac{1}{2}n} i^n \operatorname{erfc} \dfrac{x}{2\sqrt{Dt}}$
12	$\dfrac{e^{-qx}}{q+h}$		$\left(\dfrac{D}{\pi t}\right)^{\frac{1}{2}} e^{-\frac{x^2}{4Dt}} - hD e^{hx+Dth^2} \times \operatorname{erfc}\left\{\dfrac{x}{2\sqrt{Dt}} + h\sqrt{Dt}\right\}$
13	$\dfrac{e^{-qx}}{q(q+h)}$		$D e^{hx+Dth^2} \operatorname{erfc}\left\{\dfrac{x}{2\sqrt{Dt}} + h\sqrt{Dt}\right\}$
14	$\dfrac{e^{-qx}}{s(q+h)}$		$\dfrac{1}{h} \operatorname{erfc} \dfrac{x}{2\sqrt{Dt}} - \dfrac{1}{h} e^{hx+Dth^2} \times \operatorname{erfc}\left\{\dfrac{x}{2\sqrt{Dt}} + h\sqrt{Dt}\right\}$

付表 A.2-2　Laplace 変換表

	$U(s)$	$u(t)$
15	$\dfrac{e^{-qx}}{sq(q+h)}$	$\dfrac{2}{h}\left(\dfrac{Dt}{\pi}\right)^{\frac{1}{2}}e^{-\frac{x^2}{4Dt}}-\dfrac{(1+hx)}{h^2}\operatorname{erfc}\dfrac{x}{2\sqrt{Dt}}$ $+\dfrac{1}{h^2}e^{hx+Dth^2}\operatorname{erfc}\left\{\dfrac{x}{2\sqrt{Dt}}+h\sqrt{Dt}\right\}$
16	$\dfrac{e^{-qx}}{q^{n+1}(q+h)}$	$\dfrac{D}{(-h)^n}e^{hx+Dth^2}\operatorname{erfc}\left\{\dfrac{x}{2\sqrt{Dt}}+h\sqrt{Dt}\right\}$ $-\dfrac{D}{(-h)^n}\sum_{r=0}^{n-1}\{-2h\sqrt{Dt}\}^r i^r \operatorname{erfc}\dfrac{x}{2\sqrt{Dt}}$
17	$\dfrac{e^{-qx}}{(q+h)^2}$	$-2h\left(\dfrac{D^3t}{\pi}\right)^{\frac{1}{2}}e^{-\frac{x^2}{4Dt}}+D(1+hx+2h^2Dt)$ $\times e^{hx+Dth^2}\operatorname{erfc}\left\{\dfrac{x}{2\sqrt{Dt}}+h\sqrt{Dt}\right\}$
18	$\dfrac{e^{-qx}}{s(q+h)^2}$	$\dfrac{1}{h^2}\operatorname{erfc}\dfrac{x}{2\sqrt{Dt}}-\dfrac{2}{h}\left(\dfrac{Dt}{\pi}\right)^{\frac{1}{2}}e^{-\frac{x^2}{4Dt}}$ $-\dfrac{1}{h^2}(1-hx-2h^2Dt)e^{hx+dth^2}\times\operatorname{erfc}\left\{\dfrac{x}{2\sqrt{Dt}}+h\sqrt{Dt}\right\}$
19	$\dfrac{e^{-qx}}{q-\alpha}$	$\dfrac{1}{2}e^{\alpha t}\left[e^{-x\sqrt{\frac{\alpha}{D}}}\operatorname{erfc}\left\{\dfrac{x}{2\sqrt{Dt}}-\sqrt{\alpha t}\right\}\right.$ $\left.+e^{x\sqrt{\frac{\alpha}{D}}}\operatorname{erfc}\left\{\dfrac{x}{2\sqrt{Dt}}+\sqrt{\alpha t}\right\}\right]$

付表 A.3 種々の Bi 数に対する $Bi \cot \lambda_n L - \lambda_n L = 0$ の $\lambda_n L$ の根

Bi 数	$n=1$	2	3	4	5
0.001	0.0317	3.1420	6.2834	9.4250	12.5665
0.010	0.0999	3.1448	6.2848	9.4259	12.5672
0.100	0.3111	3.1732	6.2991	9.4254	12.5744
1.000	0.8604	3.4257	6.4374	9.5294	12.6454
10.00	1.4289	4.3059	7.2282	10.2003	13.2143
100.0	1.5553	4.6658	7.7764	10.8872	13.9982
1000	1.5693	4.7077	7.8462	10.9847	14.1231

$$\frac{C-C_\mathrm{f}}{C_\mathrm{i}-C_\mathrm{f}} = 2\sum_{n=1}^{\infty} \frac{\sin \lambda_n L}{\lambda_n L + \sin \lambda_n L \cos \lambda_n L} \exp(-\lambda_n^2 Dt)\cos(\lambda_n x)$$

C_i；初期濃度
C_f；最終濃度
λ_n；固有値($Bi \cot \lambda_n L - \lambda_n L = 0$，ただし，$n=1,2,3\cdots$)
L；材料長さ
D；拡散係数
Bi；Biot 数 $= k_\mathrm{d} L/D$　　k_d；物質移動係数
　　（界面での物質移動抵抗/拡散による物質移動抵抗）

付表 A.4 計算に必要な種々の数値および物理定数

	記号	値
数学定数		
e		2.718281828459045235360287…
ln 10		2.302585092994045684017991…
π		3.141592653589793238462643…
1 ラジアン		57.29577951308232…
1°＝$\pi/180$ ラジアン		0.017453292519943295 7692… ラジアン
物理定数		
ガス定数	R	1.98725($\pm$0.00008)cal/°K・mol 8.31467($\pm$0.00034)J/°K・mol 82.0594($\pm$0.0034)cm³・atm/°K・mol 1.985857($\pm$0.00008)Btu/°Flb・mol
ボルツマン定数	k_B	1.38044($\pm$0.00007)$\times 10^{-16}$ erg/°K・mol
プランク定数	h	6.62517($\pm$0.00023)$\times 10^{-27}$ erg・sec
アボガドロ数	N_{Av}	6.02320($\pm$0.00016)$\times 10^{23}$ atms/g・atom
ファラディ定数	F	96495.4($\pm$1.1)coul/equiv. 23063.0($\pm$0.3)cal/v equiv.
重力加速度	g	980.665 cm/sec² 32.1740 ft/sec²
気圧(1 atm)	P	1013×10^5 Pa＝760 mmHg
理想気体の体積	V	2.242×10^{-2} m³/mol
電荷(1 eV)		1.602×10^{-19} coul
光速	C	2.99793×10^{10} cm/sec

付表 A.5-1 単位換算表(重量または力)

与えられた単位↓	dyne(gm·cm/sec^2)	newton(kg·m/sec^2)
dyne(gm·cm/sec^2)	1	10^{-5}
newton(kg·m/sec^2)	10^5	1

付表 A.5-2 単位換算表(仕事量および熱量)

与えられた単位↓	ergs	joul	cal	kcal	kg-m	kw-hr	l-atm
ergs	1	10^{-7}	2.39×10^{-8}	2.39×10^{-11}	1.0197×10^{-8}	2.773×10^{-14}	9.869×10^{-10}
joul	10^7	1	2.39×10^{-1}	2.39×10^{-4}	1.0197×10^{-1}	2.773×10^{-7}	9.869×10^{-3}
cal	4.184×10^7	4.184	1	10^{-3}	4.267×10^{-1}	1.162×10^{-6}	4.129×10^{-2}
kcal	4.184×10^{10}	4.184×10^3	10^3	1	4.267×10^2	1.162×10^{-3}	41.29
kg-m	9.8067×10^7	9.8067	2.3438	2.3438×10^{-3}	1	2.724×10^{-6}	9.678×10^{-2}
kw-hr	3.6×10^{13}	3.6×10^6	8.6057×10^5	8.6057×10^2	2.724×10^{-6}	1	3.5534×10^4
l-atm	1.0133×10^9	1.0133×10^2	24.218	2.4218×10^{-2}	10.333	2.815×10^{-5}	1

付表 A.5-3 単位換算表(圧力)

与えられた単位↓	kg/cm^2	kg/m^2	atm	mmHg	mmH$_2$O
kg/cm^2	1	10^4	9.678×10^{-1}	7.335×10^2	1.001×10^4
kg/m^2	10^{-4}	1	9.678×10^{-5}	7.335×10^{-2}	1.001
atm	1.0332	1.033×10^4	1	7.60×10^2	1.034×10^4
mmHg	1.3596×10^{-3}	13.596	1.316×10^{-3}	1	13.61
mmH$_2$O	9.991×10^{-5}	9.991×10^{-1}	9.67×10^{-5}	7.349×10^{-2}	1

注) Hg at 15℃, H$_2$O at 0℃

付表 A.5-4　単位換算表（粘度）

与えられた単位 ↓	g/cm/sec (poise)	kg/m/sec	cp (centipoise)
g/cm/sec (poise)	1	10^{-1}	10^2
kg/m/sec	10	1	10^3
cp (centipoise)	10^{-2}	10^{-3}	1

付表 A.5-5　単位換算表（熱伝導度）

与えられた単位 ↓	cal/cm/sec/°K	ergs/cm/sec/°K	Watt/m/°K
cal/cm/sec/°K	1	4.1840×10^7	4.1840×10^2
ergs/cm/sec/°K	2.3901×10^{-8}	1	10^{-5}
Watt/m/°K	2.3901×10^{-3}	10^5	1

付表 A.5-6　単位換算表（伝熱係数）

与えられた単位 ↓	g/sec^3/°K	cal/cm^2/sec/°K	Watts/cm^2/°K
g/sec^3/°K	1	2.3901×10^{-8}	10^{-7}
cal/cm^2/sec/°K	4.1840×10^7	1	4.1840
Watts/cm^2/°K	10^7	2.3901×10^{-1}	1

付表 A.5-7　単位換算表（物質移動係数）

与えられた単位 ↓	g/cm^2/sec	kg/m^2/sec
g/cm^2/sec	1	10
kg/m^2/sec	10^{-1}	1

付表 A.6 元素の原子量

元素	原子番号	原子量	元素	原子番号	原子量	元素	原子番号	原子量
Ag	79	107.870	Hf	72	178.49	Re	75	186.2
Al	13	26.9815	Hg	80	200.59	Rh	45	102.905
Am^{243}	95	243.061	Ho	67	164.930	Ru	44	101.07
Ar	18	39.948	I	53	126.9044	S	16	32.064
As	33	74.9216	In	49	114.82	Sb	51	121.75
Au	79	196.967	Ir	77	192.2	Sc	21	44.956
B	5	10.811	K	19	39.102	Se	34	78.96
Ba	56	137.34	Kr	36	83.80	Si	14	28.086
Be	4	9.0122	La	57	138.91	Sm	62	150.35
Bi	83	208.980	Li	3	6.939	Sn	50	118.69
Br	35	79.909	Lu	71	174.97	Sr	38	87.62
C	6	12.01115	Mg	12	24.312	Ta	73	180.948
Ca	20	40.08	Mn	25	54.9380	Tb	65	158.924
Cd	48	112.40	Mo	42	95.94	Te	52	127.60
Ce	58	140.12	N	7	14.0067	Th	90	232.038
Cl	17	35.453	Na	11	22.9898	Ti	22	47.90
Co	27	58.9332	Nb	41	92.906	Tl	81	204.37
Cr	24	51.996	Nd	60	144.24	Tm	69	168.934
Cs	55	132.905	Ne	10	20.183	U	92	238.03
Cu	29	63.54	Ni	28	58.71	V	23	50.942
Dy	66	162.50	Np^{237}	93	237.048	W	74	183.85
Er	68	167.26	O	8	15.9994	Xe	54	131.30
Eu	63	151.96	Os	76	190.2	Y	39	88.905
F	9	18.9984	P	15	30.9738	Yb	70	173.04
Fe	26	55.847	Pb	82	207.19	Zn	30	65.37
Ga	31	69.72	Pd	46	106.4	Zr	40	91.22
Gd	64	157.25	Pr	59	140.907			
Ge	32	72.59	Pt	78	195.09			
H	1	1.00797	Pu^{239}	94	239.052			
He	2	4.0026	Rb	37	85.47			

注）原子量は，$C^{12}=12.0000$ を基準

付表 A.7 純金属中の拡散に関するデータ（日本金属学会編；金属データブック，改訂3版，p.24より引用）

金属	拡散元素	測定温度 °C	D_0 cm²/sec	Q kcal/mol	金属	拡散元素	測定温度 °C	D_0 cm²/sec	Q kcal/mol
Al	^{59}Fe	350-630	0.41×10^{-8}	13.9	Cu	^{63}Ni	700-1050	2.7	56.5
	H	350-600	0.11	9.78		O	800-1030	0.017	16.0
	^{114}In	400-630	0.14×10^{-7}	22.2		Si	700-800	0.037	40.0
	Mg	395-577	0.12	28.6		^{113}Sn	680-910	0.11	45.0
	^{54}Mn	450-650	0.22	28.8		^{65}Zn	605-1049	0.34	45.6
	^{99}Mo	400-630	0.10×10^{-8}	13.1	Fe α, δ	B	20-550	0.23×10^{-2}	19.0
	^{95}Nb	400-620	0.17×10^{-6}	19.7		^{14}C	500-750	0.20	24.6
	^{63}Ni	350-630	0.29×10^{-7}	15.7		^{60}Co(ferro)	638-768	7.2	62.2
	Si	465-600	0.9	30.6		^{60}Co(para)	808-1521	6.4	61.4
	^{124}Sb	450-620	0.09	29.1		^{51}Cr	775-875	2.5	57.5
	^{113}Sn	400-630	0.31×10^{-6}	20.2		^{64}Cu	854-902	25	62
	^{65}Zn	405-654	1.1	19.7		^{59}Fe(ferro)	638-768	27.5	60.7
Cu	Al	712-997	0.131	44.2		^{59}Fe(para)	808-1492	2.0	57.5
	Be	700-850	0.21×10^{-3}	28		H	400-900	0.22×10^{-2}	2.9
	^{115}Cd	725-950	0.94	45.7		N	750-1470	0.78×10^{-2}	18.9
	^{60}Co	700-1000	1.93	54.1		^{63}Ni(ferro)	600-680	1.4	58.7
	^{64}Cu	685-1062	0.20	47.1		^{63}Ni(para)	810-900	1.3	56.0
	^{59}Fe	716-1056	1.01	51.0		^{32}P	850-1458	2.9	55.0
	H	270-650	0.11	9.2		S	750-1451	1.35	48.4

記 号 一 覧

a_0　　　格子定数
A_n　　　n の定数
A　　　面積，断面積，表面積
A_i^*　　　臨界核の表面積
[A]　　　A の濃度

B_i　　　易動度
Bi　　　Biot 数 $= hL/k$ （h；熱伝達率，L；有効長さ，k；熱伝導率）

C_A　　　原子 A の濃度
$\bar{C}$　　　平均濃度

d　　　距離，濃化部の厚さの1/2
D　　　拡散係数
D_0　　　拡散係数の振動因子
D_A　　　原子 A の化学拡散係数（固有拡散係数）
D_A^*　　　原子 A のトレーサー拡散係数（自己拡散係数）
D_e　　　有効拡散係数
$\tilde{D}$　　　相互拡散係数
D_i　　　固有拡散係数
D_i^*　　　同位体原子の拡散係数

E_a　　　活性化エネルギー
E_{el}　　　ヤング率
$E_{\alpha\cdot\beta}$　　　α 相・β 相間のひずみエネルギー

f　　　相関因子
F　　　Helmholtz の自由エネルギー

Δg_s　　　Schottky 型欠陥形成をするのに必要な自由エネルギー

記号一覧

Δg_{vp}	空孔対形成のために自由エネルギー
G	Gibbs の自由エネルギー
ΔG_0	完全結晶の自由エネルギー変化
ΔG_{fusion}	溶融の自由エネルギー変化
ΔG_i	標準生成自由エネルギー変化
h	プランク定数
Δh_{vp}	空孔対形成のためのエンタルピー
ΔH	エンタルピー
I	核生成速度
J	移動量
K	傾きエネルギー係数, 誘電率, 平衡定数
k_B	ボルツマン定数
k_g	物質移動係数
k_s	化学反応速度定数
L	潜熱, 代表長さ
M	易動度
N_{Av}	アボガドロ数
P	圧力
P_v	最近接原子が空孔である確率
r^*	臨界半径
R	ガス定数, 欠陥の間の距離
Re	Reynolds 数 $= du\rho/\eta$ (d;粒子直径, u;流体の速度, η;粘度, ρ;密度)
S	単位面積当たりの総量
Sc	Schmidt 数 $= \eta/\rho D$ (η;粘度, ρ;密度, D;拡散係数)
ΔS	エントロピー

Sh	Sherwood 数 $= k_g L/D$ （k_g；境膜物質移動係数，L；代表長さ，D；拡散係数）
t	時間
T	絶対温度
V	体積
X	体積分率
Y	$= E_{el}/(1-\nu)$ （E_{el}：ヤング率，ν：ポアソン比）
η	溶液の粘性
θ	吸着分子で覆われた表面の割合
λ	平均自由行程
μ_i	i 成分の化学ポテンシャル
ν	ポアソン比
ν_D	Debye 振動数
ρ	密度，比重
Ω	正則溶体の相互作用パラメータ

参 考 図 書

1） P. G. Shewmon : *Diffusion in Solid,* 2nd ed., McGraw-Hill(1963), (1989), J. Williams Book Co.(1983), 笛木和雄, 北澤宏一訳：シュウモン 固体内の拡散, コロナ社(1976).
2） JIM Seminar：材料における拡散, 日本金属学会(1993).
3） H. S. Carslaw and J. C. Jaeger : *Conduction of Heat in Solids,* 2nd ed., Oxford Press(1959).
4） J. Crank : *The Mathematics of Diffusion,* 2nd ed., Oxford Press(1975).
5） J. W. Christian : *Theory of Transformation in Metals and Alloys,* 2nd ed., Pergamon Press(1975).
6） D. A. Porter and K. E. Sterling : *Phase Transformation in Metals and Alloys,* Van Nostrand Reinhold(1981).
7） R. E. Reed-Hill : *Physical Metallurgy Principles,* 2nd ed., Brooks/Cole Engineering Div.(1973).
8） H. I. Aaronson : *Lectures on the Theory of Phase Transformations,* AIME-Trans. JIM(1975).
9） H. Schmarzried : *Solid State Reactions,* 2nd ed., Verlag Chemie(1981).
10） W. D. Kingery, H. K. Bowen and D. R. Uhlmann : *Introduction to Ceramics,* John-Wiley & Sons(1960), A Wiley-Interscience Pub.(1976), 小松, 佐多, 守吉, 北澤, 植松訳：セラミックス材料科学入門, 基礎編・応用編, 内田老鶴圃(1980・1981).
11） G. H. Geiger and D. R. Poirier : *Transport Phenomena in Metallurgy,* Addison-Wesley(1973), 2nd ed.(1983).
12） C. H. P. Lupis : *Chemical Thermodynamics of Materials,* North-Holland(1983).

索　引

あ
Einstein の式 …………………………… 65
up-hill diffusion ……………………… 171
厚膜解 ……………………………………22
Avrami の修正式 ……………………… 146
荒れた状態 …………………………… 148
アレニウス型 ………………………… 67, 94
安定化基準 …………………………… 176

い
イオン性固体 ………………………… 203
一次反応 ……………………………… 102
易動度 ………………………… 65, 158, 178
陰イオン空孔 ………………………… 204
陰的解法 ……………………………………87

う
Wilson-Frenkel 成長 ………………… 144

え
円柱座標 ……………………………………29

お
Euler の公式 ………………………… 32, 33
Ostwald の式 ………………………… 165

か
Kirkendall 効果 ………………………… 57
Cahn の拡散修正式 …………………… 182
界面反応律速 ………………………… 189
化学拡散係数 ……………………………65
化学吸着 ……………………………… 110
化学スピノーダル …………………… 174
化学速度定数 ………………………… 101

拡散係数 ……………………………………4
　　化学—— ………………………………65
　　固有—— ………………………………65
　　自己—— ………………………… 58, 65
　　相互—— ……………………… 59, 178
　　同位体—— ………………………… 179
拡散律速 …………………………… 43, 48
　　ガス境膜内—— …………………… 186
　　反応生成物内—— ………………… 187
核生成 ………………………………… 129
　　——速度 …………………………… 137
　　均一—— …………………… 129, 130
　　表面—— …………………………… 150
　　不均一—— …………… 129, 131, 132
拡張した体積分率 …………………… 146
ガス境膜内拡散律速 ………………… 186

き
気固相反応 …………………………… 185
Gibbs-Thomson 効果 ………………… 163
Gibbs-Thomson の式 ………………… 142
Gibbs の吸着等温式 ………………… 128
級数解 ………………………………………13
吸着等温線 …………………………… 110
極座標 ………………………………………29
均一核生成 …………………… 129, 130
均質化処理 …………………………………19

く
空孔拡散機構 ………………………………73
空孔機構 ……………………………………90
クランク-ニコルソン法 ………………87
Greenwood-Wagner モデル …… 169, 170

け
現象論的方程式……………………65

こ
格子間機構……………………………90
格子欠陥………………………… 203
後進差分法……………………………87
誤差関数……………………… 10, 21
固有拡散係数…………………………65
固有値…………………………………46
consolute 温度 ………………… 175

さ
最小2乗法………………………… 104
差分法…………………………………85
　　　後進――……………………87
　　　前進――……………………86
残留ミクロ偏析指数…………………19

し
自己拡散係数………………… 58, 65
Szyszkowski の式 ……………… 128
次数……………………………… 101
Sherwood 数 …………………………47
Schmidt 数 ……………………… 192
蒸発速度律速…………………… 43, 48
Schottky 型欠陥……………… 203, 205
Johnson-Mehl の式 ……………… 145

す
数値解析………………………………84
Stirling の近似 ………………… 204
Stokes-Einstein 方程式 …… 158, 160, 161
Stokes の法則 …………………… 192
スピノーダル分解……………… 129, 170

せ
整合スピノーダル ……………… 174
正則状態………………………………66

積分法…………………………… 103
前進差分法……………………………86

そ
総括反応式……………………… 190
相関因子………………………………73
相互拡散係数………………… 59, 178
相対吸着………………………… 126
側面成長………………………… 150
粗大化…………………………… 163

て
テイラー級数展開………………………5
Debye-Hückel の理論 ………… 207

と
同位体拡散係数………………… 179

な
滑らかな状態…………………… 148

に
二次反応………………………… 102
Newtonian cooling …………………50

は
薄膜拡散…………………………………5
反応次数………………………… 101, 102
反応生成物内拡散律速………… 187
半無限固体………………………………8

ひ
p 型電子………………………… 211
Biot 数 ………………………………50
非化学量論……………………… 208
　　――的……………………… 217
微分法…………………………… 103
表面核生成……………………… 150

ふ

Fick の第 1 法則 ……………………… 4
Fick の第 2 法則 ……………………… 4
Fick の法則 …………………………… 3
Volmer-Weber の理論 ……………… 133
不均一核生成 ……………… 129, 131, 132
物理吸着 ……………………………… 110
Brouwer diagram …………………… 212
Frenkel 型欠陥 ……………………… 203
不連続析出 …………………………… 129

へ

平均自由行程 ……………………… 93, 94
Vegard 曲線 ………………………… 173
Becker-Döring の理論 ………… 133, 135
変数分離 ……………………………… 14

ほ

Boltzmann 分布 ……………………… 134
Boltzmann-Matano の解析 ……… 60, 83

ま

Matano 界面 …………………………… 57

み

未核反応モデル ……………………… 185

む

無次元化数 …………………………… 47

よ

陽イオン空孔 ………………………… 204
陽的解法 ……………………………… 86

ら

らせん状成長 ………………………… 151
Laplace 変換 ………………………… 32
Langmuir-Gibbs の等温式 ………… 128
Langmuir の吸着式 ………………… 135
Langmuir の吸着等温式 …………… 111
Langmuir の蒸発速度式 …… 111, 112, 113
Ranz-Marshall の式 ………………… 191

り

臨界波長 ……………………………… 173

れ

0 次反応 ……………………………… 102
Reynolds 数 ………………………… 192
連続拡散モデル ……………………… 172
連続成長 ……………………………… 150
連続析出 ……………………………… 129

著者略歴
山本　道晴(やまもと　みちはる)
1954 年　京都市に生まれる
1977 年　京都大学工学部冶金学科卒業
1979 年　京都大学大学院工学研究科修士課程修了
1979 年　日本鉱業株式会社入社，金属加工事業本部倉見工場勤務(銅合金の開発)
1986 年　マサチューセッツ工科大学大学院に留学(材料工学修士修了)
1994 年　日本鉱業株式会社　倉見工場製造第 1 課長(銅合金の製造)
1998 年　京都大学　博士(工学)　取得
2009 年　日鉱金属株式会社　CSR 推進部長
2012 年　JX エンジニアリング株式会社　監査役
　　　　技術士(金属，総合技術監理)

著者の了解により検印を省略いたします

材料の速度論
拡散，化学反応速度，相変態の基礎

2015 年 2 月 15 日　第 1 版発行

著　者 © 山　本　道　晴
発行者　内　田　　　学
印刷者　山　岡　景　仁

発行所　株式会社　内田老鶴圃　〒112-0012 東京都文京区大塚 3 丁目 34 番 3 号
　　　　　　　　　　　　　電話 (03) 3945-6781(代)・FAX (03) 3945-6782
http://www.rokakuho.co.jp/　　　　　　　　　　印刷・製本/三美印刷 K.K.

Published by UCHIDA ROKAKUHO PUBLISHING CO., LTD.
3-34-3 Otsuka, Bunkyo-ku, Tokyo 112-0012, Japan

U. R. No. 610-1

ISBN 978-4-7536-5135-1 C3042

材料学シリーズ
材料における拡散　格子上のランダム・ウォーク
小岩 昌宏・中嶋 英雄 著　A5・328 頁・本体 4000 円

材料学シリーズ
金属の相変態　材料組織の科学 入門
榎本 正人 著　A5・304 頁・本体 3800 円

材料学シリーズ
再結晶と材料組織　金属の機能性を引きだす
古林 英一 著　A5・212 頁・本体 3500 円

材料学シリーズ
鉄鋼材料の科学　鉄に凝縮されたテクノロジー
谷野 満・鈴木 茂 著　A5・304 頁・本体 3800 円

基礎から学ぶ構造金属材料学
丸山 公一・藤原 雅美・吉見 享祐　共著　A5・216 頁・本体 3500 円

新訂 初級金属学
北田 正弘 著　A5・292 頁・本体 3800 円

結晶塑性論　多彩な塑性現象を転位論で読み解く
竹内 伸 著　A5・300 頁・本体 4800 円

金属の疲労と破壊　破面観察と破損解析
C.R.Brooks・A.Choudhury 著　加納 誠・菊池 正紀・町田 賢司 共訳　A5・360 頁・本体 6000 円

水素脆性の基礎　水素の振るまいと脆化機構
南雲 道彦 著　A5・356 頁・本体 5300 円

入門 無機材料の特性　機械的特性・熱的特性・イオン移動的特性
上垣外 修己・佐々木 厳　共著　A5・224 頁・本体 3800 円

「Introduction to Ceramics」邦訳
セラミックス材料科学入門　基礎編・応用編
キンガリー・ボウエン・ウールマン 著　小松・佐多・守吉・北澤・植松　共訳
基礎編　A5・622 頁・本体 8800 円　　応用編　A5・480 頁・本体 7800 円

金属の高温酸化　JME 材料科学シリーズ
齋藤 安俊・阿竹 徹・丸山 俊夫 編訳　A5・140 頁・本体 2500 円

表示価格は税別の本体価格です．　　http://www.rokakuho.co.jp/